职校生安全教育知识读本

第 2 版

主　编　徐晓光　胡桂兰

副主编　胡　赞　沈民远

参　编　金晓平　徐文达

　　　　王　慧　楼跃进

　　　　周美巧　朱小苏

　　　　胡可望　谭成亮

　　　　张　雄

主　审　朱孝平

U0345610

机械工业出版社

本书共七章，主要内容包括校园安全、财产和人身安全、职校生心理安全、日常生活安全、交通安全、消防安全和自然灾害来临时的自救，附录部分包括常见的道路交通标志图、常见的消防安全标志图、正确拨打应急电话和其他常见标志图等内容。

本书的最大特色是通过精练的语言和大量生动形象的案例告诉读者，如何保证自己的生命和财产安全。本书既介绍了生活中存在的一些安全隐患，又介绍了各种隐患的预防措施和应对方法，还有一些相关的法律法规知识，是一本理论与实践相结合，偏重实际安全意识养成及安全能力训练的新型教材。

本书可作为职业院校学生的安全教育教材和企业培训部门对企业员工进行安全生产培训的教材，也可作为安全知识方面学习的自学用书。

图书在版编目（CIP）数据

职校生安全教育知识读本／徐晓光，胡桂兰主编 . —2 版 . —北京：机械工业出版社，2020.8（2021.8 重印）

ISBN 978-7-111-66318-8

Ⅰ . ①职… Ⅱ . ①徐… ②胡… Ⅲ . ①安全教育–职业教育–教材
Ⅳ . ①X925

中国版本图书馆 CIP 数据核字（2020）第 146971 号

机械工业出版社（北京市百万庄大街 22 号 邮政编码 100037）
策划编辑：汪光灿　　　　　　责任编辑：汪光灿
责任校对：李亚娟　史静怡　　封面设计：陈　沛
责任印制：邸　敏
河北鑫兆源印刷有限公司印刷
2021 年 8 月第 2 版第 2 次印刷
184mm×260mm · 13 印张 · 320 千字
1901—3800 册
标准书号：ISBN 978-7-111-66318-8
定价：39.80 元

电话服务　　　　　　　　　网络服务
客服电话：010-88361066　　机 工 官 网：www.cmpbook.com
　　　　　010-88379833　　机 工 官 博：weibo.com/cmp1952
　　　　　010-68326294　　金 书 网：www.golden-book.com
封底无防伪标均为盗版　　　机工教育服务网：www.cmpedu.com

第2版前言

本书第 1 版自 2011 年出版以来，在职业院校的教学中发挥了重要作用。9 年来，收到了很多教学反馈意见和建议。在此基础上，我们根据职校生职业素养要求和相关国家标准对本书进行了修订。

本书保持了第 1 版教材的编写结构和形式，主要对相关的案例进行更新，同时增加新型冠状病毒的预防知识，使教材更加具有可读性。

本书由胡桂兰主持修订，徐晓光、胡桂兰任主编，胡赞、沈民远任副主编，金晓平、徐文达、王慧、楼跃进、周美巧、朱小苏、胡可望、谭成亮、张雄参加编写，朱孝平任主审。

在本书修订过程中，张国红老师提供了宝贵的意见和建议，在此表示感谢。

本次修订虽有改进和完善，但由于编者水平有限，书中一定还存在不足之处，请广大师生提出宝贵意见和建议，以利于本书的不断改进和完善。

编　者

第1版前言

随着中国特色社会主义建设向纵深方向发展，物质文明和精神文明水平不断提高，人的生命安全越来越受到重视，特别是各级各类学校在校学生的安全问题越来越受到关注。如果各级各类学校在学生的学习阶段就对他们进行各类安全教育，并进行一些紧急状态的演习训练，使他们形成一种基本的安全素质能力。为此，我们编写了这本职校生安全教育知识读本。

本书具有以下几个特点：

1. 以通用性安全为重点。本书编制的安全种类主要包括职校生人人都会遇到的普遍性的安全问题，帮助学生在成为企事业单位的员工前掌握基本的、常用的安全知识。

2. 主要教育对象为职校生。不管是从所处的生理发展阶段还是从所积累的生存经验的角度看，职校生都属于弱势群体。对他们进行各类安全教育，进行必要的演练，形成一种公共安全素养及自我保护能力，不仅可以最大限度地保证他们的生命安全，避免伤害，增强他们的终身发展能力，而且可以最大限度地减少因安全问题引起的家庭不幸和社会不和谐。因此，对职校生进行安全防范教育并训练他们的基本安全能力将成为职业学校一个基本的教育功能和教育责任，安全素养和求生能力也将成为职业学校送给学生走进社会生活的最好礼物之一。

3. 安全教育种类全面。本书编制了种类全面的安全知识，校园安全知识涉及各类校内外集会、课内外活动、宿舍安全、校园暴力及网络使用安全等内容。其他种类的安全知识包括财产和人身安全知识、学生心理安全知识、日常生活安全、交通安全知识、消防安全知识、自然灾害安全知识等。不同的安全隐患有不同的发生机理、防范措施及相应的后果，教材对每类安全隐患都做了相应的说明。

4. 案例真实，有说服力。本书仅用很少的篇幅介绍一些相关的规章制度、法律制度，而用简要的语句和大量的案例来活生生地说明安全事故发生的原因、经过和严重程度不等的后果。有的例子一句话就反映了安全事故情况，有的例子则用几段文字予以解释说明。但不管案例是大是小，都在昭示这么一个道理：很多的安全事故都是由于当事人不懂相关的安全知识，或是懂得一点点但不知道如何去做或不愿去做，或是为了自己的安全不顾公共安全，最后导致伤害了别人甚至伤害了自己。

本书不仅阐述了安全事故的种类、发生机理、预防方法、急救措施、实际演练等安全教育的所有主要问题，同时还告诉读者，为了保证自己的生命安全可以做哪些事情，不可以做哪些事情。本书既有安全原理、安全规章制度，又有安全预防措施，是一本集理论和实践、偏重实际安全意识养成及安全能力训练的新型教材。

　　本书由徐晓光、胡桂兰编写，朱孝平主审。本书既可以作为职校生安全教育知识读本，也可以作为学校教职工的安全培训教材以及各类企事业单位员工的安全管理培训教材。

　　本书编写过程中得到了华东师范大学钱景舫教授，浙江师范大学李淼森教授，永康市职技校华康清、夏其明、卢晓宁、程宝山、蔡爱媚、胡赞、赵志跃、徐文达、应武青等老师的帮助和支持，在此一并深表谢意。

　　尽管我们力求完美，但由于水平有限，书中难免有不足之处，敬请读者不吝赐教。

编　者

目 录

第一章

校园安全

第一节　集会和课间活动的安全

一、上下楼梯的安全

在公共场所发生人群拥挤和踩踏事件是非常危险的，上下楼梯时应防止拥挤和踩踏事件的发生。在学校里，尤其要注意上下楼梯的安全。上下楼梯的安全主要包括以下内容：

1) 上下楼梯要相互礼让，要靠右行，不要拥挤；要遵守秩序，注意安全。参加集会、课间操时，上下楼梯要分年级、按规定路线有序行走，不得争抢。

2) 在上操、集合等活动中上下楼梯时，不求快，要求稳。学生上楼、下楼必须一步一个台阶，不要说笑、打闹、跑跳、搞恶作剧等，不要牵手、搭肩、推搡、拥挤，不要将手插入衣兜内。

3) 当发觉拥挤的人群向着自己行走的方向拥来时，应该马上避到一旁，不得与集体逆向上、下楼。遭遇拥挤的人流时，一定不要采用体位前倾或者低重心的姿势，即便鞋子被踩掉，也不要贸然弯腰提鞋或系鞋带。在晚上上下楼梯时，不要关闭楼梯灯。

4) 学校应于中午、下午、晚上放学时，在教学楼安排值日老师站在楼梯口监督学生有序下楼梯，以防意外事故的发生。当发生上下楼梯踩踏事故时，现场老师要及时采取果断措施，防止事态的扩大，同时有序组织学生疏散到安全地带，并向领导汇报。

【案例 1-1】踩踏事件引发学生伤亡事故

某日，湖南省湘潭市辖区内的湘乡市某中学发生惨重的校园踩踏事件，一名学生在下楼梯的过程中跌倒，引起拥挤踩踏事件，造成 8 人死亡，26 人受伤。

某日，新疆阿克苏市某小学课间操时，学生从楼上蜂拥而下，前面的学生摔倒后引起踩踏事故，导致 41 名学生需住院治疗，其中 7 人重伤。

5) 在其他公共场合也要防止拥挤踩踏事件的发生。

【案例 1-2】上海外滩观景平台踩踏事件

2014 年 12 月 31 日 23 时 35 分，正值跨年夜活动，因很多游客市民聚集在上海外滩迎接新年，上海市黄浦区外滩陈毅广场东南角通往黄浦江观景平台的人行通道阶梯处底部有人失衡跌倒，继而引发多人摔倒、叠压，致使拥挤踩踏事件发生，造成 36 人死亡，49 人受伤。

二、教室活动的安全

教室活动的安全主要包括以下几个方面：

1) 防磕碰。目前，大多数教室的空间都比较狭小，又放置了许多桌椅以及饮水机等用品，所以不应在教室中追逐、打闹、做剧烈的运动和游戏，防止因磕碰而受伤。

【案例1-3】玩闹引发的伤害事故

某中学生刘某，下课期间到讲台交完作业后，在回到自己的座位时，身后的同学王某突然用脚勾动刘某的凳子，致使刘某一屁股坐到凳子角上。刘某当时感到臀部又疼又麻，但他并没有向老师反映情况，下午继续在学校上课。当第二天去医院检查时，刘某被诊断为"尾椎骨粉碎性骨折"。

【案例1-4】玩笑过火引发的伤害事故

某天上午课间，小龙把小华新买的手表藏了起来。小华恼怒地骂小龙"多了一只手"，小龙随手打了小华一拳，结果两人就打了起来。此时，正好老师路过，老师把二人拉开，并批评了他们。没想到二人都记了仇，放学后再次扭打在一起。由于小龙身材高大，小华不是对手，眼看要吃亏，便随手掏出一把小刀刺向小龙。这一刀差点要了小龙的命。事后，虽然小华因为未满14周岁没有受到刑事处罚，但他要赔偿小龙的医药费和其他相关费用。

我国预防未成年人犯罪法将"携带管制刀具"列为未成年人的不良行为加以禁止。正是因为年轻人好冲动，双方有矛盾时，如果一方带有凶器，很容易酿成严重后果。

2）防滑、防摔。教室地板比较光滑的，要注意防止滑倒受伤；需要登高打扫卫生、取放物品时，要请他人加以保护，注意防止摔伤。

3）防坠落。住楼房，特别是住在楼房高层的，不要将身体探出阳台或者窗外，谨防因不慎而发生坠楼事故。

4）防挤压。教室的门、窗户在开关时，容易挤压到手，应当小心。

5）防火灾。不要在教室里随便玩火，更不能在教室里燃放烟花爆竹。

6）防意外伤害。图钉、大头针等文具，剪刀等锋利的工具，用后应妥善存放起来，不能随意放在桌子、椅子上，防止对人造成意外伤害。

【案例1-5】玩闹过度引发的眼睛伤害事故

许某与曾某系某中学学生。上午课间时，许某离开其座位外出，曾某则坐在许某的座位上与同学聊天。许某回来后，叫曾某让开，由于曾某正与他人聊得起劲而未从许某的座位上让开，许某就推了曾某一下，而后双方又互相推了数下。曾某当即拿起课桌上的物理课本向许某打去，碰巧打在许某的左眼上，致使许某左眼视网膜脱离。经法医鉴定，许某的眼伤为八级伤残。

三、课间活动的安全

1）下课时，应先做好下一堂课的准备工作，再出教室休息和活动。课间活动应当尽量在室外，但不要远离教室，以免上课迟到。

2）课间及其他在校课外活动时间，不要在教室及走廊追逐打闹，不吹口哨，不起哄，不走出校门；进出教室和学校时，请客人、教师先行，不抢行、不拥挤。

3）中午要安排好休息，听从教师管理，不在校内大声喧闹追跑，不野泳，不到危险场所玩耍，没有教师允许不走出校门。

4）课间活动要注意安全，不做危险游戏，不攀爬栏杆、篮球架、铁门等设施，不跳乒乓球台及校园内的各种台阶，要避免发生扭伤、碰伤等事故；活动的强度要适当，不要做剧烈的活动，以保证继续上课时不疲劳、精力集中、精神饱满。

【案例1-6】 玩耍时引发的意外伤害事故

某日，某职校学生应某在操场上与同学玩耍时，左眉处不慎摔伤。

某日，某职校学生蒋某与同学玩耍时，不小心把右手小指扳断。

某日上午10时左右，某职校学生在教学楼玩耍时，不慎滑倒，致使手腕摔断，需住院治疗。

四、集会的安全

为确保学校集会安全而迅速，防止出现踩踏等重大安全事故，学校应根据自己的情况，对集会做好安排。具体的预防措施如下：

1）操场集会整队时，由体育教研组组长总负责，各学部要指定体育教师分工负责，协助完成学生的进出场和整队工作。班主任要加强对学生的安全教育，向学生强调在进出场的过程中，特别是在楼梯过道中，不能追逐打闹，当前面出现人群拥挤时要耐心等待，决不能相互推搡。

2）各班要按学校规定的出场顺序有序进场，不得拖沓。班主任和安排的任课教师必须与各班队伍一起进出场。各班学生开始进场时，决不允许学生在楼梯过道上与人流逆向行走。

3）在集会过程中，学生不准闲聊、说笑、打闹、推搡、拥挤，如果学生出现晕倒、呕吐、意外受伤等状况时，班主任或带班教师应指定其他学生护送其出场，并及时送医院治疗，同时通知其家长或监护人。

4）集会结束，听从体育教师或行政领导的指挥。宣布"解散退场"后，各班学生才能按规定顺序有序退场，决不允许提前退场。

5）集会当天，行政值班人员、各学部值班人员和安全值班学生必须佩戴标志到重点地段巡视，负责疏导学生队伍，以防发生安全事故。

【案例1-7】 集会时拥挤引发的伤亡事故

陕西省某县城关小学某年冬天清晨举行周会，7时许，在学校广播和铃声的催促下，教学楼上千名学生争先恐后地奔往学校操场集合。由于学校副校长杨某未将教学楼西边楼梯的铁栅门打开，使得二、三、四楼的七百多名学生只得全部涌向东楼梯口。当学生们下到二楼和一楼楼梯拐弯处时，因楼道电灯未开，跑在前面的学生在黑暗中与少数上楼放书包的学生相遇，造成拥挤，致使个别身材较小的学生跌倒，并使上下楼梯受阻，造成了严重拥挤，酿成了6至11岁的小学生死亡28人、伤59人的特大伤亡事故。

五、疏散的安全

当发生火灾、地震等紧急情况时，为了能安全、快速地进行疏散工作，各校应制定安全疏散演练预案，并进行实际演练。通过安全演练，达到提高学生的自我保护意识、增强逃生自救能力的目的。学生安全疏散的注意事项如下：

1）听到学校发出的警报声后，全校师生立即放下手中的工作，快速、安全地进行疏散。

2）听从指挥，有序疏散。学校应根据各学部的具体情况确定疏散顺序，由教师领队，学生排成二路纵队，分班依次快速、安全地下楼，不得争抢。一旦发生学生不慎跌倒等危急情况，周围的同学要及时相扶，后面的同学应停止前行，并依次向后传递信息，使队伍保持静态，避免因学生不明情况形成拥挤而导致踩踏等重大事件的发生。疏散过程中，要求所有学生都要增强责任意识，约束和规范自己的行为，关爱每一名同学，树立"生命第一"的理念。

3）如果发生火灾，疏散时教师应指导学生迅速掏出手绢，用水浸湿后掩住口鼻，俯首低行，有秩序地跑出火灾区，来到安全区。发生火灾时，严禁组织学生参加灭火，同时要教育学生做到：遇事不慌，头脑冷静；积极自救，互帮互助；听从指挥，有序疏散。

 【案例1-8】学生冒险救火引发的伤亡事故

某日，某学校的校长冯某和教师马某带领部分学生在学校的操场劳动。突然，有学生发现附近山坡上的林场着火了。经冯校长同意，先后共有十几名学生赴火场救火，而校长和教师没有一同前往。在救火过程中，8名学生被烧死。法院认为，校长和教师已经构成犯罪，校长冯某被判有期徒刑两年，缓刑两年，教师马某被拘役六个月，缓刑一年。

4）疏散后集合的地点。按安全疏散演练预案的要求，疏散后先在操场或校门口集中，如情况需要，再听从指挥疏散到其他区域。各班到达安全区后，应立即清点人数，及时汇报。

 【案例1-9】疏散训练有素，地震时无人伤亡

四川汶川8.0级特大地震发生时，多少座教学楼瞬间倒塌，多少个鲜活的生命瞬间陨落，但是四川安县桑枣中学2300余名师生在地震中无一伤亡，校长叶志平因此被称为"史上最牛校长"。这一奇迹的发生除了缘于叶志平当校长时，为一栋用17万元建筑的实验教学楼，花了40多万元进行加固外，更缘于该校对学生进行了危机教育，而且每学期全校都要组织一次紧急疏散演习。

从 2005 年开始，桑枣中学每学期要在全校组织一次紧急疏散演习。决定演习时，学校会事先告知学生，本周有演习，但学生不知道具体是哪一天。等到特定的一天，课间操或者学生休息时，学校会突然用高音喇叭喊："全校紧急疏散！"疏散演习就开始了。疏散时，每个班的疏散路线都是固定的，学校早已规划好。学校要求两个班合用一个楼梯，每班必须排成单行。每个班级疏散到操场上的位置也是固定的，每次各班级都站在自己的地方，不会错。

平时，教室里一般布置成 9 列 8 行。疏散时，前 4 行从前门撤离，后 4 行从后门撤离，每列走哪条通道，学生们早已被事先告知了。学生们事先还被告知的有：在 2 楼、3 楼教室里的学生要跑得快些，以免堵塞逃生通道；在 4 楼、5 楼的学生要跑得慢些，否则会在楼道中造成人流积压。

5 月 12 日地震那天，地震波一来，老师喊："所有人趴在桌子下"！学生们立即趴了下去。震波一过，全校师生按照平时学校的要求，按照他们练熟的方式，从不同的教学楼和不同的教室中，全部冲到操场，以班级为单位站好，整个过程只用时 1 分 36 秒！

第二节　体育活动安全

一、体育课着装的安全

上体育课大多是全身性运动，活动量大，还要运用多种体育器械，如跳箱、单双杠、铅球等。为了安全，上体育课时的着装有一定的要求。

1）衣服要宽松合体，最好不穿纽扣多、拉链多或者有金属饰物的服装。衣服上不要别胸针、证章等；上衣、裤子口袋里不要装钥匙、小刀、钩针等坚硬、锋利的物品；不要佩戴各种金属的或玻璃的装饰物；头上不要戴各种发卡；有条件的应该穿运动服；不要穿塑料底的鞋或皮鞋，应当穿球鞋或一般的胶底布鞋。

【案例 1-10】　着装不规范引发的伤害事故

某中学一名高一女生在体育课进行前滚翻练习时，裤兜中装有的钩针扎入小腹，造成重伤。经查，该体育教师课前未对学生上课的装束、携带物品等做过必要的要求和提醒。

2）患有近视的同学，尽量不要戴眼镜上体育课。如果必须戴眼镜，做动作时一定要小心谨慎，做垫上运动时，必须摘下眼镜。

二、体育课运动的安全

体育活动前应认真做好预备活动，没有教师指导的情况下，应避免剧烈活动，以防意外。体育活动中严禁攀悬足球架、篮球架等设施，不擅自进行非体育课规定的活动。上体育课的运动安全注意事项如下：

1）短跑等径赛项目要按照规定的跑道进行，不能串跑道。这不仅仅是竞赛的要求，也是安全的保障。特别是冲刺时，更要遵守规则，因为这时人体的冲击力很大，精力又集中在竞技之中，思想上毫无戒备，一旦相互绊倒，就可能严重受伤。

【案例1-11】比赛时串跑道引发的意外伤害事故

某日，某职校学生施某在体育课短跑冲刺时，因另一跑道的同学突然串跑道，施某来不及反应被绊倒，导致左膝盖肿胀，住院治疗，医疗费达四千多元。

2）跳远时，必须严格按教师的指导助跑、起跳。起跳前，前脚要踏中木制的起跳板，起跳后要落入沙坑之中。这不仅是跳远训练的技术要领，也是保护身体安全的必要措施。

3）在进行投掷训练时，如投手榴弹、铅球、铁饼、标枪等，一定要按教师的口令进行，不能有丝毫的马虎。因为这些体育器材有的坚硬沉重、有的前端装有尖利的金属头，如果擅自动用，就有可能击中他人或者自己被击中，造成伤害，甚至发生生命危险。

【案例1-12】投掷铅球误伤同学

某年，在天津市某中学的一节体育课上，学生被分成两拨，一边进行铅球测验，一边进行排球训练。练习中，排球突然飞向铅球区，一位学生赶过去捡球，不料被掷出的铅球砸中，导致重伤。

【案例1-13】投掷铁饼砸伤同学

某日下午第八节课，某校体育教师正带领学生进行掷铁饼训练。一名学生将铁饼投掷完后，学生王某正要用投掷的方式进行回饼。正在这时，下课铃声响了，学生们开始纷纷向校外走去。体育教师发现王某要投回铁饼，刚要制止，但为时已晚，铁饼向在校园路上行走的学生们飞去，砸在了高三（2）班学生张某的头部，致使其头部受伤。校长和班主任闻讯后，和体育教师迅速将张某送往市医院，并及时通知了家长。经诊断，张某为颅脑损伤，右额颞部出血。

4）在进行单、双杠和跳高训练时，器械下面必须铺好厚度符合要求的垫子，否则直接跳到坚硬的地面上，会伤及腿部关节或后脑。做单、双杠动作时，要采取有效的方法，使双手握杠时不打滑，以防从杠上摔下来而伤及身体。

5）在做跳马、跳箱等跨越训练时，器械前要有跳板，器械后要有保护垫，同时要有教师和学生在器械旁站立保护。

【案例1-14】跳山羊运动不当造成伤害

某中学体育课上，在女生进行跳山羊练习时，因场地不平，又未摆放垫子，而教师也未能有效地组织学生保护及帮助，致使学生王某在训练中腓胫骨骨折，休学半年。

6）在进行前后滚翻、俯卧撑、仰卧起坐等垫上运动项目时，做动作要认真，不能打闹，以免发生扭伤。

7）参加篮球、足球等项目的训练时，既要学会保护自己，也要注意不要在争抢中伤及他人，要自觉遵守竞赛规则。

 【案例 1-15】 打篮球引发的意外伤害事故

某日，某职校学生吕某在打篮球时不慎被撞伤，当即送医院治疗，检验结果为两侧鼻骨粉碎性骨折，左侧上颌骨额突骨折、错位。

某日，某中学生潘某在打篮球时摔伤，导致右手骨折，住院 12 天。

三、参加运动会的安全

1）要遵守赛场纪律，服从调度指挥，因为这是确保安全的基本要求。

2）没有比赛项目的同学要在指定的地点观看比赛，不要在赛场中穿行、玩耍，以免被投掷出的铅球、标枪等击伤，也避免与参加比赛的同学相撞。

 【案例 1-16】 比赛中投掷铅球引发的伤害事故

某中学举办春季运动会，学生俞某与其他同学一起观看铅球比赛。李某是参加这次铅球比赛的运动员，在李某之前的运动员投掷完毕后，担任裁判的教师到铅球着落地点丈量投掷距离，俞某等几位同学随该教师进入落地区内观看丈量结果。在教师和观看的同学尚未撤离运动区域时，李某接着掷出的铅球，砸中俞某的头部，致其头部急性重型颅脑损伤，右额颞部出血。

3）赛前做好准备活动，使身体适应比赛要求。在赛前的等待时间里，要注意身体的保暖，春、秋季节应当在轻便的运动服外再穿上防寒外衣；赛前不可吃得过饱或者过多饮水；赛前半小时内，可以吃些巧克力，以补充热量。

4）比赛结束后，不要立即停下来休息，要坚持做好放松活动，例如慢跑等，使心脏逐渐恢复平静。剧烈运动以后，不要马上大量饮水、吃冷饮，也不要立即洗冷水澡。

四、课余体育锻炼的安全

学校提倡和鼓励学生参加课余体育锻炼，以增强学生的身体素质。课余体育锻炼应注意以下事项：

1）禁止在教学区、学生生活区从事任何影响他人学习、休息和安全的体育活动，如打篮球、打乒乓球、打羽毛球、踢足球等。

2）上课预备铃响后，应立即停止任何形式的体育活动，由教师组织的体育活动除外。

第三节 宿舍和餐厅的安全

一、宿舍生活的安全

学校要加强学生宿舍防火、防盗、防触电、防上下楼梯踩踏等的安全防范工作，防止意外事件的发生，确保学生的安全。学生在宿舍的生活安全注意事项如下：

1) 遵守作息时间，按时起床，按时就寝，熄灯前必须进入寝室，就寝时不能并铺，熄灯后不讲话、不走动，起床铃响后立即起床。严禁在非允许时间进入寝室。如因特殊情况确需进入寝室的，必须持学生出入单（需有班主任教师、生活指导教师、政教处有关教师签字同意）方可通行。

【案例1-17】并铺造成床板断裂，砸伤下铺同学

某年冬天，天气比较寒冷，某职校学生张某与李某两人各带了一床棉被。为了晚上睡得暖和，他们两人就并铺睡在上铺。由于床板在设计时只能承载一个人的重量，再加上该床铺使用的时间较久，结果在夜里，床板突然断裂，砸在了下铺同学的身上。下铺的同学因此受了伤，被送到医院治疗。

2) 严禁在宿舍追逐、喧闹、起哄、打架斗殴、打扑克、赌博、喝酒、传看淫秽作品。严禁盗窃他人物品，不准在床上玩耍。严禁翻爬墙。严禁学生从后窗或从前面走廊与上下楼层的学生开玩笑、打招呼，禁止在栏杆、窗台等危险处攀坐。

【案例1-18】因口角致意外跌倒身亡

某日，某中学高二（8）班学生贾某，因把篮球打到躺在床上的同学徐某身上，引起双方口角。在此过程中，徐某想冲过去揍贾某，贾某向后退。在退后的过程中，贾某不慎碰到防盗门的门槛，身体向后倒地，经医院抢救无效死亡。

3) 严禁携带公安机关明令禁止的管制刀具及不属于学习用品的一切利器到学校及宿舍；不准携带铁条、钢管、钢球、木棒等与学习无关又易伤人的危险物品到学校及宿舍；不准携带易燃、易爆、有毒、有严重腐蚀性的物品到学校及宿舍。

【案例1-19】带刀具刺伤同学被刑拘

某职校高三学生项某私自带了一把刀到学校。在课余时间，项某与黄某因小事发生了争吵。争吵过程中，项某拿出随身携带的刀具刺向同学黄某，致使黄某的肠子都露了出来，被送到医院急救。项某由于使用管制刀具刺伤黄某，造成严重的后果，除了赔偿医疗费用外，还被开除学籍，并被刑事拘留。

4) 在寝室内不可使用蜡烛等明火，不焚烧信件和杂物。宿舍里不准吸烟，偷吸烟的同

学应及时熄灭烟头，不准随地乱扔烟头，更不能把烟头扔到垃圾桶内或塞在被子里，以避免火灾的发生。

 【案例 1-20】 点蜡烛引发火灾造成伤亡事故

某日 21 时 10 分，某农场中心学校宿舍发生火灾。有 2 名学生在起火后躲在床板下，错过了救援时机而死亡，其他学生被安全疏散。火灾原因系学生在熄灯后点燃蜡烛，不慎引燃床铺所致。

5）不准私自接电源，不能在宿舍里使用热得快、电炉、电炒锅、电茶壶等大功率电器；不准在宿舍给手机等充电；不要用湿手去接触电源开关；不能随便触摸已经接通了电源的电线的破损处；宿舍内的电灯或其他电器损坏，要及时找人修理或更换；离开宿舍前，断开所有电源。

 【案例 1-21】 上海商学院一宿舍起火，4 名女生坠楼身亡

某日上午 6 时 10 分左右，上海商学院徐汇校区宿舍楼 602 女生寝室失火，过火面积达 20 平方米。因室内火势过大，4 名女大学生从 6 楼寝室阳台跳楼逃生，不幸当场死亡。上海市公安局 14 日下午对外发布消息称，当日早上致 4 名大学生死亡的上海商学院学生宿舍火灾事故，初步判断原因为寝室里使用"热得快"引发电器故障，并将周围可燃物引燃所致。

6）学生不得擅自变动床铺，不要随意串寝室；不准将闲杂人员带入宿舍，男生不得进入女生宿舍，学生宿舍禁止外来人员留宿；随时保持高度警惕，保管好自己的财物，严防失窃；出入随手关门，无人时锁门，晚上睡觉前要关好门窗，并检查门窗插销是否牢固；夜晚有人来访，不得轻易开门接待，绝对不给陌生人开门。

7）要加强学生就寝的考勤管理，防止学生夜不归宿。在宿舍发生事故，生活指导教师应立即处理，并迅速和保卫科、政教处联系。学生在寝室发生疾病，生活指导教师应尽快与校医联系，并通知班主任。

二、宿舍设施的安全

1）宿舍应严格按照消防设施的建设规范配足、配齐消防设备及器材，保持充足的消防水源，消防栓水路应畅通。学生要爱护公寓内的所有消防设施，不得随意挪用消防水带，不得损坏消防安全疏散指示标志和应急照明设施，不得随意损坏灭火器。学生公寓内的所有消防设施应定期进行维护、维修、更换，确保随时都能使用。

2）学生公寓内的所有通道均为消防安全疏散通道，所有门均为消防安全出口，任何部门均不得在疏散通道上安装栅栏，任何个人均不得在疏散通道堆放物品造成通道堵塞，严禁在学生住宿期间将安全出口上锁。

3）学校要明确专人对宿舍的电线、电器、燃气设备等加强检查，及时更换老化或超负荷的线路，杜绝私拉乱接的现象，防止发生火灾、爆炸等事故。严禁利用学生公寓生产、储

存易燃易爆危险品，其他有害物品也不得存放于学生公寓内。

【案例 1- 22】俄罗斯莫斯科友谊大学住宿楼特大火灾事件

某日凌晨，俄罗斯莫斯科人民友谊大学六号楼学生宿舍发生火灾，造成 44 名外国留学生丧生、200 多名学生受伤住院治疗，其中中国留学生死亡 11 人。丧生的学生大部分是被烧死的，此外还有一部分学生是因为燃烧产生的一氧化碳窒息而死，另有一些学生在慌乱中跳楼摔死。这次火灾发生的根本原因是留学生住宿楼电线老化短路所致，且内部结构多为木质，宿舍内也是木地板、木质家具，建筑管内的电线裸露，插头有一部分甚至脱离了墙体。学校为了防盗还将宿舍楼的另外三个紧急出口锁住。当时火灾发生在夜间，整栋楼 272 名学生只能涌向一个出口。

三、餐厅的安全

1）学生不要穿拖鞋、背心进入餐厅。要严格按学校规定的时间表就餐，要有序进入餐厅，以免拥挤摔倒。

2）学生凭学生卡进入餐厅，凭餐卡打饭菜。要自觉遵守就餐纪律，不要大声喧哗，不准说脏话，以免发生不必要的纠纷。

3）学生要遵守秩序，自觉排队，不得拥挤、吵闹、起哄，严禁骂人、打架。

4）学生一律在餐厅就餐，严禁把饭菜等带出餐厅。严禁在餐厅抽烟、喝酒、猜拳行令。

5）要节约用水、节约粮食，吃剩的饭菜等要倒入指定的桶内。

6）要尊重食堂工作人员，服从餐厅管理人员和学生会干部的管理。

7）自觉维护就餐秩序，就餐时按指定位置就座，不得串桌。

第四节 预防校园暴力

一、校园暴力的危害

人们常说的中小学校园暴力，在心理学上来说是一种欺侮行为。欺侮行为一般是指有意造成被欺侮者身体或心理伤害的行为。欺侮行为通常表现为推打、谩骂、勒索钱财、取外号以及社会排斥。欺侮行为可分为直接欺侮和间接欺侮。直接欺侮是针对那些让他感到挫折的对象，如家长、老师或同学；间接欺侮是在不能将自己的愤懑情绪发泄到直接对象身上时，转移到无辜对象的身上，如同学、动物、公共财物等。校园暴力给人们带来太多的伤害、耻辱和痛苦的回忆。

1）欺侮行为对受欺侮者的身心健康会造成极大的伤害，有的受害者的生命受到威胁，而害人者也受到了法律的严惩。

【案例 1- 23】欺凌弱小同学致其死亡事件

　　某校 15 岁的张某某因为在学校不断的被同学欺负殴打选择了辍学。后来在一个网吧打工时遇见之前欺负他的六名学生。六名学生在网吧门口用木棍对他进行围殴,后来又将张某某抓到附近的丛林里继续对他进行殴打,一小时后张某某被活活殴打致死。因欺凌弱小同学,六名学生受到法律制裁。

【案例 1- 24】江西发生校园枪击案

　　某日 13 时许,江西某职业技校发生枪击案,一名模具专业的学生被同班同学黄某用"手枪"击中头部,于 13 日凌晨抢救无效死亡。

　　据死者家属介绍,死者程某,今年 16 岁,是该技校模具专业 06 级 3 班的学生。1 月 11 日学生午休时间,程某坐在教室里,同班同学黄某称自己有一把手枪,遭到同学的质疑。黄某就拿出"手枪"并对准程某的头部开枪。程某中弹后被送往该市人民医院,于 13 日凌晨因抢救无效死亡。据死者的亲属说,凶手所持"手枪"为一把改装过的发令枪。黄某曾向同学炫耀说,"手枪"是在某酒吧里捡的。枪击案发生前,持有"手枪"的黄某已经在同学之间"炫耀"了一个多星期,但未引起校方和警方的重视,直到血案发生。

　　2) 校园暴力的受害者如果目睹了血腥的场面,尤其是许多平时娇生惯养的独生子女,心理承受能力较差,受到刺激,容易产生"创伤后应激障碍",如在暴力现场表现呆若木鸡、丧失应对能力,事情过后还会不断地回忆这个场面,经常焦虑、恐惧,过了较长时间之后,有的还会导致抑郁等精神障碍,有的人甚至在几年、几十年后仍旧噩梦连连。

　　3) 如果学校中经常发生校园暴力,会使一些学生对校园生活失去安全感,甚至对学习活动本身产生恐惧心理。结果会导致这些学生要么不肯去学校就读或逃学,要么结交各种帮派的小团体以"保护"自身安全,这在某种程度上又增加了校园内外发生各种暴力行为的可能性。

　　4) 有些孩子如果经常处于校园暴力的环境下,由于孩子的学习模仿能力非常强,他们就很可能记住这些行为。以后,当他们遇到问题需要解决时,也很可能通过暴力去解决,那么,他们就由受害者最终成为了施暴者。

二、校园暴力产生的原因

　　校园暴力的产生,主要与以下几方面的因素有关。

　　1) 生物学因素。研究发现,一些具有暴力攻击倾向的孩子,或者出现反复暴力行为的孩子,往往是因为其在婴幼儿期间,甚至是在胎儿期间就存在中枢神经系统的缺陷,从而导致其中枢神经发育迟缓或异常。这种缺陷可能是遗传的,也可能是因为遭受了物理性或化学性的损伤。这种缺陷会导致神经系统的结构和功能异常,使人出现攻击性、反社会性的行为。

2）心理学因素。有暴力攻击行为的人，大多数是在人格方面存在某些缺陷或障碍。这些缺陷或障碍有些与生物学或遗传学有关，有些则与心理应激等因素有关。具有这些缺陷或障碍的人的表现也不尽相同，有的人孤僻偏执，易为琐事长期记恨；有的人具有冲动性人格的特征，通常表现为易冲动、情绪不稳定、做事不考虑后果等；还有的人可能表现为反社会性的人格特征，表现为对他人遭受的痛苦冷漠无情、缺乏责任感、不择手段来满足自己的欲望等等。

3）社会学因素。一个人的人格是否健康地形成与家庭中的成长经历有很大的关系。如果家庭教育方式不当，如过分严厉或过于溺爱或者父母疏于管教，抑或是家庭气氛紧张、不和谐，使孩子缺少关爱和安全感等情况，都会对孩子的健全人格培养带来不利的影响。校园暴力的施暴者有许多在家庭中也是家庭暴力的受害者或者目睹者。事实上，许多父母在社会经济文化转轨中，自己不懂得如何从不良情绪中走出来，就更不可能来指导和影响孩子的行为与心理。一些孩子在成长中遇到情感、人际关系等问题时无法排解，也会使他们在社会化的过程中产生人格缺陷。

4）学校教育因素。有的学校过度重视学生的智力和学业，而忽视了他们心理、情感以及人际交往方面的能力的培养和提高，致使许多孩子解决问题的能力和社会适应能力低下。有的孩子又是家中的"小皇帝"，凡事唯我独尊，就更不懂得与他人之间的合作与妥协。他们一旦遇到不如意，相互间就会产生冲突。还有的学生，处于学业的压力、就业的压力之下，却不懂得解压方式，或是没有合适的发泄渠道，就会产生情绪障碍，进而通过攻击、暴力行为来发泄。

5）其他因素。当下很多游戏、网络、媒体中都包含着暴力的内容，孩子长时间耳濡目染，接受了这些暴力文化，对暴力行为也就习以为常、不以为然了。还有一些年龄稍长的学生，在向成人转变的过程中，由于其体力上成长很快，精力比较旺盛，但情感和行为控制方面的发育还未完善，因此自我控制的能力比较差，处理事情就易冲动，甚至会毫无诱因地使用暴力行为。

三、易受校园暴力的孩子的类型

1）有些孩子过分懦弱、胆小怕事，很容易就会成为校园暴力施暴者转移自身挫折感或者发泄不满情绪的对象。

2）有些孩子，经常喜欢欺侮别人，引发各种暴力冲突。但是，经常打打闹闹的结果，也使他本人面临受到暴力伤害的危险，也容易由害人者转变为受害者。

 【案例1-25】欺负女同学的男学生被刺死

某日上午，在江西省上饶市某小学发生一起校园暴力致死案。女生被男同学欺负，随后女孩父亲在老师的安排下与男同学父母协调，然而男同学父母直接无视，根本没有把自己孩子的"霸凌"行为当回事。最后悲剧发生了，女孩父亲一气之下将男同学刺死。因没有正确处理校园暴力事件，二个家庭被毁了。

【案例 1-26】强行出头，害人害己

　　某职校学生郎某平时性格内向，与同学关系不是特别融洽，常与同学闹点矛盾。2009 年 2 月中旬的一天，班上有同学扬言要打他，他就买了小刀藏在身上。2 月 26 日上午课间操时，郎某与同班同学王某因打乒乓球发生争吵，另一班级的学生应某见状马上过来助威并打了郎某。之后，应某又去班里叫了三个同学过来。王某劝应某不要打了，可没劝住，应某还是上去打了郎某，应郎二人遂对打起来。后来郎某火了，从身上拔出刀刺了过去，造成应某背部被刺，伤及胸膜。事后，应某住院一个多月，总共花去医药费近万元，郎某也被学校按退学处理。

　　3）有些孩子无主见，或者智能上有缺陷，做事总喜欢跟在比他强的人的后面，甚至跟着做一些坏事，比如经常出入游戏厅、网吧等场所。由于这些孩子缺乏自我保护意识且自我保护能力较差，一旦发生暴力冲突，他们往往很容易成为被害对象。

　　4）有些孩子平时沉默寡言，敏感而多疑，对周围的一切都感到不满，说话尖酸刻薄，做事心胸狭窄，容易触痛他人或者激怒他人，从而遭受暴力伤害。

　　5）还有些孩子性格太不成熟，以自我为中心，不懂得考虑他人的感受。如有的家庭比较富裕的孩子，喜欢炫耀、露富，还有在老师同学中较"受宠"的孩子，都容易引起其他孩子的嫉恨、自卑或心理受挫的感觉，从而引发针对他们的暴力伤害行为。

四、校园暴力的应对措施

　　校园暴力的问题涉及学校、家庭、社会等多方面，所以，应对校园暴力也要从多方面着手。

　　1. 学校方面

　　1）学校应加强门卫管理，毕业学生、休学者、外校生等非本校人员进入校园，应询问其原因并予登记。

　　2）学校要加强校内外巡视，对于易发生恐吓、勒索等事件的地点严加巡查。

　　3）学校应加强法制宣传，增强学生知法、守法的意识，激发学生勇于揭发犯罪的勇气。

　　4）学校对有恐吓行为的学生要进行明确的处理，不姑息养奸；若其有再犯且情节重大的情形，应与警方保持联系，随时向警方提供相关线索。

　　5）当学校发生暴力事件时，处理步骤为：了解施害学生的动机→确定其行为→保证被害学生的安全→对施害学生给予相应的处理。

　　6）学校还应当加强校园文化环境的建设，引导学生通过健康的方式释放情绪和体力。

　　2. 家长方面

　　1）家长作为孩子的榜样，应首先加强自己的生活技能，在处理问题时要有主见、有决断力。

2）家长有必要加强心理学知识的学习。了解了心理学方面的知识，懂得了与孩子沟通的技巧，家长就可以帮助孩子分析问题、排解不良情绪。

3）当发现自己的孩子参与校园暴力或成为受害者时，家长不能漠然处之或鼓励孩子"以暴制暴"，而是应当及时了解事件的详细情况，并与学校或者公安部门联系，共同制订解决问题的方案，避免今后再次发生类似的事件。

4）如果发现孩子心理问题严重，或是出现极其异常的行为，家长自己又无法解决的，应及时寻求专业心理医生的帮助，避免情况恶化。

3. 学生方面

1）"武装"自己，面对挑战。越来越多的校园暴力，要求同学们在平时就应该"武装"自己，成功规避风险。首先，我们要做一个勇敢者。纵观类似抢钱、群殴等校园暴力，施暴者一个明显的特点就是"欺软怕硬"，看中了某个同学个性比较懦弱，是非观念模糊，才会再三对其进行敲诈勒索。所以，同学们一定要注意在各种场合锻炼自己的勇气，不要胆小怕事。其次，当我们遇到问题的时候，要积极地想办法，寻找正确的解决途径，如请老师帮助解决，而不是息事宁人。

2）与人真诚交往。校园里被欺侮的弱势群体，一般属于校园里的孤独一族。他们与周围的同学来往比较少，甚至整个校园里也没有要好的同学、朋友。因此，当他们遭遇暴力时，没有人出来劝阻或是报告老师。这也反映出这些同学人际交往能力上的欠缺。在日常的学习和相处中，同学们应该努力做一个受欢迎的学生，积极参与班级的活动，真诚地与同学交往，主动帮助有困难的同学。这样，我们就会与同学结下深厚的情谊，从而摆脱孤独的现状。

3）不要跟陌生人走。陌生的人来和你搭讪，说要带你去什么地方，你千万不要去。要知道，就算是校园中的暴力分子，也不大敢在光天化日之下行凶。我们就要抓住他们这个弱点来克制他们，不去那些自己不熟悉的地方，不去那些陌生人说的地方。最重要的是，我们要提高警惕，因为不是每个陌生人都是好人。

4）别人打架的时候不要凑热闹。凑热闹不是什么好事，而且很可能会给自己带来伤害，所以还是远离是非之地。当看到别人打架时，同学们应及时向老师报告。

 【案例 1- 27】 为同学强出头惹祸上身

某职校学生胡某与杨某是好朋友，他们平时形影不离，有事总会替对方出头。一天中午，他们的同班同学吕某正在看小说，胡某见了想把他的小说拿过来看。吕某不肯，结果二人就发生了口角，并动起手来，还掀翻了桌子。杨某见他的好朋友与人吵架，不分青红皂白，上去就给吕某一拳。结果这一拳造成了严重后果，使吕某的左眼受伤。医生认定吕某眼眶内侧管壁凹陷，左内直肌挫伤。事后，吕某住院治疗二十多天，花费医药费近 7 000 元。

5）不要过于张扬，要保持学生的质朴。作为学生，不要太过招摇，以免引来嫉妒与厌恶的目光。特别是家境不错的学生，如果喜欢在外面炫耀，很有可能被校园暴力分子盯上。因此，在校园里还是好好做学生，这样可以降低遭遇校园暴力的概率。

6）正确处理感情问题。尤其对女孩子来说，要正确处理感情问题，不要草率，不要害怕，作出自己最好的决定，是远离校园暴力的最佳选择。

7）加强挫折锻炼。学生自身应加强挫折锻炼，增强应对挫折的能力。有了挫折，要勇敢面对，不要因为一点小失败就丧失信心，甚至走向极端，而应始终保持一种积极向上的精神状态。

第五节　预防纠纷与防止打架斗殴

一、纠纷与打架斗殴的危害

学生纠纷一般有个人与个人、个人与群体、群体与群体的纠纷几种情况。有些同学之间因为一些小的矛盾纠纷不能得到正确、及时的化解，还会出现打架斗殴现象，进而形成治安问题，酿成严重后果，有的甚至发展成刑事案件，危及学生的人身安全。

1）学生参与打架斗殴，严重破坏校园风气，扰乱校园秩序，影响校园的安定。尤其是群体性的打架斗殴，危及学校和社会的稳定，对学校造成极其恶劣的影响。

【案例 1-28】惶恐逃亡八年终落网

某年的高考结束后，陆某的同学考上了一所较好的大学。一天中午，该同学邀请了陆某及另一个同学到镇上喝酒庆祝。走出酒店后，陆某被一辆摩托车撞到，因赔偿问题谈不拢，陆某等 3 人与骑摩托车的两名男子发生扭打。陆某等人因年纪尚轻，敌不过，败下阵来，感觉很窝囊。当日下午，陆某再次与骑摩托车的两人狭路相逢。陆某一时冲动，操起一家水果店的刀便冲了过去。刀刺中了其中一名男子的颈部，男子倒地身亡。案发后，陆某仓皇逃离。

逃跑后，陆某到过广州、深圳。为了生计，他只能在一些小饭馆帮人洗碗。其间，陆某一直在外漂泊，不敢和家人联系，而且因为负案在身，每天都是在惶恐和不安中度过的。逃亡八年后，陆某终被民警抓获。

【案例 1-29】骑车不慎引发的打架事件

某校学生董某，骑自行车不慎撞了吴某，因其拒绝赔礼道歉，双方发生激烈争吵，相互推推拉拉。就在这时，董某的同班同学祁某路过，见董某被吴某辱骂，感到好友被人"欺侮"，遂怒性大发，抓住吴某就打，致使吴某被打伤。事后，祁某不但赔偿了吴某经济损失，而且受到了校纪的严肃处分。

2）妨碍内部团结，破坏成长环境。如果在校园、班级里发生"内战"，会伤害同学之间的感情，削弱友谊，破坏团结，瓦解集体。在这种环境下，会形成互不信任、怀疑猜测、尔虞我诈、逞强好斗的不良风气。

3）有碍身心健康，导致心理障碍。有些学生心理承受能力本来就比较弱，与同学发生纠纷后，心理上再受到压抑，会使性格孤僻、烦躁和沉闷，甚至因为过度的担心、焦虑而造成心理障碍，患上精神病。

【案例 1- 30】因座位拥挤打架受校纪处分

某职校高三（2）班有两个学生，坐在前后排，平时关系较好。有一次课余时间，由于座位比较拥挤，两人发生拉扯，结果一个学生把另一个学生的衣服拉破了。被拉破衣服的学生来了火气，一拳挥过去，结果把那个学生的鼻梁骨给打断了。事后，打人者受到了留校察看处分，并且赔偿被打者医疗费和精神损失费近四千元；被打者留下了难看的歪鼻，心理也因此变得不大正常。一场打架，造成了两败俱伤的后果。

4）诱发违法犯罪，断送美好前程。打架斗殴皆因小事而起，但一旦酿成刑事治安案件，轻则受到退学、开除的处理，重则触犯法律法规，受到法律的严厉制裁，从而断送自己美好的前程。

【案例 1-31】骑车相撞引发的打架伤亡事件

某天，老张骑自行车带着正上大学的女儿外出办事，不慎和一个骑自行车的男大学生相撞。双方互不相让，立刻扭打在一起。吃了亏的老张让女儿打电话叫来了自己的儿子。老张的儿子带了几个人赶到后，将男大学生暴打一顿，导致男大学生伤重死亡。最终，老张的儿子被判了死刑，老张被判无期徒刑，老张的女儿也被判刑。只因一点小小的纠纷引发的打架事件，酿成了两个家庭家破人亡的惨剧。

【案例 1-32】买饭拥挤动手打架锒铛入狱

某校两个同学因买饭拥挤而动手，情急中一位同学将一碗热汤扣到另一位同学的头上，烫瞎了这位同学的眼睛。当他锒铛入狱时，留给同学们的话是："全完啦！没想到几分钟就犯了大罪。早知道这样，我是绝不会还手的。"他这一出手，不仅伤害了对方，而且也葬送了自己的美好青春和前程。

二、纠纷与打架斗殴发生的原因

发生在校园内外的纠纷与打架斗殴的直接导火线，常常是在公众场所的偶然摩擦的处理不当。如在教室、宿舍、餐厅、学校商店、排球场、篮球场、操场和图书馆等场所，由于无意间的冲撞、争抢位置而引起的口角、摩擦等。但究其根本，应归结为学生个体的心理原因。

1）虚荣心理。虚荣心是为了取得荣誉或引起别人注意而表现出的一种不正常的情感，是自尊心的过分表现。如怕在同学或女朋友面前丢面子而逞能，受别人无意冲撞，就要讨说法、争高低等，都是虚荣心在作祟。

2）报复心理。这是导致学生打架斗殴的重要的深层次的心理原因。如因口角纠纷、受人言语侮辱；因玩笑过分、自尊心受损；因谈恋爱时争风吃醋等引发的过激行为，都是源于报复心理。

【案例 1-33】因口角致人身亡事件

某日晚 7 时左右，某学院机电（3）班学生王某，因自行车问题与该院机电（2）班学生滕某发生口角，继而相互推搡，推搡中滕某用刀扎中王某，王某在医院因抢救无效死亡。

3）空虚心理。空虚心理是指一个人的精神世界一片空白，没有信仰、没有寄托、百无聊赖。有这种心理的学生，往往通过打架斗殴等方式来获得一种病态的成就感，从而发泄自己的情绪，填补烦躁、空虚、无聊的生活空白。

4）从众心理。这种心理主要表现为：当自己的朋友、同学等与他人冲突时，出于某种"责任"或哥儿们义气而推波助澜或随大流。从众心理是导致学生群体性打架斗殴的重要心理原因，它盲目性大，波及面广，危害也最深。

5）人格障碍原因。最易引发打架斗殴的人格障碍主要有偏执型人格障碍和攻击型人格障碍。偏执型人格障碍常表现为过分敏感、多疑、嫉妒心强、心胸狭窄、报复心强，对嘲笑与羞辱绝不宽恕等。有攻击型人格障碍的学生，内心有强烈的攻击倾向和犯罪意识，性格暴躁，个性强，不讲理或强词夺理，常做出破坏性的、伤人的攻击行为。如没有任何原因故意寻衅滋事，导致打架斗殴事件的发生等。

三、纠纷与打架斗殴的预防

作为一名学生，要加强学习，在遇到问题时，要做到冷静克制，学会容忍；自我约束，遵章守纪；要加强与他人的沟通，减少摩擦；为人要谦让，要以理服人。

1）冷静克制，学会容忍。无论争执由哪一方引起，同学们都要持冷静态度，决不可情绪激动，要大度，要虚怀若谷。对于那些可能发生摩擦的小事，我们要宽容，要一笑了之。

2）自我约束，遵章守纪。学生应做到自我约束，不做违章违纪之事，这样才能从自身的角度，避免与他人发生纠纷。

3）严于律己，宽以待人。在发生纠纷的时候，同学们要能认真听取别人的意见，进行自我批评，宽容他人的过失，正确处理争执。

4）加强沟通，减少摩擦。俗话说"祸从口出"，即指说话不当可能引来祸端。纠纷多数由口角引起，而口角的发生多是恶语伤人的结果。当你的自行车碰撞了别人，当你跳舞时踩了别人，讲一句"对不起""很抱歉""请原谅"等文明礼貌用语；当别人撞了你、踩了你，向你道歉时，你回敬一句"没关系"，就能化干戈为玉帛。要做到语言美，一是要说话和气，心平气和，以理服人，不强词夺理，不恶语伤人；二是说话要文雅，谈吐雅致，不说粗话、脏话；三是说话要谦虚，尊重对方，不说大话，不盛气凌人。用美的语言加强与他人的沟通，就会减少不必要的摩擦。

【案例 1-34】马加爵心灵扭曲杀害同班同学

云南大学学生马加爵，因家境贫寒经常受到同学的鄙视、嘲讽，造成心灵扭曲。在2004 年 2 月 13 日至 15 日 3 天内，在云南大学鼎鑫学生公寓 6 幢 317 室，他用事先购买的铁锤先后 4 次分别将其同班同学唐学李、邵瑞杰、杨开红、龚博杀害。

从马加爵案件中可以看出，良好的人际关系能够淡化矛盾、减少隐患、消解不稳定因素，是最好的自我保护工具。如果人与人之间在相互交往中都能够做到待人以礼、以诚、以信，往往能够化干戈为玉帛；相反，如果以邻为壑，就会纠纷不断，永无宁日。要解决这种矛盾，就必须发挥传统文化中"和"的功能：和气生财，家和万事兴，"和"意味着没有冲突、没有积怨。

【案例 1-35】礼貌用语避免了纠纷

某天，几个同学庆贺生日，当喝到面红耳赤时，发现相隔不远的几个青年男女在猜拳、行令。其中一个同学说："社会变化快，女人也猜拳。"岂料这句话被对方听到，其中一人马上骂骂咧咧地走了过来，要"理论"一下。另一个同学见势不妙，赶紧站起来客套地说："请别介意，他喝多了点。"这一句文明礼貌的话，倒使对方不好意思起来，立即改口说："没事，祝你们快乐！"

5）为人谦让，以理服人。在与同学及他人相处中，诚实、谦虚是加强团结、增进友谊的基础，也是消除纠纷的灵丹妙药。要知道，在与他人的交往中，特别是在发生争执的时候，诚实、谦虚并不是什么懦弱、妥协，恰恰相反，它是你强大和品德高尚的表现。

6）及时化解，主动道歉。一个班，特别是一个宿舍的同学，在一起生活几年，难免产生矛盾，此时，要注意及时化解，否则，有些伤人感情的语言和行为容易造成积怨。因此，伤害过别人的人，事后要主动向对方道歉、赔礼，请对方原谅；被伤害过的人，也可找适当的机会提醒对方注意，表明自己的态度。

7）主持公道，及时报告。当遇到别人打架斗殴时，不围观，不起哄，不介入。如果想劝解，应先问明情况，站在公正的立场，做双方的工作。如果劝解无效，应迅速向学校报告，以防事态扩大。

第六节 网络对身心的不良影响及网瘾的预防

美国匹兹堡大学的一份研究报告表明，全球两亿多网民中，有 1 140 万人患有不同程度的"网络综合症"。网络综合症又名"网络成瘾综合症"，还有人称之为网瘾、网痴。近几年，网瘾在青少年中有递增的趋势，其对青少年身心健康的影响已成为不容忽视的社会公共问题，社会各界应加强对青少年网瘾的防治。

一、网络对人体健康的不良影响

网络可以称得上 20 世纪人类最伟大的发明，因为它的出现使我们的生活进入了信息时代，而 21 世纪，网络有了更加广阔的发展空间。但是，任何事物都具有两面性，网络也是如此。许多学生因沉溺于网络的虚拟世界而玩物丧志，与现实社会格格不入；不良的网络信息，对青少年的身心健康和安全都造成了影响和危害。

在人—机作业中，电脑、手机对人的伤害除了有作业环境的电磁辐射、噪声、上网综合症等外，更多的是因操作姿势而引发的人体形体的改变和视力的下降，甚至可形成电脑作业的职业病，如颈椎病、腰背肌群劳损、腰背筋膜疼痛、腕管及肘管综合症等。

1) 腕管及肘管综合症。腕管及肘管综合症已是电脑工作者常见的文明职业病，俗称"鼠标手"。此病在发病早期以手麻或前臂麻木为主要症状，发病严重时会伴有疼痛。

2) 对心肺功能的影响。电脑、复印机、打印机等办公设备运行时产生的臭氧气体不仅有毒，而且可能造成人的呼吸系统病变，或因免疫力下降使呼吸功能不佳，从而造成心肌缺氧、缺血而诱发心功能改变。当心脏功能不佳时，长时间玩电脑，易发生猝死。

 【案例 1-36】玩电脑、手机时间过长导致死亡

某日，武汉某大学计算机学院 21 岁的大一学生唐某上午课程结束后，顾不上吃午饭，便和同学直奔校门外的一家网吧打游戏。连续上网 5 小时后，唐某突感头疼，后口吐白沫，继而昏迷，最终导致脑死亡而离开了人世。

某日，南昌某校高三学生余某，因在网吧长时间玩游戏而死亡。

某日，据新闻频道报道，宜宾一男子因上网时间过长而死亡。

某日，浙江 27 岁的董某通宵玩手机猝死。

某日，印度中央邦 16 岁男孩连续玩游戏 6 小时猝死。

3) 对神经系统的影响。学生放学回家后，因学习造成的大脑疲劳尚未消除，这时如果又以高度集中的注意力投入到电脑操作的过程中，会使大脑一直处于高度紧张状态，导致中枢神经系统兴奋与抑制的失衡，从而因神经功能紊乱而出现头昏、头痛、易怒、敏感等症状，甚至会诱发某种神经症，如焦虑症、抑郁症、神经官能症等。

二、网络对心理行为的不良影响

1) 网络成瘾综合症。网络成瘾综合症是指因沉迷于上网而出现的一种心身综合症状，在中、小学生中发生率较高。网络成瘾综合症如同吸毒或药物成瘾一样，主要表现为强迫上网，不上网就没有满足感，心情焦虑，手脚不由自主地抖动，不愿意说话，头昏，头痛，眼干，眼痛，视力下降，不安，抑郁，沮丧，全身不适。只要让他上网，不吃不喝也倍感兴奋，所以他会不分昼夜，节衣缩食，省下钱来设法去上网。青少年上网成瘾后，对其他事情

都会不感兴趣，学习成绩下降，人际关系、社会适应能力都发生变化，甚至为了上网筹钱，发展成偷窃，抢劫杀人。

【案例 1- 37】 沉迷网络游戏，未成年人杀人被捕

某学校学生小伟原是个品学兼优的好学生，自从 2013 年 9 月在网吧迷恋上了一种叫"传奇"的网络游戏后，成绩一落千丈。一边是父母想让他上重点中学的期望，一边是网络游戏的诱惑，让他一直处在矛盾中，小伟认为，是网吧影响了自己的学习成绩，于是在 2016 年 2 月 26 日用匕首将网吧老板陈某捅死。小伟随后被检察机关批准逮捕。这一暴力案件再次向人们敲响如何净化网络空间、预防未成年人犯罪的警钟。

2）网络黄毒污染环境。当今，未成年人犯罪率呈明显上升趋势，犯罪年龄提前了、恶性案例多了。法院执法人员认为，其主要原因是暴力、色情文化在现代生活中泛滥所致。在现代生活中，孩子们通过网络和媒体可以非常方便地接触色情和暴力场面。据调查，我国有电脑的家庭有一半以上的未成年人接触过和玩过黄色软件游戏。另外，有相当一部分孩子在网上玩过和看过黄色游戏及各种黄网图像。还有的孩子沉迷于那些低俗的网恋，网上碰撞出爱情火花后却走向爱情的悲剧，甚至付出沉重的代价。黄网的存在让人痴迷、丧失良知，因而有人大声疾呼："勾魂的网络色情，吃人的网络游戏，它们一旦泛滥成灾，毁掉的将是我们民族的希望和未来。"

【案例 1- 38】 迷恋网络使孩子成为杀人犯

某月，四川省眉山市 8 个迷恋网络的少年在虚拟世界里杀得天昏地暗还嫌不过瘾，他们把攻击目标转向了一个有血有肉、活蹦乱跳的年仅 14 岁的中学生，直致目标永远地倒下。8 名罪犯的家长说，是黄网（黑网）害了他们的孩子。

3）对人格行为的影响。网络可以使人形成异常人格。这样的人往往与周围的人易发生冲突，不能与他人友好相处，甚至发展成反社会人格或攻击性人格，危害他人及社会。人格异常的人对家庭、社会缺乏责任感，工作玩忽职守，待人没有诚信，而且因其认知水平有限，所以不能正确评价自己及他人，甚至无法过正常人的生活。沉迷于网络的人还常伴有暴躁、焦虑、自闭、失眠、过敏、短暂失去记忆等神经性症状。

①"网络性格"的形成。网络性格最大的特点是孤独、紧张、恐惧、冷漠，难以适应社会。网络会妨碍人的人际交往和社会化，使人的自我意识发展不健全，缺乏自我教育的能力。网络会使有的人对自我估计过高而导致人格扩张，也会使有的人自我估计过低，造成人格萎缩。这些都会使青少年在现实中不能客观地把握自我，常会出现模仿他人、过度崇拜的现象，也可能出现孤独、冷漠、自卑甚至自暴自弃的情形。

【案例 1- 39】 沉迷网络成为喝父母血的人

农民陈某有三个儿子，只有大儿子陈小良考上了大学。为了供小良完成学业，年近 50

岁的陈某和体弱的老伴不得不卖血换钱。连续4年，陈某卖出的血量能装满两个汽油桶。然而，明知父母艰辛的陈小良自从读大学后，不愿意回家，整日沉迷于网吧，荒废了学业，直到被学校勒令退学。这个事情被中央电视台播出时，在节目现场，当陈某含泪呼唤儿子时，观众无不为之动容。而作为当事人的陈小良，竟然对事后千方百计找到并报道他的央视记者说："我爸在电视台这么说我，他有病，他是一个残酷无情的人。"

②沉溺网络，玩物丧志。迷恋网络的人经常通宵达旦上网，吃在网吧、住在网吧。网络中的冒险游戏、色情游戏、网上交友等让他们感到新鲜、刺激和诱惑，使他们患了网络成瘾综合症。不管家长、学校如何帮助、劝告，都难以使他们改正过来。意志的消磨、自我控制能力的下降，使他们对网络产生了强烈的依赖心理，并对自己的学习、理想、信念都失去了兴趣，甚至荒废学业，以致丧失意志，有的人最终走向犯罪的深渊。

 【案例1-40】救救我那陷入网瘾的儿子

　　某日上午，《有事园园帮》节目组来了一对安徽夫妇和他们的儿子小陆。夫妻俩告诉园园，如果再不帮帮他们，他们的儿子就要毁了！原来，他们的儿子以前一直都很乖，学习成绩又好，在班里是数一数二的，是夫妻俩的骄傲。可是，自从儿子初二开始学会上网之后，他整个人都变了，变得孤僻而冷漠。陆爸爸说，小陆是四年前上初二的时候开始接触电脑的，当时也就下课后去网吧玩一会儿。可后来，他开始逃课去玩，最后索性连续几天几夜泡在网吧。夫妻俩为此天天去附近的网吧寻找。自从迷上了上网，小陆就完全沉浸在了自己的世界里，书不念了，父母也不理睬了。为了阻止孩子上网，陆爸爸开始限制给小陆的零花钱。可这反而让小陆更加叛逆，家里刚买来的电视机，仅用了一个半月，就被他卖了。这下父母着急了，儿子软硬不吃，难道自己全身心培养的儿子就这样堕落了？

③人—机关系无法代替人际关系。长时间上网，整天与网络对话，只是人—机互动。精力过于集中在网上，会影响人的情感和情绪的发展，不利于青少年培养良好的人际关系，不利于青少年心理的健康成长。虚拟的网络世界是非理性的，本能的冲动和欲望都可以在网络中宣泄和表露，而在现实生活中有道德、法律、习俗、伦理的约束，不允许完全按着"本能"为所欲为。一旦形成网络综合症，会使人变得沉默寡言、感情压抑，几乎没有朋友，行为退缩。面对现实的困难常常采取回避的方式或无力应对。一经形成自闭性人格、回避性人格或依赖性人格，一生都将难以改变。

三、青少年网瘾的成因

有些青少年沉溺于网络而不能自拔，主要原因有以下几个方面：

1）网络因素。网络的开放性使网上交流不分国界、肤色、性别、年龄，只需轻点鼠标，便可拉开交谈的序幕。这时，你可以谈得无拘无束、不着边际，而无需理会对方的地位与自己的身份，人与人之间的距离没有了，一切现实生活中交流的障碍都不复存在。

2）意识因素。科学研究表明，每个人都有潜意识和显意识。潜意识制造了本我，显意识制造了自我。人的潜意识需要在一定的时间和空间内通过各种方式得到表达。网络的虚拟性、超时空性、低责任性提供了宣泄压抑的潜意识的良好条件。

3）心理因素。患有网瘾者往往具有某些特殊的性格和人格特征。越是在公开场合不敢发表自己意见的学生，越会利用论坛的匿名性大胆发表意见；越是现实生活中人际关系搞不好的学生，越有可能成为虚拟世界的交际高手。

4）社会因素。有一部分患有网瘾者把上网作为逃避现实生活问题或消极情绪或者追求超现实满足的工具。学业压力、人际关系压力、竞争压力等使青少年的心理适应能力脱节，从而产生各种各样的心理障碍。

四、诊断网瘾的十条标准

美国匹兹堡大学的心理学家金伯利·S·杨提出了诊断是否患有"网络综合症"（网瘾）的十条标准：

1）下网后总念念不忘网事。
2）嫌上网的时间太少而不满足。
3）无法控制用网时间。
4）一旦减少用网时间就会焦躁不安。
5）一上网就能消散种种不愉快。
6）认为上网比上学做功课更重要。
7）为上网宁愿失去重要的人际交往和工作，甚至事业。
8）不惜支付巨额上网费。
9）对亲友掩饰频频上网的行为。
10）下网后对现实有疏离、失落感。
一年间只要有过四种上述情况者，就可以认为患有此病。

五、青少年网瘾的预防

中小学生的网瘾主要集中在电子游戏及网上聊天。近几年，电子游戏及网上聊天成瘾在青少年中有递增的趋势。网瘾对青少年身心健康的影响已成为不可忽视的社会公共问题，此症的预防比治疗更重要。

1）加强对游戏厅和家用电脑、手机的管理。严禁未成年人进入游戏厅玩电子游戏，家庭中的电脑、手机应在家长的管理下使用。

2）加强青少年的心理健康教育。学校可以把课堂教学和课外活动结合起来，培养青少年广泛的兴趣和爱好，加强青少年的人际交往，调整青少年的不良情绪和培养其应对挫折的能力。对于学习动力不足、有品行问题、性格较孤僻的青少年，家庭和学校应尽早给予关注，提高对此症的防范意识。

 **知识链接**

网络是导致青少年犯罪的第一位因素

陶宏开，美籍华人，华中师范大学特聘教授，共青团中央首位"网络文明爱心大使"。他从1993年开始在美国做素质教育，2002年从美国退休回到中国。他介绍了美国网络与中国网络的差别。他在美国生活的18年中没有见过"网瘾孩子"，没有孩子迷恋网络游戏。美国小朋友玩的游戏都是健康的，中国孩子玩的网络游戏都是打打杀杀、色情暴力。网络是美国发明的，他们用网络去发展生产、发展科技，而中国的网络有些则毒害青少年。

据统计，全国犯罪总人数里面80%是青少年，而青少年犯罪中60%是与网络相关的。因此可以说，网络是导致青少年犯罪的第一位因素。报纸、电台、电视台都报道过相关的案例：为了玩游戏，有些孩子卖书卖课本；郑州一个11岁的孩子把收破烂的叫到家里，价值50万元的新家具卖了2000元钱；湖北襄阳4个孩子去偷钢筋，为了弄断四五米长的钢筋，将钢筋放到铁轨上想让火车把钢筋轧断，第一根钢筋被第一辆火车轧飞了，于是孩子们把钢筋固定在铁轨上，结果第二列火车车轮被碾碎了，火车出轨；男孩子上网打游戏，女孩子网上聊天交友，很多罪犯利用这个特点贩卖少女，重庆4个人的犯罪团伙上网勾引女孩去卖，共卖了29个女孩，最大的19岁，最小的13岁；一个孩子的妈妈不给他钱让他上网，他把家给烧了；一个孩子没钱上网，知道一楼有一个老太太孤身在家，便伙同他人用被子蒙住老太太，在老太太家中搜了13.4元钱去上网，但老太太闷死了；有个孩子的父母不给他钱，孩子用斧头把父母砍了；一个14岁的初二年级的孩子在网上招聘杀手，把母亲活活捅死；山东一个孩子，父亲早逝，母亲一个人把他拉扯大，母亲卖大蒜的2200元钱是全年的收入，孩子将钱偷去上网，找到孩子时，2200元钱只剩下380元，看到母亲痛苦的样子，孩子回屋就喝药自尽了。

这些活生生的案例告诉我们：远离网瘾、珍爱生命！

思考与练习题

1. 上下楼梯时应注意哪些安全事项？

2. 在教室活动应注意哪些安全事项？

3. 集会时应注意哪些安全事项？

4. 上体育课时穿衣应注意哪些安全事项？

5. 参加运动会时应注意哪些安全事项？

6. 学生在宿舍应注意哪些安全事项？

7. 如何检查学校宿舍设施是否安全？

8. 学生到餐厅就餐时应注意哪些安全事项？

9. 易受校园暴力伤害的孩子的类型有哪些？

10. 学生应该如何保护自己，远离校园暴力？

11. 学生发生打架斗殴的原因有哪些？

12. 如何预防学生发生纠纷与打架斗殴？

13. 网络对人体健康有哪些不良影响？

14. 网络对心理行为有哪些不良影响？

15. 青少年上网成瘾的原因有哪些？

16. 诊断网瘾的十条标准是什么？

第二章

财产和人身安全

第一节　预防盗窃

盗窃是一种以非法占有为目的，秘密窃取国家、集体或他人财物的行为。盗窃是所有社会公民所深恶痛绝的违法犯罪行为。作为学生，不管在校内还是在校外，都要加强自我防范意识，掌握防盗措施，避免人身与财产安全受到侵害。

一、校内防盗的措施

提高职校生自我防范意识是预防和制止盗窃犯罪唯一可靠的方法。职校生自我防范意识比较差，缺乏防范经验，盗窃者正是利用了他们防范意识差、麻痹大意的弱点实施盗窃的。学校要经常对学生进行防盗方面的教育，形成人人防盗的氛围，不给不法分子以可乘之机。在校内防盗，可采取如下的措施：

1）离开宿舍或教室时，哪怕是很短的时间，都必须锁好门、关好窗，千万不要怕麻烦。一定要养成随手关门、随手关窗的习惯，以防盗窃分子乘隙而入。

2）不要留宿外来人员。学生之间不能只讲义气、讲感情而不讲原则、不讲纪律。如果违反学校的学生宿舍管理规定，随便留宿不知底细的人，一旦发生被盗事件，将会后悔莫及。

 【案例 2-1】假称校友盗窃宿舍财物

某同学在返校途中结交了一位朋友，该人谈吐文雅，自称是本校高年级的同学。几天后，此人来找某同学玩，正赶上某同学要上课，就将此人留在了宿舍。谁知此人却将宿舍的现金和贵重物品席卷而去。事后经调查，学校根本无此人。

3）发现形迹可疑的人应加强警惕、多加注意。作案人到教室和宿舍行窃时，往往要找各种借口，如找人或推销商品等，一旦发现有机可乘，便会伺机行事。遇到这种可疑人员，无论是老师还是同学，都应主动上前询问，并请他出示相关证件，如身份证、学生证、工作证等。如果发现来人携有可能作案的工具或赃物等证据时，可一方面派人与其交谈以拖延时间，另一方面打电话给学校保卫部门尽快来人作调查处理。

4）注意保管好自己的钥匙和贵重物品。如钥匙丢失，应及时更换新锁；最好的保管现金的办法是将其存入银行；学校使用的饭卡要予以妥善保管好；手表、随身听等不能随便放在教室；自行车要安装防盗车锁，并按规定停放。

5）要安排好办公楼和宿舍等部位的安全巡视，协助学校保卫部门做好安全防范工作。

二、公共场所防盗的措施

1）外出时最好把背包从身后放在身前，夹在腋下或者是视野和感觉所能触及的地方，加强自身防范。另外，可以把贵重钱物放在包内带拉链的夹层里。

2）坐公交车要事先备好零钞，最好不要临时从包里掏现金。上下车时，切勿与人拥挤，遇到有人故意往你身体上挤、撞、贴时，应格外提防。上车后要及时往车厢中间走，不要挤在车门口，把包护在胸前，贵重物品要放在内衣兜里。在车上还要随时注意身边的人，要多加小心。手机挂在胸前的，应护好，尽量不要把手机放在腰间。发现被盗后，应立即向公交车的司乘人员反映，建议将车开到就近的派出所报警。

3）到商场购物、进餐时，一定要把自己的财物随身携带，或存放在这些场所中的寄存处，不要随意扔在座位上。在超市购物，一定不要把钱包放在购物车里。在试穿衣服或挑选货物时，一定要把自己的物品放在自己的身边或视线可及的地方，不要交给陌生人或营业员看管。

4）不要把贵重物品放在自行车车筐内，骑车时背包最好斜挎在肩上，或用环形锁锁在车头上，也可用包带在车把上打个结，这样就不容易被盗、被抢。如果突然发现自行车骑不动等故障时，不要匆忙回头，先要将车筐内的物品抓牢，并随身携带好，然后再下车检查。

三、遭遇盗窃的应对措施

一旦发生盗窃案件，一定要冷静应对。遭遇盗窃的应对措施，主要有以下几点：

1）保护好现场，及时报案。一旦发现家里有异样，要先拨 110 报警，而不是检查丢失了什么，以保护案发现场，协助警方更快破案。如果盗窃案件发生在宿舍内，可在宿舍门前请同学看守，阻止他人围观。警方到来之前，任何人不得进入宿舍，更不能翻动现场的物品，切不可急急忙忙地去查看自己的物品是否丢失。对犯罪分子可能留下痕迹的门把手、门锁、窗户、门框等不要随意触摸，以免把无关人员的指纹留在上面，给勘查现场、认定犯罪分子带来不必要的麻烦。

2）配合调查，实事求是地回答公安部门和保卫人员提出的问题。积极主动地提供线索，不得隐瞒情况不报。

3）如果发现存折、信用卡等有价证卡被盗，应尽快到相关机构办理挂失手续。

4）出行被盗要注意现场周围的可疑人员和可疑情况。由于犯罪分子行窃时比较慌张，难免会丢失或扔掉一些东西，若他来不及逃跑，也可能暂时躲藏在附近。所以，发现可疑人员应立即报警，并大声呼喊。

四、盗窃罪及其处罚

1. 盗窃罪的概念

盗窃罪是指以非法占有为目的，秘密窃取数额较大的公私财物或者多次盗窃公私财物的行为。

2. 盗窃罪的构成特征

1）侵犯的客体是公私财物的所有权。本罪侵犯的对象是公私财物，即国家、集体所有或者公民个人所有的各种财物。

2）客观方面表现为行为人实施了秘密窃取数额较大的公私财物或者多次盗窃的行为。

3）本罪的犯罪主体是一般主体。年满 16 周岁并具有刑事责任能力的自然人，都可以构成本罪的犯罪主体。

4）本罪在主观方面只能由故意构成，并且具有非法占有的目的。

3. 盗窃罪的处罚

根据刑法第二百六十四条的规定，盗窃公私财物，数额较大或者多次盗窃的，处 3 年以下有期徒刑、拘役或管制，并处或者单处罚金；数额巨大或者有其他严重情节的，处 3 年以上 10 年以下有期徒刑，并处罚金；数额特别巨大或者有其他特别严重情节的，处 10 年以上有期徒刑或者无期徒刑，并处罚金或者没收财产。

 【案例 2-2】 贫困高中生爱虚荣　盗窃自首获轻刑

被告人康某，1995 年 6 月出生在一个相对贫困的家庭，经济拮据让其从小遭了不少罪，并产生了自卑心理。为不让自己寒碜，为在同学面前不失面子，他在学校实施盗窃来满足自己的高消费生活，并于 2013 年初因盗窃被法院判处免予刑事处罚。

2014 年 4 月 9 日 11 时许，被告人康某趁学生全部出去吃饭，进入本校高二 13 班教室盗窃该班李某等六名学生书桌内的人民币共计 2 040 元。盗窃成功后，该班同学却未报警，顿时让康某感到庆幸，尝到了盗窃的好处，并用赃款购买了名牌学习用品及吃喝玩乐。4 月 22 日 12 时许，他又窜至本校高三 2 班教室，盗窃该班张某等三名学生人民币 680 元及价值 270 元的手机一部。其后又进入高三 3 班教室，盗窃该班学生许某等四名学生书桌内人民币 500 元。

后因学生举报而案发。案发后，被告人康某不敢再到学校上学，并向其父亲坦白了盗窃的全部事实。随后，康某在父亲的带领下到公安机关投案自首，并将被害人赃款、赃物全部返还。

经法院审理后认为，被告人康某以非法占有为目的，秘密窃取他人财物，数额较大，其行为已构成盗窃罪。鉴于被告人康某曾因犯盗窃罪被免予刑事处罚，系在校学生，且自首，案发后赃款赃物又全部返还给被害人的犯罪情节，法院综合考虑，并根据量刑规范化标准，故作出以盗窃罪判处其有期徒刑六个月宣告缓刑一年，并处罚金 6 980 元的判决。

 【案例 2-3】 盗窃只为找乐子，花季少年被判刑

17 岁的花季少年王某，为了贪图好玩，寻求刺激，跟着比自己大不了几岁的"哥们"，盗窃十余起。法院以盗窃罪判处王某有期徒刑十个月，缓刑一年六个月，并处罚金 2 000 元。

初中毕业的王某由于父母忙于打工而无人照看，整天无所事事，在镇上四处游荡。不久，王某便结识了"哥们"云南人梁某和李某。为了寻求刺激，他们找到了偷东西这个"乐子"。他们采用钢筋条撬锁的手段，首次入户盗窃，但没有盗得财物。

然而，第一次作案没有得手并没有影响他们的"兴趣"。几天以后，他们再度出手。这次，他们盗得 24 英寸变速自行车一辆，还顺手从被害人家里拿了两包方便面"犒劳"自己。

之后，王某一行人更是一发不可收拾，在短短的两个月时间里，他们用钢筋条、起子撬锁，竹竿挑物等手段盗窃十余起，所盗之物更是五花八门，有香烟、硬币、棉絮、金龙鱼油，甚至还有玩具枪、遥控车等玩具。

鉴于王某未满十八周岁，且犯罪后能够投案自首，法院予以从轻处罚，遂作出了如上判决。

第二节　预防诈骗

一、常见的诈骗术

1. "传销"诈骗术

传销是指一些不法分子向自己熟悉的人，如兄弟姐妹、同学、同事、邻居、师生、战友等游说，要他们交纳高额入会费或认购昂贵的假冒伪劣商品，加入到传销队伍。绝大部分传销人员不仅没有挣到钱，到最后甚至血本无归，有些还倾家荡产，妻离子散。

【案例2-4】误落传销窟8天的他终逃脱

某日晚上7点半左右，市区突降大雨。此时，某出租房内猛地冲出一个人，随即消失在大雨之中。他便是安徽小伙子胡某，被同学骗入传销组织已有8天。很快，乘着大雨，胡某跑到了附近一家企业的传达室，并请求门卫帮他报警。

几分钟后，民警赶到了现场，带上胡某直奔传销点，发现里面还有二十来个人。

在派出所里，胡某说，8天前，他同学以找他帮忙做生意为由，将他骗到金华。之后，又派人牢牢将他看住，安排他听课。其间，他几次想逃，都没有成功。最近两天，传销组织屡次逼他交2 800元的入门费，并告诉他不交就还得继续听课。他是趁他们不注意，才逃出来的。

2. "贪利求廉"诈骗术

有些诈骗分子利用人们贪图便宜的心理，以高利集资为诱饵，促使人们上当受骗。也有些诈骗分子利用人们经验少，又追求物美价廉的特点，上门推销产品，以次充好。

3. "交友"诈骗术

诈骗分子常利用一切机会与人们拉关系，骗取信任后寻机作案。如通过网上交友骗取信任，而后编造谎言进行诈骗；以恋爱为名进行诈骗；编造学生在学校受到意外伤害，对学生家长及亲属实施诈骗等。

4. "破财消灾"诈骗术

这类诈骗常以家人可能有"血光之灾"为由，逐步攻克你的心理防线，而后以祈福消灾等迷信手段，诈骗财物，并忠告受害人不得告诉任何人，否则就不灵验了。

5. "意外之财"诈骗术

诈骗分子常在选定的行骗目标前拾获贵重物品，并提出平分，但要求你先垫付现金，而后借机调包或逃之夭夭。

 【案例 2-5】丢钱诈骗案

当你从银行取钱出来，要提防下面的情况。一般是有两个串通好的男子，一个假装把一捆钱丢在地上，然后继续往前走。后面的骗子故意在你面前将钱捡起来，然后把你拉到一边，把捡到的那叠钱放到你身上。而这时，前面丢钱的骗子则返回，问后面的骗子是否捡到了钱，并且要后面的骗子搜身。后面的骗子说没有，然后把你拉到一边，跟你说："捡到的钱咱俩平分，现在钱先放在你身上，我跟他去搜身。但我怕你在我去搜身后逃之夭夭，所以你要把你身上的部分钱押在我这里"。如果你真的将你自己的部分钱押给他，就再也找不到人了。等你打开那捡到的一叠钱，你会发现，只有表面是一张人民币，里面的全是白纸。

6. "易碎品"诈骗术

诈骗分子趁行人经过身边时，故意将自己的眼镜、瓷器等易碎物品扔到地上，然后找各种理由诈骗高额赔偿。

7. "网络"诈骗术

诈骗网站往往造成腾讯、淘宝等国内著名网站的假象，页面与真实网站一模一样，并以高额奖金为诱饵骗网民入套。

 【案例 2-6】2019 年网络通讯诈骗案例

伪造股票收益截图，虚构专业团队指导。 在无股票经纪资质的情况下，诈骗团伙招募无证券业知识人员，编写话术模板，招募员工用公司提供的股民信息，主动联系股民以向股民推荐股票为名进行诈骗活动。为了让受害者上当，诈骗团伙伪造股票收益截图，虚构公司有专业股票分析团队指导、公司资金雄厚可拉升股票、能让受害人在短时间内获得高额收益等虚假信息，并用免费荐股的方法层层引人入局，诱骗受害人支付金额不等的"信息费"，以获得公司推荐股票、指导操作服务。

交友软件约见面，却被拖进传销组织。 传销是老套路。在以往查处的传销组织中，大多数人是被亲戚朋友骗到传销组织中的。江宁警方查获传销人员 130 多人，有不少人是被交友软件骗过来的。他们多数是通过附近的人，用同城软件聊天、陌陌、微信加好友，一开始是谈感情，交朋友为名。如果你信以为真过来后，以带他出去游玩、参观等为噱头，使投资人相信。结果，朋友没交到，恋爱没谈上，却莫名其妙被发展成了传销下线。

以相同的头像冒充好友借钱。 徐州小伙解某曾被人假冒微信好友诈骗了钱财，他如法炮制，加了张女士的微信。由于名字和朋友一样，朋友圈内容也相似，张女士没起疑心，先后借了 7 万给解某。当再被借钱时，张女士联系了朋友才知上当受骗。民警很快将解某抓获，骗来的 7 万元 5 天内被解某赌博输光了。因涉嫌诈骗罪，解某已被刑事拘留。

"抠脚大汉"网上假扮"女神"行骗。网络世界多姿多彩，信息交互日新月异，各种服务百姓方便网友新技术新软件深受广大网民喜欢。但同时网络犯罪方式方法"千变万化"，让你防不胜防。网络社交软件交友就是其中一种常见诈骗方式，最近警方经过几个月的努力成功摧毁了一个位于某地的特大网络交友诈骗团伙，捣毁窝点 49 个。这些嫌疑人通过网络获取的女性头像、照片，将自己装扮成美丽可爱的"女神"，通过社交软件交友，再以各种理由骗取男士信任，向"她们"打款转账，骗取全国 500 人 600 余万元。

 【案例 2-7】网上支付卡里钱被转走

某日，网友胡某在邮箱里看见一则留言，是一个宣传话费充值的网站发来的。于是，胡某便进入了该网站——中威商声码（www.zhongweik8.com），并联系了客服 QQ1031685406。对方称，先注册一个账号，再支付 1 元钱就可以激活账号，然后就可以享受充话费的优惠。出于无奈，他就用银行卡支付了 1 元钱，但在该网站支付时，网页上的认证码字母很模糊，输入了多次账号及密码还是没有成功，于是胡某就想等第二天再付。

第二天一早，胡某用财付通支付，结果还是说密码有错或余额不足，胡某赶紧查了一下银行账号。结果，他卡里的钱在 26 日被转走了 480 元，只剩下 50 元了。于是，胡某到派出所报了案。之后，胡某想把剩下的 50 元转账给别人，结果发现连 50 元钱也没有了，账户里只剩下 0.8 元。

8. "短信、电话"诈骗术

诈骗分子利用人们的公开信息，对其亲朋好友进行短信、电话诈骗。

9. 其他的诈骗术

 【案例 2-8】街头种种诈骗术

骗术一　通常是一男一女带个小孩，遇到模样老实的人，上前说，钱丢了，没钱回家，给几块钱坐车吧。还有说是来找亲戚的，没找着，钱用光了，给几块钱让他们买点吃的。骗子骗了几块钱，马上又去骗别人。

骗术二　路边某个青年男子，带着个包，坐在地上，用粉笔在地上写一些诸如"找不到工作，太饿了，请好心人给点钱买东西吃"什么的。

骗术三　路边的押注。几个碗扣地上，骗子凭借很快的手法，将一粒棋子放在某个碗下，让你去猜。如果你押 50 元，猜中了他倒赔你 50 元，猜错了这 50 元就归他了。这样的骗子周围，往往会有一群骗子来充当观众、起哄或者押钱。

骗术四　坐车旅途中，半路上来一家伙，说自己是做铅笔生意的，在车上跟别人攀谈，然后开始赌。他手上拿红、蓝铅笔各一支，让别人猜橡皮圈套在哪支铅笔上。我曾经亲眼看见我旁边的人把手表也输了，车到站后，开始参与赌的人全下了车，他才知道是骗局。

骗术五　公交车到站开门后，一个男人突然堵住车门，说自己的手机不见了，不让人下车，人群哗然。这时旁边有人说："打那个男人的手机，看在谁身上响谁就是贼。"这个男人就向边上的一个人借了手机要拨自己的号码，突然靠近门口的一个人挤下车拔腿就跑。这个男人也没还人家的手机就叫嚣着追了过去，转眼两人都不见了。于是，这次真的有人"丢"了手机。

骗术六 在路上遇到一个人，问一条较偏僻的路，然后说车子开不进去了，要你帮忙看一下车上的货，他去接人来卸货。如果你答应了，你就准备着上当吧！因为，你在看守货物时，会有人来将车开走，说是那人要他们来的。车刚走，那人和一大帮人就过来找你麻烦了，如果不拿出你身上的钱，你是走不掉的。

骗术七 在路上要有人问你银行怎么走，别搭理他，他下一句肯定是问如何将手中的外汇换成人民币，再后面就有骗子的同伙过来，不知不觉你就会掉进一个骗局。

骗术八 一女子购物后走出购物中心，在上车前发现车胎泄气了，于是她从行李舱中拿出千斤顶准备换车胎。这时，一个穿着西装手拿公文包的男士走过来说帮她换轮胎。换好轮胎后，男士希望女子搭个便车送他去自己停车的地方。女子忽然想起男士在关上后备箱前，就将自己的公文包放入后备箱中，而那是在男士开口让他搭便车之前。女子灵机一动，借口买东西，去请来了购物中心的安全人员，此时男子已逃跑。后来到了警察局，警察将公文包打开，发现里面装的竟然是绳子、胶带及刀子。

骗术九 有一伙打工妹模样的人问邮局怎么走，又问什么东西不能邮寄，并神神秘秘地掏出个像金元宝一样的东西来，说是从工地上挖出来的，怕到邮局会碰到什么麻烦，寄不了，急于出手，愿意低价卖出，于是就可以连骗带抢地把你的钱财搞光。

……

二、诈骗的预防措施

1）在日常生活中，如果能做到不贪图便宜，不谋取私利，就不易受骗。在提倡助人为乐、奉献爱心的同时，要提高警惕性，不能轻信花言巧语。

2）不要把自己的学校、专业、宿舍、手机号码、家庭地址等情况随便告诉陌生人，以防上当受骗。

3）发现可疑人员要及时报告，上当受骗后更要及时报案、大胆揭发，让犯罪分子受到应有的制裁。不要与低级下流之辈、挥金如土之流、吃喝玩乐之徒、游手好闲之人交朋友。

4）平时在小商小贩那里买东西付钱时，一定要多长个心眼，一旦发现异常，立即报警。

 【案例2-9】钞票上做记号抓到了骗钱小贩

某日晚上，嘉兴市民周先生在路边摊上买香蕉，他递给摊主一张100元的钞票。摊主说找不开，一转手把钱还给了他，随后摊主收摊走了。周先生仔细一看钞票，发现真钞变成了假币。这样的亏不止周先生吃过，市民蔡先生前几天也被一摊贩调包骗去100元。几日后晚，蔡先生再次来到一水果摊前买水果，摊贩同样使用了调包计，曾经吃过亏的蔡先生早已做好了充分的准备，他早在自己的钞票上做好记号，并且用手机拍摄下来，一旦被调换，他当场就能够发现。当他接过摊贩送回的钱后仔细一看，这张钞票已不是自己的那张，于是赶紧拉住摊贩并报了警。

三、诈骗罪及其处罚

1. 诈骗罪的概念

诈骗罪是指以非法占有为目的，用虚构的事实或者隐瞒真相的方法，骗取数额较大的公私财物的行为。

2. 诈骗罪的构成特征

1）侵犯的客体是公私财物所有权，侵犯的对象仅限于国家、集体或个人的财物，而不是骗取其他非法利益。

2）在客观方面，表现为使用骗术，即虚构事实或者隐瞒真相的欺骗方法，使财物的所有人、管理人产生错觉，信以为真，从而似乎"自愿地"交出财物。其实，这种"自愿"是受犯罪分子欺骗而上当所致，并非出自被害人的真正意愿。

3）在主观方面，应当由直接故意构成，并且具有非法占有公私财物的目的。对于使用欺骗手段，意图短期占有公私财物，追紧就还，不追就拖的情况，一般不宜作为犯罪对待。

3. 诈骗罪的处罚

根据刑法第二百六十六条的规定，犯本罪，数额较大的，处 3 年以下有期徒刑、拘役或者管制，并处或者单处罚金；数额巨大或者有其他严重情节的，处 3 年以上 10 年以下有期徒刑，并处罚金；数额特别巨大或者有其他特别严重情节的，处 10 年以上有期徒刑或者无期徒刑，并处罚金或者没收财产。

第三节　预防敲诈勒索

在各地，职校生遭遇本校、外校或社会上行为不良的青少年敲诈勒索的案件时有发生。由于很多遭遇敲诈勒索的职校生害怕被打击报复，或者担心被家长、老师责骂等一些主、客观的原因，使他们不敢告诉家长或老师，这就导致了敲诈勒索者常常能得逞并进而得寸进尺进行敲诈勒索。

一、敲诈勒索的预防措施

敲诈勒索之徒之所以能够得逞，主要是因为敲诈者抓住了个别同学的某些把柄或他们身上的某些弱点，再据此相威胁，从而达到敲诈勒索钱物的目的。为避免落入坏人的圈套，同学们要做到洁身自好，不贪图不义之财，不接受小恩小惠，以免授人以柄；要提高自身防范意识，比如在校外尽量和同学结伴而行，注意识破敲诈勒索者的圈套等。

【案例 2-10】以"校园贷"之名实施敲诈勒索终被抓

2018 年 9 月，某派出所民警在扫黑除恶线索摸排过程中发现，有社会闲散人员多次向辖区高中在校学生进行"校园贷"非法高息贷款，多名学生受害。城关派出所民警摸排到该线索后，立即成立专案组，组织精干警力开展侦查破案工作。专案组民警通过学生家长、老师等多方配合和共同努力，做通受害学生思想工作，消除受害人疑虑，顺利开展谈话取证工作。同时，民警多次奔赴延安、铜川、西安等地，寻找相关受害人进行谈话取证，充分固定案件相关证据，快速查清案件事实。最终查明：社会闲散人员曹某某等人在 2017 年 8 月至 2018 年 8 月期间多次向高中在校学生放取非法高息贷款，并以恐吓、威胁、殴打的方式实施敲诈勒索等违法犯罪行为，多次向学生及其家长收取贷款，导致根本无力偿还高息贷款的学生身心、财产受到不同程度损害。专案民警在掌握大量证据的基础上，先后抓获涉嫌敲诈勒索的违法嫌疑人张某某、田某某、曹某某。

【案例 2-11】替朋友出气，一学生敲诈勒索他人遭刑拘

某职校生沈某，假期到县城造纸厂实习，与他同在一起实习的还有徐某等人。某年 8 月 23 日，徐某因口角之争与本厂职工陈某等人发生纠纷，陈某等人出手将徐某打伤。虽然事后陈某等人也积极地把徐某送到医院治疗，但徐某心中始终不服气，并把这件事告诉了沈某。听到同学被打伤，沈某非常生气，便邀约了其在社会上混的朋友，要替徐某出气。9 月 11 日、12 日、16 日、18 日，沈某等人分别到陈某等 4 人家，以索要医药费为名，向 4 名当事人索要了现金 1 万余元。11 月 10 日，涉案人员纷纷落网，沈某也主动投案自首，并被公安机关刑事拘留。

【案例 2-12】被开除学生返回母校敲诈勒索同学被刑拘

两名中学生被开除后居然返回母校敲诈在校生。某日晚 10 时许，14 岁的海南某中学学生陈某在学校保卫人员的带领下报案称，有一天晚上 10 时许，他在中学操场闲逛，李某走过来"借"走了他的手机。李某是该校已被开除的学生。几天后，李某将手机还给陈某，但让陈某拿 100 元钱给他。陈某说没有，李某就要打他。陈某害怕，将 50 元钱交给了李某。又一日晚 10 时，李某又找到陈某，让他再拿 100 元钱。陈某随后报告给了学校。了解了情况后，警方立刻到该校门口布控。当天晚上 10 时 40 分，李某出现在学校门口，民警冲上去将其擒获。经审讯，李某供出了也是被该校开除的同伙罗某，警方随后在招待所内将罗某抓获，李某等被刑事拘留。

二、遭遇敲诈勒索的应对措施

对敲诈勒索案件，除公安机关和社会要引起注意，作为学校、老师、家长和当事的学生，应该怎样做呢？

1）首先是老师和家长一定要注意孩子的心理变化，多与孩子沟通，发现孩子有异常，应及时了解和处理。

2）学校不能只立足于学业教育，要不定期地开展学生自我保护和相关法律法规知识的教育，以提高职校生的防范能力。学生本身要懂得自我保护，放学后如无特殊情况要及时回家，不要去网吧、酒吧等人员复杂的场所。

3）学生要有自我防范意识，不要炫耀财物，校服外不要佩戴昂贵的饰品，尽量不要当众使用手机。学生不要与一些行为不良的人交往，由于自己是弱势的一方，对于交往对象要慎重选择。若有低年级学生被高年级学生或社会青年敲诈勒索的事情发生，受害人应大胆地向老师或家长反映，及时与家长或老师沟通，切勿害怕遭到报复而不敢对别人说，不要找一些所谓的"老大"来保护自己。

 【案例 2-13】百余学生遭敲诈勒索财物近千元，竟无一人去报案

某市技工学校百余名学生先后遭到 3 名小伙疯狂地敲诈殴打，被敲诈勒索财物近千元，却没有一人主动去报警。据办案民警介绍，这 3 名小伙之一的管某因在某技工学校学习期间，多次参与打架斗殴，被学校开除。于是管某对学校存有报复心理，伙同他在社会上结识的无业人员赵某和小斌对技工学校百余名学生进行了敲诈勒索及殴打。由于这些学生大多胆小怕事，所以事发后没有一个人主动向警方报案，仅有少数人向学校领导作了汇报。根据该技工学校领导的反映，在派出所民警和该校的配合下，警方将涉案人员抓捕归案，并予治安拘留。

4）学生上学、放学时，应尽量避免走一些偏僻、狭窄的小巷。晚自习回家的时间不要太晚，并尽量与同学结伴而行。在遭遇敲诈勒索时，可大声呼救，在确保自身安全的情况下，拨打 110 报警，寻求警察的帮助。被敲诈的学生要积极主动地向公安机关反映情况，争取早日破案。

 【案例 2-14】面对敲诈勒索，学生机智脱险

某日，某中学学生黄某等 13 人在离昭平县城区约 2 公里处的体育广场踢球，遭遇 8 名持砖头的不良少年敲诈勒索。黄某等人一边同他们周旋，一边暗中示意在一旁观看踢球的卢某回城区报警。110 民警接警后，随即赶往事发现场，途中与正在气势汹汹追赶学生的不良少年相遇。8 名不良少年慌忙逃走，黄某等人得以安全脱险。

 【案例 2-15】放学途中被勒索，机智报警抓坏人

某日，就读于市区某中学的学生小曾放学后与两名同班同学结伴回家，途中一伙社会青年截住他们，准备勒索小曾等人的财物，并威胁称如果不从，定遭殴打。机灵的小曾借口返校取钱，寻机拨打了 110 报警电话。民警接到报案后及时赶到，将这伙社会不良青年抓捕归案。

三、敲诈勒索罪及其处罚

1. 敲诈勒索罪的概念

敲诈勒索罪是指以非法占有为目的，对公私财物的所有人、保管人使用威胁或要挟的方法索取公私财物的行为。

2. 敲诈勒索罪的构成特征

1）侵犯的客体是公私财产的所有权，同时也侵犯被害人的其他合法权益，如人身权、经营权、隐私权等，但主要客体是公私财产所有权。

2）在客观方面，表现为行为人采用威胁或要挟的方法，逼迫财物所有人、保管人就范，将公私财物交由行为人或其指定的第三人控制或提供财产性利益。所谓威胁或要挟的方法，即指利用财物所有人或保管人的某种要求、困境或弱点，对其进行讹诈，如不满足讹诈的条件，将公私财物交出来或提供财产性利益，就将有不利的行动及后果发生在其本人、亲属或其利害关系人身上。

3）在主观方面，只能是直接故意，并且以非法占有公私财物或财产性利益为目的。如果行为人进行威胁或要挟，目的是为了要求对方偿还欠下的正当债务或履行义务，则不构成本罪。如果行为人讹诈的不是公私财物或财产性利益，而是其他，如要求对方与之发生性关系等，也不按此罪处理。

3. 敲诈勒索罪的处罚

我国刑法第二百七十四条规定，敲诈勒索公私财物，数额较大的，处 3 年以下有期徒刑、拘役或者管制；数额巨大或者有其他严重情节的，处 3 年以上 10 年以下有期徒刑。

根据刑法第二百七十四条的规定，对敲诈勒索罪数额认定标准规定如下：一、敲诈勒索公私财物"数额较大"，以一千元至三千元为起点；二、敲诈勒索公私财物"数额巨大"，以一万元至三万元为起点。各省、自治区、直辖市高级人民法院可以根据本地区的实际情况，在上述数额幅度内，研究确定本地区执行的敲诈勒索罪"数额较大""数额巨大"的具体数额标准，并报最高人民法院备案。如属于从犯，按照刑法规定应当从轻、减轻或者免除处罚。

第四节　预防抢劫

抢劫是指作案人以暴力、胁迫或其他方法强行抢走财物的行为。抢劫具有较大的危害性、骚扰性，往往转化为凶杀、伤害、强奸等恶性案件，严重侵犯学生及人们的财产及人身权利，威胁生命安全，造成生命、健康及精神上的损害。

一、抢劫的预防措施

发生抢劫案件的时间一般多在午夜或清晨；作案地点多为公园、广场等公共场所或偏僻地段；作案时一般三五成群，通过事先的预谋，选择恋爱中的情侣或单身游客进行跟踪，伺机实施抢劫。那些尾随晚归或外出行人的抢劫案件，歹徒作案时间多选择在午夜，袭击对象为晚归的年轻女性，作案时采用结伙作案，一般尾随目标跟踪至偏僻路段持刀威胁、殴打，抢劫财物后迅速逃离现场。因此，人们应增强自我防范意识，做好预防抢劫的工作。

1. 预防公共场所抢劫

不要在夜间到公园、绿化带内休息，更不要去灯光昏暗和偏僻的地方；不要随便搭乘陌生人的车；单身女子不要于夜间在外行走，如遇加夜班，一定要找人结伴同行，或有人接送；对陌生人不要过于亲近，也不要接受陌生人请吃的东西，不要在公开场合暴露巨额现金和金银首饰、文物等贵重物品；公共汽车上、商场内或排队拥挤时，注意把包放好，防止被盗或被抢。男女谈恋爱，不要在深夜或在地处偏僻路段逗留，以免遭抢劫、污辱。遇陌生女子引诱你或是请你到某地方玩，切勿随意跟着走，防止被色情抢劫。如感觉有人跟踪，应选择捷径或人多的地方快速逃跑。

【案例 2-16】 抢劫树林深处谈恋爱的青年

某日 21 时许，身无分文的王林和另外几个同样境况的人一起到郑州市某公园，寻找能抢劫的目标。经过观察，发现公园内小树林深处有一男一女在谈恋爱，于是一伙人分工协作，有人望风，有人拿刀威胁，有人搜身，对这对男女青年实施了抢劫，共劫得现金人民币1 500 元及价值 1 800 多元的物品。

2. 预防飞车抢夺

行走时应尽量靠近人行道内侧，不要太靠近行车道。独自外出时，应尽量少戴或不戴贵重首饰，少“露财”。手机也不要挂在胸前，避免在大路或街上边走边打手机。在路上行走或逗留时，如发现有两人共骑一辆摩托车在周围转悠，或遇有摩托车无缘无故靠近，或听到有摩托车从背后冲来，都要立刻保持警觉，谨防抢夺“黑手”的突然袭击。骑自行车时，不要随意将随身的包、物特别是贵重物品不加固定地放置在自行车车筐里，防止不法分子抢夺。

【案例 2-17】 警方破获系列流窜飞车抢夺案

2018 年 4 月 18 日下午 4 时许，刑侦大队接到受害人李某报警，称在滨江路某地段路边打电话时被人飞车抢夺一条价值 4 万余元的金项链。接报后，民警立即赶赴案发现场展开调查，由于嫌疑人作案时间极短且作案时带有帽子和墨镜，受害人李某无法看清飞车贼面目特征，只知道嫌疑人为一青年男子，作案时驾乘一辆女式踏板摩托车，作案后迅速逃离现场。

正当刑侦大队民警紧锣密鼓地进行侦查时，城区又连发 4 起飞车抢夺案件。据受害人反映，嫌疑人与“4.18”飞车抢夺案的嫌疑人体貌特征、作案手段以及驾乘车辆基本吻合。民警据此判断，几起案件应系同一名嫌疑人所为，并对案件进行串并侦查。

随后，专案组民警运用多种侦查手段，经过大量工作，最终锁定嫌疑人为有抢夺前科的四川籍男子高某，并查明其最后落脚地为长沙市高桥大市场。经过连续四天四夜的工作，5

月 19 日凌晨，专案组民警在高桥某布艺市场内将高某抓获归案，当天中午，民警又将以收购方式掩饰隐瞒犯罪所得的嫌疑人秦某某抓获。高某和秦某某已被警方刑事拘留。

【案例 2-18】多起飞车抢夺案件

某日 21 时许，某交叉路口附近，65 岁的金女士提着一个手提包走在人行道上，身后疾驰而来一辆摩托车。车上有两名男子，一名男子伸出手，一把把金女士的手提包抢走，还未等金女士反应过来，摩托车已经走远。金女士包内有现金 100 多元，手机一部。她只得找路边一店主帮忙报警。据路边店主说，当时他只听到摩托车加大油门的声音。

某日 18 时许，来金华游玩的缙云人樊某在市区解放西路尖峰大药房附近的人行道上遭遇了飞车抢夺。樊先生脖子上一根重达 65.8 克的金项链（价值两万元左右）被扯断后抢走。

3. 预防入室抢劫

独自在家，要锁好院门、防盗门、防护栏等。如果有人敲门，千万不可盲目开门，应首先从门镜观察或隔门问清楚来人的身份。如果是陌生人，不应开门。如果有人以推销员、修理工等身份要求开门，可以说明家中不需要这些服务，请其离开；如果有人以家长同事、朋友或远房亲戚的身份要求开门，也不能轻信，可以请其待家长回家后再来。遇到陌生人不肯离去，坚持要进入室内的情况，可以声称要打电话报警，或者到阳台、窗口高声呼喊，向邻居、行人求援，以震慑迫使其离去。不邀请不熟悉的人到家中做客，以防给坏人可乘之机。不要让人以任何借口叫开房门而造成人身伤害或财产损失。

【案例 2-19】凌晨遭遇歹徒入室抢劫，东阳一对夫妻重伤下勇擒歹徒

某日凌晨 1 点多钟，睡梦中的胡某突然被亮光惊醒，接着看见有个人走到床前。对方看胡某睁开眼睛，即顺手用菜刀砍她的眼睛。胡某的惨叫声惊醒了睡在旁边的丈夫朱某，等夫妻俩明白过来有人行凶时，朱某的鼻子、胡某的右眼都被砍了一刀。然而歹徒并没有停止行凶，继续挥舞菜刀砍向他们。朱某当时就想，一定要把歹徒手上的刀抢下来，如果不制服他，自己一家三口都有生命危险。此时，睡在夫妻俩旁边的 7 岁女儿已被惊醒，她惊恐地望着父母和犯罪嫌疑人搏斗。急中生智的朱某和妻子合力用被子把歹徒的头蒙住，并将他按倒在地。歹徒拼命挣扎，但朱某夫妇想，无论如何也要把歹徒绑起来。3 个手指筋已被砍断的朱某和眼睛受伤的胡某硬是摸索着用歹徒携带的绳子将对方双手捆了起来，然后报了警。

二、遭遇抢劫的应对措施

如遭遇到抢劫，要保持精神上的镇定和心理上的平静，克服畏惧、恐慌的情绪，冷静分析自己所处的环境，对比双方的力量，针对不同的情况采取不同的对策。

1）要有反抗的心理准备。遭遇抢劫时，只要具备反抗的能力或时机有利，就应抓住时机发动进攻，制服或使作案人丧失继续作案的心理和能力。作案者在遭到反抗后，一般都会心虚退却。

2）大声呼救。一旦遭抢，应及时喊叫、大声呼救或故意与作案人对话。该出手时就得出手，依靠群众自身的力量打击盗抢分子的嚣张气焰，尽可能追一追抢夺者，迫使其丢弃抢得的财物。

3）尽量纠缠。遭遇抢劫时，可借助有利地形，利用身边的砖头、木棒等足以自卫的武器与作案人僵持，使作案人在短时间内无法近身，以引来援助者并给作案人造成心理上的压力。

4）寻机逃跑。当无法与作案人抗衡时，可看准时机向有人、有灯光的区域或宿舍区奔跑。当已处于作案人的控制之下无法反抗时，可按作案人的要求交出部分财物，采用语言反抗，理直气壮地对作案人进行说服教育，晓以利害，造成作案人心理上的恐慌。也可与作案人说笑，用幽默方式表明自己已交出全部财物，并无反抗的意图，使作案人放松警惕，再看准时机反抗或逃脱控制。

5）采用间接反抗的方法。趁作案人不注意时，在作案人身上留下暗记，如在其衣服上擦点泥土、血迹等，如有可能则拉取作案人的毛发、衣片和纽扣等。

6）要注意作案人的体貌特征。若感觉与作案人力量悬殊，首先要保证自己的安全，看清作案人逃跑的方向，认准对方的体貌特征和作案工具，如身高、年龄、体态、发型、衣着、胡须、疤痕、语言、行为等特征。

7）及时报案。作案人得逞后，有可能继续寻找下一个抢劫目标，更有甚者可能在附近的商店、餐厅挥霍。如能及时报案，并准确描述作案人特征，有利于有关部门及时组织力量布控，抓获作案人。

三、抢劫罪及其处罚

1. 抢劫罪的概念

抢劫罪是指以非法占有为目的，以暴力、胁迫或者其他方法，当场强行劫取公私财物的行为。

2. 抢劫罪的构成特征

1）本罪侵犯的客体是复杂客体，即不仅侵犯了公私财产的所有权，同时也侵犯了被害人的人身权利，往往造成人身伤亡的结果。这个特征是抢劫罪不同于其他侵犯财产罪或一般的侵犯人身权利罪的主要标志。

2）在客观方面，行为人必须有对公私财物的所有人、经管者或相关人当场使用暴力、胁迫或者其他方法，立即抢走财物或者迫使其交出财物的行为。

3）在主观方面，行为人只能是出于直接故意这一种罪过形式，并以非法占有公私财物为目的。如果行为人为非法占有枪支、弹药、爆炸物而实施抢劫，只能按抢劫枪支、弹药、爆炸物罪处罚。

4）本罪的犯罪主体是已满14周岁并具有刑事责任能力的自然人。

3. 抢劫罪的处罚

刑法第二百六十三条规定：以暴力、胁迫或者其他方法抢劫公私财物的，处3年以上10年以下有期徒刑，并处罚金；有下列情形之一的，处10年以上有期徒刑、无期徒刑或者死刑，并处罚金或者没收财产：入户抢劫的；在公共交通工具上抢劫的；抢劫银行或者其他金融机构的；多次抢劫或者抢劫数额巨大的；抢劫致人重伤、死亡的；冒充军警人员抢劫的；持枪抢劫的；抢劫军用物资或者抢险、救灾、救济物资的。

刑法第二百六十九条规定：犯盗窃、诈骗、抢夺罪，为窝藏赃物、抗拒抓捕或者毁灭罪证而当场使用暴力或者以暴力相威胁的，依照本法第二百六十三条的规定定罪处罚。

 【案例2-20】杀害见义勇为企业家，三凶手被判处无期徒刑

陕西省西安市中级人民法院在某日一审判决杀害见义勇为英雄戴俊的3名凶手陈某、武某、孙某无期徒刑，剥夺政治权利终身，并各处罚金5万余元。

某日晚，陈某、武某、孙某预谋抢劫。21时30分许，3人在西安市莲湖区环城西路自来水公司附近，发现女子胡某孤身行走，遂上前实施抢劫。孙某抢包时，遭到胡某反抗，陈某、武某见状即持刀对胡某进行威逼。此时，路经此处的江苏籍企业家戴俊挺身而出，予以制止。陈某、武某持刀分别朝戴俊猛刺数刀，作案后3人逃离现场，戴俊当场死亡。经鉴定：戴俊系被刺伤致肺破裂、肝破裂后引起失血性休克而死亡。案发后，西安警方很快将3名凶手抓获。

经法院审理查明，陈某等3人曾作案多起。西安市中院以抢劫罪、故意伤人罪和抢夺罪判处陈某无期徒刑、剥夺政治权利终身，并处罚金5.1万元；以抢劫罪、抢夺罪和故意伤人罪判处武某无期徒刑、剥夺政治权利终身，并处罚金5.4万元；以抢劫罪、抢夺罪判处孙某无期徒刑、剥夺政治权利终身，并处罚金5.1万元。

第五节 防止绑架

有些犯罪分子由于贪婪，绑架市民或学生以勒索家长的钱财，严重的甚至造成凶杀案件，给个人、家庭和社会造成了极大的危害。

一、绑架的预防措施

防止绑架事件的发生，关键是要提高预防意识，尽量避免该事件的发生。

1）平日生活要注意消费方式，不要铺张浪费，不暴露自己的钱财。不要轻易对外讲述自己的家境及经济状况等，防止成为犯罪分子的作案目标。因为绑架分子的犯罪动机往往都是因贪恋钱财而起的。家长要教育孩子在家不要给打着任何借口的人开门，在外不要跟遇见的有任何借口的人走，预防被绑架。

2）择友应当征求一下家长或者老师的意见，不要随便与社会上不三不四的人交往，更不要随便跟人出去，不要跟不认识的网友见面，不要吃陌生人的东西、喝陌生人的饮料。

3）外出、上学和放学要结伴而行。如果外出，应告知家人，把情况向家人说清楚，并言明回家的时间，不要随意逗留在外，回家是最安全的。

4）认真学习，排除杂念，要及时把被别人殴打、敲诈或其他感觉到危险的情况告诉老师或家长，让他们帮助自己想办法处理。

5）如果有人突然找你，对你说："你家中出事了！"或声称你父母生病、出车祸等等，并要带你离开学校或家中时，不要慌乱，首先应设法与你的家人联系查证，并将此事告诉你的老师或邻居。

二、遭遇绑架的应对措施

一旦遇到绑架，千万不要惊慌，一定要冷静理智，果断勇敢，应积极采取措施自救，要坚持求生的信念并随时做好逃脱的准备。

1）当意识到自身遭遇绑架后，不要慌张，要保持冷静与警觉，尽可能了解自己所处的位置。如被蒙住眼睛，可通过计数的方式，估算汽车行驶的时间和路途的远近。若被绑架至某处，停下来后，要观察自己所处的环境，冷静地分析有无逃跑的机会。即使暂时没有机会，也要想办法把自己的危险处境让人知道，如偷偷写字条扔出窗外，或者采用一些违反常态的行为引起他人注意，比如从楼上往下扔东西引起路人关注，开车故意闯红灯或与他人车辆相撞等。

【案例2-21】遭遇绑架保护自己的生命最重要

某日早6时左右，初三的小琪正向校门口走去。到了学校东侧的小路口时，一个戴口罩的年轻男子突然从后面靠近小琪。对方拉着小琪，要她带他到学校去找人。男子边走，边将小琪往旁边的小路上拉。小琪发现情况不对，就喊："救命！"但附近没人。接着，男子连推带拉，并用手捂住小琪的嘴，还恶狠狠地说："不要喊，否则我对你不客气！"男子给小琪戴上事先准备好的眼罩，将她强拉硬拽，带到了学校北侧的电缆桥桥洞里面，并用绳子把小琪的手脚全部捆住。

意识到自己被绑架的小琪为了稳住对方，在男子询问她家里的情况、父亲的名字和手机号码以及有多少存款时，小琪都告诉了对方，并一直陪着男子聊天，以至于男子最后对她放松了警惕，小琪从而成功自救。

【案例2-22】12岁少年被绑架成功自救

某日，发生在宁德福安市的这起绑架案令全城震惊。可谁都没想到，年仅12岁的被绑架小学生小平是个科普法制迷。被绑后，他根据书上描写的逃生情节，又是装昏，又是朝楼下丢床单丢枕头引起路人的注意，竟成功自救。

2）如果歹徒要捆绑你，一定要把肌肉绷紧，这样他一走，你就比较容易把结打开。

遭到绑架时，主动、机巧地与绑匪沟通，根据其反应说些绑匪能接受的话，争取存活的时机与空间。如对方持有利器，先设法安抚攀谈，让他放下武器。可适当告知绑匪自己的姓名、电话、地址等，但对于经济状况，应掩饰搪塞。

3）在确保自身不会受到更大伤害的情况下，尽可能地与犯罪嫌疑人巧妙周旋，如利用犯罪嫌疑人准许人质与亲属通话的时机，巧妙地将自己所处的位置、现状、犯罪嫌疑人的情况等告诉亲属。

4）要保持良好的心理状态，强迫自己多进食、多饮水，保证身体有足够的水分和营养。衡量自己是否有能力逃跑，再考虑如何运用随身携带的物品自卫。若无充分把握，勿以言语或动作刺激绑匪，以防不测。如周围有人，可乘机呼救，引人注意，再伺机逃脱。

5）应佯装不懂绑匪交谈所使用的方言，并伺机留下求救信号，如眼神、手势、私人物品、字条等。一旦被绑，应凡事顺从，采取低姿态来降低绑匪的戒心，要熟记绑匪的容貌、口音、使用的交通工具及周围环境特征（特殊声音、味道）等。

【案例 2- 23】9 岁孩子被绑架成功自救

9 岁的晓佳爸爸是搞建筑的大老板。一天下午，一个自称是他爸爸单位的人来接他去吃饭，上车后就把他绑架了。绑架的人把晓佳带到山里，并派人看守。晓佳通过和看守的人沟通，赢得了看守人的好感，使看守人放松了对他的看管。一天早晨，看守人在出去取面包的10 分钟时间里，没有把晓佳绑在凳子上，晓佳便顺利地逃了出来。

6）如果嘴被胶带封住，就用舌头舔嘴上的胶带，唾液会使胶带渐失功效；也可以将嘴对在其他坚硬物件上摩擦挣脱，挣脱后根据情况决定是呼救还是逃跑。

【案例 2- 24】4 岁孩子成功自救

为勒索巨额钱财，打工仔刘某将老板 4 岁的爱子小斌绑架。小斌被刘某带到当地后就睡着了，醒来后他发现四周一片漆黑，自己的手脚被人用绳子捆住，嘴被胶带封住，遂拼命挣扎。他用舌头舔嘴上的胶带，挣脱后，小斌大声哭喊，引来了附近的群众，从而脱险。

7）一旦有机会逃开，应立即以电话向家人、亲友或公安机关求助。反复回忆事件的经过及细节，利于获救后提供给警方破案。

三、绑架罪及其处罚

1. 绑架罪的概念

绑架罪是指以勒索财物或者扣押人质为目的，使用暴力、胁迫或者麻醉的方法，劫持他人或者偷盗婴儿的行为。

2. 绑架罪的构成特征

1）本罪侵犯的客体是复杂客体，即既侵犯了公民的人身自由权，也侵犯了公民、集体、国家的财产权。犯罪的对象是特定的被绑架者以及与之有关系的公私财物。

2）本罪在犯罪客观方面的表现是：行为人有违反国家法律、行政法规规定的行为；采用暴力、胁迫或其他方法实施了绑架行为；行为人有造成被绑架人被绑架的后果发生；行为人有以勒索财产为目的的偷盗婴儿的行为。

3）本罪的犯罪主体为一般主体，即年满十六周岁以上、具有刑事责任能力的自然人。

4）本罪在犯罪主观方面表现为故意，即行为人出于勒索财物的目的，扣押他人作为人质，明知自己采取的手段是绑架而积极为之，并积极追求这种结果的产生。

3. 绑架罪的处罚

1）处 10 年以上有期徒刑或者无期徒刑，并处罚金或者没收财产。

2）致被绑架人死亡或者杀害被绑架人的，处死刑，并处没收财产。

3）以勒索财产为目的偷盗婴儿的，按前两个规定定罪处罚。

 【案例 2-25】因赌博欠了巨债，绑架勒索判刑十年

　　江苏人曹某因赌博欠下他人大量债务，遂预谋实施绑架勒索他人钱财。某年 3 月 4 日下午 4 时许，曹某窜至义乌市某小学附近，见 8 岁的孩子小波波放学后无人来接，便谎称自己是该校的老师，将小波波骗至某小学附近的一个废砖瓦厂内。曹某从小波波处问得其家人电话后，打电话给小波波家人勒索人民币 36 万元，并威胁如不拿钱将与小孩同归于尽。之后，曹某用事先准备好的胶带等物捆住小波波的手脚，又用红领巾堵住小波波的嘴巴，并将小波波塞进砖瓦厂的一窑洞内。直到 3 月 5 日凌晨 4 时许，曹某才松开小波波的手脚让其自行回家。当日上午 6 时许，曹某在义乌火车站被义乌市警方抓获。因犯绑架罪，曹某被义乌市人民法院判处有期徒刑 10 年，并处罚金人民币 2 万元。

第六节　预防性侵害

　　一般认为，只要是一方通过言语的或形体的有关性内容的侵犯或暗示，给另一方造成心理上的反感、压抑和恐慌的，都可构成性骚扰。性侵害主要是指在性方面造成对受害人的伤害。性骚扰和性侵害是危害中学生身心健康的主要问题之一。由于两性的社会地位和角色不同，相对而言，性骚扰和性侵害的对象常以女性为多。因此，女学生了解一些性侵害和性骚扰的基本情况，掌握一些基本的应对方法，是很有必要的。

一、性侵害的主要形式

　　1）暴力型性侵害。暴力型性侵害是指犯罪分子使用暴力和野蛮的手段，如携带凶器威胁、劫持女同学，或以暴力威胁加之言语恐吓，从而对女同学实施强奸、轮奸或调戏、猥亵等。暴力型性侵害的特点如下：手段残暴、行为无耻、群体性等。

　　2）胁迫型性侵害。胁迫型性侵害是指利用自己的权势、地位、职务之便，对有求于自

己的受害人加以利诱或威胁，从而强迫受害人与其发生非暴力型的性行为。其特点是：利用职务之便或乘人之危而迫使受害者就范；设置圈套，引诱受害人上钩；利用过错或隐私要挟受害人。

3）社交型性侵害。社交型性侵害是指在自己的生活圈子里发生的性侵害，对受害人进行性侵害的大多是熟人、同学、同乡，甚至是朋友。受害人身心受到伤害以后，往往出于各种考虑而不敢加以揭发。

 【案例 2-26】微信摇好友　见面被性侵

高中女生小红出于好奇心，平时喜欢通过手机微信"摇一摇"加好友，并在微信上与这些不认识的人聊天。一天，小红在微信上认识了三十多岁的无业人员陈老三，陈老三说话风趣幽默，很会逗小红开心，慢慢地小红的个人信息都被陈老三套了出来，小红还给陈老三发了自己的生活照片。

有一天，陈老三要求小红出来陪陪自己，小红只是想和陈老三聊聊天，并没有见面的意思，于是断然拒绝了。这时的陈老三露出了本来面目，便威胁小红要在微信朋友圈里散布小红的照片，搞臭小红的名声。小红非常恐惧，但不敢告诉父母和老师，抱着侥幸心理去赴约，不想这一去造成了无法挽回的伤害。当晚见面后，陈老三便将小红裹挟至家中，强行与小红发生性关系。

事发后，小红终日情绪低沉，经父母再三追问后，小红终于开口告诉了父母。小红的父母报警，陈老三被抓获。法院经审理，认定陈老三犯强奸罪，被判处有期徒刑。

4）诱惑型性侵害。诱惑型性侵害是指利用受害人追求享乐、贪图钱财的心理，诱惑受害人而使其受到的性侵害。例如，一位来自边远山区的女生，十分羡慕城市女生的时尚打扮。暑假在与同学结伴郊游时，偶遇一位富商派头十足的中年人。两人各怀心事、各有所求，遂一拍即合。此后，两人频频约会，逛商店、上酒楼、进舞厅，中年人不断买高档衣物和贵重首饰送给她。之后不久的一个晚上，中年人将她灌醉后，带到预定的房间将其强暴。

5）滋扰型性侵害。滋扰型性侵害的主要形式，一是利用靠近女生的机会，有意识地接触女生的胸部，摸捏其躯体和大腿等处，在公共汽车、商店等公共场所有意识地挤碰女生等；二是暴露生殖器等变态式性滋扰；三是向女生寻衅滋事、无理纠缠，用污言秽语进行挑逗，或者做出下流举动对女生进行调戏、侮辱。

二、容易遭受性侵害的时间和场所

1）夏天，是女学生容易遭受性侵害的季节。夏天天气炎热，夜生活时间延长，外出机会增多。同时，由于夏季气温比较高，女生衣着单薄，裸露部分较多。

2）夜晚，是女学生容易遭受性侵害的时间。这是因为夜间光线暗，犯罪分子作案时不容易被人发现。所以，在夜间女学生应尽量减少外出。

3）公共场所和僻静处所，是女生容易遭受性侵害的地方。这是因为，公共场所如教室、礼堂、舞池、溜冰场、游泳池、车站、码头、江边、影院等场所人多拥挤，不法分子常乘机袭击女生；僻静之处如公园假山、树林深处、夹道小巷、楼顶晒台、没有路灯的街道楼边、尚未交付使用的新建筑物内、下班后的电梯内、无人居住的小屋、陋室、茅棚等，若女生单独在这些地方逗留，很容易遭到袭击。所以，女生最好不要单独行走或逗留在上述这些地方。

三、性侵害的预防措施

1）筑起思想防线，提高识别能力。女学生特别应当消除贪图小便宜的心理，对一般异性的馈赠和邀请应婉言拒绝，以免因小失大。要谨慎待人处事，对于不相识的异性，不要随便说出自己的真实情况；对自己特别热情的异性，不管是否相识，都要倍加注意。一旦发现某异性对自己不怀好意，甚至动手动脚或有越轨行为，一定要严厉拒绝、大胆反抗，并及时向学校有关领导和保卫部门报告，以便及时加以制止。

2）行为端正，态度明朗。如果自己行为端正，坏人便无机可乘。如果自己态度明朗，对方则会打消念头、不再有任何企图。若自己态度暧昧、模棱两可，对方就会增加幻想、继续纠缠。在拒绝对方的要求时，要讲明道理、耐心说服，一般不宜嘲笑挖苦。参加社交活动或与男性单独交往时，要理智地有节制地把握好自己。

3）学会用法律保护自己。对于那些失去理智、纠缠不清的无赖或违法犯罪分子，女学生千万不要惧怕他们的要挟和讹诈，也不要怕他们打击报复，要大胆揭发其阴谋或罪行，及时向校领导和老师报告，学会依靠组织和运用法律武器来保护自己。千万注意不能"私了"，"私了"的结果常会使犯罪分子得寸进尺、没完没了。

4）学点防身术，提高自我防范的有效性。一般女性的体力均弱于男性，防身时要把握时机、出奇制胜，狠准快地出击其要害部位，这样即使不能制服对方，也可制造逃离险境的机会。人的身体各部位都可用来进行自卫反击，头的前部和后部可用来顶撞，拳头、手指可进行攻击，肘朝背后猛击是最强有力的反抗，用膝盖对脸和腹股沟猛击相当有效，用脚前掌飞快地踢对方胫骨、膝盖和阴部非常有效。反抗的同时，要注意设法在案犯身上留下印记或痕迹，以备追查、辨认案犯时做证据。

5）树立"生命高于一切"的现代观念。生命只有一次，我们没有资格无视自己的生命。面对强奸，一个少女奋力反抗是必要的，但是，在无力改变现实或反抗意味着有生命危险的情况下，要认同"生命高于一切"的现代观念。抛弃"贞操高于一切"的陈旧观念。生命要比贞操更重要，不管在什么情况下，都不能拿生命做赌注，但也不要把痛留在心里，事后应勇敢地站出来指证犯罪嫌疑人。

【案例 2- 27】 生命比尊严更重要

湖南两个少女被骗卖淫，两人殊死反抗后，依然没有逃脱被强奸的命运。两少女身陷囹圄，为了尊严毅然从四楼窗口跳了下去，令家人痛不欲生。生命比尊严更重要，生命属于我们只有一次，不要轻易放弃自己的生命。

四、遭遇性侵害的应对措施

为了尽可能避免女性遭遇性侵害，结合实际，介绍以下几种应对措施：

一喊。有道是"做贼心虚"。色狼在实施犯罪行为时，心虚得很。别小看喊声带来的风吹草动，它就有可能阻止犯罪嫌疑人的主观恶行继续加深。假如色狼正处于犯罪初始（刚着手）阶段，女性应当大声呼救，以求得旁人闻警救助。

二撒。若只身行路遭遇色狼，呼喊无人，跑躲不开，色狼仍然紧追不舍，女性可以就地取材，抓一把泥沙撒向色狼面部（城市女性为防侵害，可以在衣袋、书包内常备些食盐），这样做可以抢时间，跑脱后再去调兵擒魔。

三撕。如果撒的办法不起作用，仍被色狼死死缠住，打斗不过，女性可以在反抗中撕烂色狼的衣裤，令其丑态百出，而后将他的衣裤（碎片、衣扣、断带）作为证据带到公安机关报案。

四抓。使劲撕仍不能制止加害行为的，可以向犯罪嫌疑人的面部、要害处抓去。抓时只有抓得狠、抓得死、将其抓破，才能达到制服色狼、搜集证据的目的。将留在指甲里的血肉送至公安机关，即可作为遭到不法侵害的证据。

五踢。面对一时难以制服的色狼，可以拼命踢向他的致命器官，这样可以削弱他继续加害的能力。这一手不少女性在自卫中使用过，极见成效，同时还应大声告诉色狼，再猖狂将受法律制裁。

六变。若遭色狼跟踪，不要害怕，见机变换行走路线，一般都可将其甩掉。曾有一女工在夜间回家的路上，发现被盯上，原路线前方不远即是偏僻路段。女工当机立断，迅速改变了回家的路线，并在不远处果断地叩响了路边一户人家的大门。

七认。受到色狼不法侵害时，女性应当瞪大眼睛，牢记色狼的面部和体态特征，多记线索，以便在报案（一定要争取在 24 小时之内）时提供给公安人员。

八咬。色狼施暴时常常先将女性的双臂缚住，此时在不得已中应抓住时机咬住其肉体不松口，迫使其就范。有位女性在被害过程中，遭色狼强行接吻，情急中她"稳、准、狠"地咬住了色狼的舌头，致使其疼痛休克，被捉送至公安机关。

九刺。如果遇上色狼手中有凶器，女性仍要沉着，胆大心细，不要慌乱。色狼要行奸，必会自脱衣裤，此时可借机行事。有一妇女被持刀色狼相逼，她临危不慌，让色狼先行脱衣，当其高兴中动手脱衣时，妇女快速夺刀朝色狼身体要害处刺去。

 【案例 2-28】面对歹徒要沉着机智

某校女学生遭遇抢劫，她奋力反抗，但因为力量悬殊，终被奸杀。而另一起案件中，一位女同学被歹徒劫持强暴时，女生一边假装顺从地脱衣服，一边叫歹徒脱衣服。就在歹徒的内衣蒙住眼睛时，女生撒腿就跑。该女生不仅逃脱魔掌，而且因为及时报案，歹徒很快受到了法律的惩罚。

强奸案件屡有发生，在此类犯罪现象中，犯罪嫌疑人的主观恶行深度不一样，而女性被侵害时的情况也不尽相同，这就需要女性在遭遇色狼时胆大心不慌，依法自卫。

 知识链接

澳大利亚的安全教育示例

用什么方法能最大可能地保全自己的生命？在澳大利亚的大学里，专门给女大学生们开这样的一节课，那就是：当强奸不可避免的时候，如何应急。

应急不是以鸡蛋碰石头，不知天高地厚地和歹徒搏斗；应急不要刺激歹徒，在不必要的大喊中铤而走险；应急不要跳楼，失去大腿，将终身残疾；应急也不要年纪轻轻就失去了美丽、青春和健康。应急的时候，要分清哪些重要哪些不重要；应急的时候，要用理智战胜对手，选择安全。

澳大利亚开设这样的课程，并非因为澳大利亚乱得一塌糊涂，并非到处充斥着强奸犯。相反，在那里像强暴这样的事情很少发生。对于普通人来说，也许这一生都不会遇到一次这样的事情，但是遇到了，就要学会应对。

不光是强暴，任何一件突如其来的意外伤害都要这样处理。比如歹徒入室抢劫时，当你在睡梦中被破门的声音惊醒，发现歹徒不约而来，而且手里还有武器。这个时候，你如何应急？专家是这样告诉你的：藏起来，不要被歹徒发现。如果藏不住了，被歹徒抓住，千万不要刺激歹徒，要顺着歹徒的意愿并伺机逃走。最后，在确信有能力制服歹徒的时候，才可以动手制服歹徒。

第七节　防止赌博

一、赌博的危害

所谓赌博，是指利用赌具、以钱财作赌注、以占有他人利益为目的的违法犯罪行为。对于赌博的危害，一些人认识不足。有的人认为，赌博只是一种娱乐，大多数人都可以享受赌博的乐趣而不会导致什么问题。这种认识是极其错误的。赌博可能导致杀人、自杀、身陷赌场、家庭失和等。赌博的危害主要有以下几点：

1) 赌博容易使人产生贪欲，也会使人的人生观、价值观发生扭曲，使人妄想不劳而获。赌博经常通宵达旦，影响休息和睡眠，扰乱了饮食起居的正常规律，造成生物钟紊乱，严重影响身体健康。赌博时精神高度紧张，赢钱了就会强烈兴奋、情绪激动，输钱了就会心烦意乱、脾气粗暴，情绪反差极大，甚至会自杀。据医学证明，长期赌博会引起神经系统和心脑血管系统的疾病，也容易诱发脑出血和心脏骤停而危及生命。

【案例 2-29】网络赌博家破人亡

有户人家的儿子网络赌博，输了二十多万元。为了还债，家里父母把所有积蓄十几万元都拿出来了。老母亲想不开，带着不到两岁的孙子喝农药自杀。儿子儿媳刚过完年才回到工作地上班，就接到这个噩耗。

老母亲当时喝了农药后醒了过来，又割腕自杀了，被邻居发现时已经没有了呼吸。小孙子送到医院也没抢救过来。

2）赌博还容易诱发投机冒险心理，使人铤而走险，偷盗抢劫，给社会带来不稳定因素。赌博不但腐蚀人们的思想，而且对家庭危害很大，特别是它为各种刑事犯罪活动提供了温床。有些人赢了钱，就会腐化、堕落，有些人输了钱，就会杀人、打架斗殴、偷窃、诈骗、贪污，这会使家庭不和以致夫妻离婚、家庭破裂、妻离子散。

 【案例 2-30】因赌博一天内断送 5 条人命

某天，家在乡村的李某到邻居家中与人赌博。后来，李某 11 岁的女儿放学回家，到邻居家喊妈妈回家做饭，连去了 3 次，李某都没有回家。原来李某那天赢了，输钱的赌伴不让她走。李某回家时，看到女儿已惨死于厨房。原来女儿自己做饭时不会安全用电，因触电身亡。李某没有透露女儿死亡的消息，而是将那 3 个赌友请到家中继续打麻将。那 3 人喝了李某特意备好的有毒茶水后，全都命丧黄泉。李某留下一纸遗书，也服毒自尽。一天之内断送了 5 条人命，这都是赌博惹的祸，赌博没有什么好下场。

 【案例 2-31】为还赌债杀人

徐某系某事业单位的一名干部，平日喜好赌博，并因此债台高筑，无法偿还，便产生了抢劫他人财物偿还赌债的念头。某日下午 3 时许，徐某以租车为由，骗张某驾驶面包车至某村北，趁其不备，持斧头在张的头部猛击数下，后又将张拖至一废弃的房内，用水泥砖又在张的头部猛砸数下，致张某严重颅脑损伤当场死亡。徐某随后从张的身上抢走手机一部，并开走了面包车。

3）对于中学生而言，赌博是严重违反校规校纪的行为。首先，赌博活动影响正常的教学秩序，有些学生白天蒙头大睡，晚上"挑灯夜战"，有的因为长期赌博熬夜，精神萎靡不振，就难免迟到、早退、旷课，上课时注意力不集中。其次，赌博活动不可避免地要影响周围的同学，而大多数不愿参与赌博的同学又碍于情面不便或不敢出面直接制止，时间一长，不满意、不信任的气氛必然产生。更有甚者，有些学生因赌博而盗窃，从而走上违法犯罪的道路，有些学生因身陷赌博而遭遇虐待。

 【案例 2-32】实习生身陷缅甸赌场 27 天

某职业学院烹饪专业学习的俞立喜欢上网，并因此结识了一群小伙伴。4 月底的一天，未结束实习期的俞立将自己想赚钱的心思告诉了这几名小伙伴。听说俞立想赚钱，一名小伙伴郑某告诉俞立，到缅甸赚钱容易。4月30日，将信将疑的俞立与郑某一起，动身前往缅甸。

就这样，俞立在郑某的带领下，于5月3日到达缅甸赌场。刚到赌场，郑某就拉上俞立要去"赚一把"。在郑某的带领下，俞立输掉了20万元的筹码。当晚，俞立和郑某就被赌场工作人员带进了房间，并有专人对他们进行看管。5月4日晚上，赌场人员在询问了俞立亲人的电话后，命令俞立："你哭着给你爸爸打电话，说你赌博输了20万元钱，让他汇20万元过来赎你。""爸爸，我在缅甸赌博输了20万元，你快救救我。"俞立的话音刚落，其父在浦江老家已经与家人急成了一团。随后，和俞立一起前往缅甸的郑某又拨了俞立父亲的电话。在电话中，郑某用普通话告知俞立的父亲，快准备钱来赎人。这时，俞立才发觉郑某与赌场竟是一伙的。

在这以后的几天里，赌场的人每天都要殴打俞立。待俞立疼得受不了时，对方就拨通电话，让俞立与家人通电话，催家人汇钱赎人。因俞立的家人无法筹到足够的钱，对方不断拿俞立出气。最后在父子俩的央求下，对方同意最低拿出两万元赎人。

5月30日中午，对方收到了俞立家人汇出的两万元钱。随后，几名看管人员带着俞立来到当地一条河边，给了俞立200元钱，告诉他可以回家了。过了河，俞立一口气跑到车站，坐车到盈江，办了张农行卡，并让家人汇了1 000元钱。第三天，俞立坐上了回家的火车，终于结束了噩梦般的经历。

赌博恶习的存在，是犯罪现象的诱因。社会上每个公民都应自觉地抵制赌博恶习，这是保证家庭和睦与社会安定的一个重要条件。

二、赌博的预防措施

抵制和拒绝参与赌博，必须做到如下几点：

1) 要从思想上筑起保护墙，树立起"千里之堤，溃于蚁穴"这个理念。要防微杜渐，分清娱乐和赌博的界限。大凡赌徒都是以寻求所谓的刺激和放松为借口，如从"消遣""带点刺激"等开始，久而久之，胆子也大了，胃口也大了，逐级升级而染上赌博瘾，从而陷入赌博的泥潭。

2) 要正确看待社会上的赌博现象。随着人民生活水平的日益提高，不少人常在工作之余搓搓麻将、打打扑克，以满足精神生活的需要。这时，你不要把不会赌博当做一种遗憾。人群中，不赌者毕竟是大多数。而且，你从思想上要警惕，不要因为顾及朋友、同学的情面而参与赌博。遇到他人相邀，要设法推脱，不要被"难得的聚会""今天非同寻常"之类的言语打动。尤其是逢年过节回家看亲朋好友，聚在一起有钱财输赢来往的搓麻将、打扑克，不要主动参与，如果他人拉自己，这时最好要注意几点：①声明自己不会赌博。②拒绝要有礼貌，但是态度要坚决，不要给人以"在讲客气"的错觉。总之要预防赌博，必须有自制力，苍蝇不叮无缝的蛋，自己坚持不打牌，便没有人请你打了。

3) 看透赌博的本质，充分认识赌博的危害，知道违法往往从违纪开始，要自觉遵守各项规章制度，树立起遵纪守法的正气。

4）树立远大的理想，培养高尚的情操，把精力花到学习科学文化知识上去，努力提高自身的思想政治素质和业务素质。多参加一些积极向上、健康有益的文体活动，充实自己的业余生活，有事可干的人是不会赌博的。

5）万一不幸染上赌博的恶习，要清醒地认识到自己的错误，积极听从家人的劝阻，多想想自己的责任，多想想赌博的危害，如赌博破坏家庭，导致婚姻破裂等。

三、戒赌的应对措施

赌博是一种习惯性行为，戒赌并不容易，但如果你有坚定的意志，则绝对可以应对或克服赌博问题。警方提示，你可以尝试用自我控制的方法进行戒赌。

1）避免出入任何赌博场所，培养其他可取代赌博的爱好，努力打消赌博的念头。

2）减轻精神压力、定时做运动（如慢跑）、学习放松的技巧（如冥想等），或进行休闲活动（如听音乐、与朋友逛街），借此驱走闷气，舒缓紧张的情绪。

3）养成记录的习惯，比如写日记可助你了解自己的赌博行为，找出赌博的倾向和模式并进行反省。通过记录，你可能发现，每当你感到苦闷或失落，手上持有现金，或当你需要用钱时，便会赌博。这些记录还可以帮助你找出抑制赌博的有效方法。

4）倘若你想找人倾诉你的赌博问题，但又不习惯面对面或不愿向你认识的人倾诉，你可以通过电话向心理医生和社会学家表达你的感受，或商讨戒赌问题。

第八节　吸烟与酗酒的危害

一、吸烟的危害

吸烟是一种导致多种慢性疾病的不健康行为。世界卫生组织吸烟与健康专家委员会指出：在吸烟比较流行的国家里，90%的肺癌、75%的慢性气管炎和25%的冠心病的死亡是由吸烟引起的。吸烟的人比不吸烟的人患冠心病的概率高15倍、患肺癌的概率高10倍、患喉癌的概率高8倍、患食道癌的概率高6倍、患膀胱癌的概率高4倍。英国心脏学会调查表明，香烟中含有43种致癌物质，吸烟会得14种癌症，每日吸烟支数乘以吸烟年龄大于400便是肺癌的对象。调查结果还表明，39.75%的不吸烟者，受到被动吸烟的危害，尤其是婴儿和老人所受的危害最大。在吸烟的环境中逗留1小时，等于自己吸4支烟，所以吸烟者害人又害己。有1/4的吸烟者最终将由于吸烟而导致死亡。吸烟者平均寿命将减少20～25年。孕妇吸烟还易使胎儿早产或体重不足，严重者可使胎儿畸形。职校生"日常行为规范"中明确要求在校学生不得吸烟，同学们应自觉遵守。

【案例2-33】吸烟后中毒身亡

吸烟引起急性中毒死亡者，我国已早有发生，其表现为吸烟多了就醉倒在地，口吐黄水而死亡。同样的事情在国外也有报道：苏联有一名青年第一次吸烟，吸一支大雪茄烟后死去。英国一个长期吸烟的 40 岁健康男子，因从事一项十分重要的工作，一夜吸了 14 支雪茄和 40 支香烟，早晨感到难受，经医生抢救无效死去。法国在一个俱乐部举行一次吸烟比赛，优胜者在吸了 60 支纸烟后，未来得及领奖即死去，其他参加比赛者都因生命垂危，被送到医院抢救。

二、戒烟的应对措施

1）想象自己在吸烟，同时想象令人作呕的事情（比如你手中的烟盒或香烟上有痰渍等）。将戒烟的原因写在纸上，经常阅读。

2）将想购买的物品写下来，按其价格计算可购买香烟的包数，并将用来购买香烟的钱储存在"聚宝盆"内，每过一段时间，清点一次钱数，看烟钱能买多少东西。

3）经常思考烟雾中的毒素可能对肺、肾和血管造成的危害。观察烟雾对呼吸、衣服和室内陈设造成的影响，尝试戒烟产品或替代品。

4）考虑一下你的行为对家庭其他成员造成的危害，想象他们正在呼吸被污染了的空气。

三、酗酒的危害

1）伤害身体。摄入的酒精过量，会程度不同地造成心率加快，皮肤升温，神志不清，控制力减弱，动作不协调，或出现疲劳、恶心、头痛、呕吐等症状，严重的还会出现酒精中毒的现象。

【案例 2-34】醉酒后窒息身亡

某日 19 时许，江某某约受害人史某吃饭，同时邀请刘某某一起在位于市区内常某所经营的某餐厅聚餐。由于受害人史某系在校学生，到晚自习时要回学校上课，餐厅老板常某为了能够让江某某、刘某某和受害人继续就餐，便以受害人哥哥的名义给老师撒谎请假，老师未予批准，史某再次借用常某妻子谢某某的手机向班主任请假。请假后几人及受害人史某继续在餐厅就餐饮酒。席间，史某和江某某对饮，双方饮用"百世泉"高度白酒和中药材浸泡的药酒，各喝了约八两药酒后受害人醉酒，离开餐厅时已不能正常行走，刘某某将史某背回其父正在装修的房屋内面部朝下卧睡，又将江某某扶至另一房间睡觉，自己则在楼道内用手机看小说。天快亮时，江某某醒来与刘某某一起去看史某，发现史某脸部发青肿大，于是拨打 120 急救电话，将其送往医院，医院确定史某已经死亡。经公安分局对史某的尸体解剖，确定史某"系酒精中毒致呼吸、循环功能衰竭而死亡"。

2）殃及四周。醉酒后，由于身不由己而行不知所往、处不知所持、食不知所味，一种原始的冲动使人变得野蛮、愚昧、粗暴。这种异常的兴奋，又能诱导人为所欲为，出现迷离恍惚而又洋洋自得的举止。人在这种失去理智的状态下，很容易对周围的人破口大骂，动手殴打，或者去干一些莫名其妙的破坏活动。

【案例 2-35】儿子醉酒闯民宅伤人，老父闻讯竟自杀身亡

某日下午 3 时许，伍某酒后窜至象珠镇，砸碎窗户玻璃爬进了朱某的家中。正巧朱某回家，伍某趁着酒兴，拳打脚踢朱某后逃离，后被闻讯赶来的群众当场抓获。经市法医鉴定，朱某的伤为轻微伤。伍某被市公安局依法逮捕后，在贵州老家的父亲闻知此事。由于心理负担过重，伍某的父亲于 5 月 14 日自杀身亡。7 月份，市法院依法判处贵州人伍某拘役五个月。

3）荒废学业。很难想象一个醉汉还能潜心于钻研什么学业。醉酒的程度同智力恢复所需的时间大致成正比。在当今知识飞快更新的信息时代，不难推算出，一个经常醉酒的人在工作和学习上的损失到底有多大。

4）惹是生非。醉酒的人动辄摔倒、撞伤，酒后开车酿成大祸一类案件屡见不鲜；酒后溺水身亡，自食恶果的一类悲剧也不乏其例。惨痛的教训实在太深刻了。为此，我国有关法律规定，醉酒的人违法犯罪，应负相应的法律责任。

 【案例 2-36】醉驾致行人死亡赔了 150 万元

某日晚上 9 时，阮某与几个同学在饭店吃饭，喝了两瓶啤酒，席间接妻子电话，说女儿发烧，让他早点回家。同学让阮某打车回家，阮某认为，自己喝酒不多，又赶上元旦，交警也不会深更半夜出来查酒驾，便抱着侥幸的心理驾车回家，没想到在路上与一辆停在路边的私家车相撞，由于怕人发现他是酒驾，阮某未敢停车。

一路人正好在私家车旁边经过，阮某从后视镜观察这个路人摔倒了，阮某连忙驾车掉头回去，发现自己确实撞人了，之后到公安机关报案自首。被撞的路人送医院后经抢救无效死亡，其妻子悲痛欲绝。经抽血测量，阮某血液中的酒精含量为 90 毫克/100 毫升，属于醉酒驾驶。交警部门认定阮某对此次事故负全部责任，赔偿死者家属 150 万元。

 【案例 2-37】酒后驾车酿惨祸，撞死亲戚浑不知

某日，金东区检察院依法对尹某涉嫌交通肇事一案提起公诉。该案中尹某涉嫌酒后驾车，将自家亲戚撞进河里居然毫不知情。

尹某家住金东区曹宅镇。2 月 16 日晚，尹某在外喝酒后，驾驶二轮摩托带着妻女回家。当途经曹宅镇上沙塘村永乐桥地段一座没有栏杆的小桥时，尹某突然发现桥上有个人影，他连忙刹车避让。因刹车过猛，尹某一家摔倒在地。尹某起身后，发现桥上不见了人影，没有进行任何寻找，就稀里糊涂地骑车回了家。

回家后，尹某欲去亲戚黄某家打牌。不久，其妻子哭着跑回家告诉尹某等人说黄某掉进河里了，于是尹某等人立即跑去营救。赶到现场后，尹某发现黄某被人从河里捞出时已经没有了生命体征。尹某还看到黄某身体上明显有被摩托车撞击的伤痕，他落水的方位也正是自己骑摩托车摔倒的地方。尹某这才意识到是自己骑车将黄某撞到河里致其死亡，就主动和黄某的妻子讲明了情况。黄某的亲属当场向金东警方报了案。

5) 职校生饮酒有害身体健康。因为同学们正处在发育期，身体各个器官还很娇嫩，尤其是消化系统。饮酒还会降低人的免疫力，给身体的发育带来不良后果。饮酒过量还会伤脑，使同学们记忆力下降，影响学习，严重的还会使智商下降。

四、戒酒的应对措施

1) 认知疗法。通过影视、广播、图片、实物、讨论等多种方式，让嗜酒者端正对酒的态度，正确认识酗酒的危害，从思想上坚决纠正饮酒成瘾的行为。虽然社会上的舆论干预和强制的行政手段对戒酒有绝对的效果，但还是应提倡主动戒酒。

2) 渐渐减量法。要有计划地戒酒，切忌一次戒掉，以免出现成瘾反复。

3) 借助药物。由于饮酒是一种成瘾行为，需要相当努力才能把这种已习惯的不良行为改正过来。有时候借助药物的帮助也是必要的，因为这样能够提高戒酒的成功率。

4) 反恶疗法。这是一种行为矫正方法，其目的是让饮酒者在饮酒时不但得不到畅快的感觉，相反会产生令人痛苦的感受，形成负性条件反射。反恶疗法常用药物配合进行治疗。

5) 辅助方法。为了达到纠正不良习惯的目的，常常结合生物反馈、系统脱敏等辅助方法，以获得满意的效果，不过这需要心理医生的指导和帮助。

6) 家庭治疗。酗酒往往给家庭带来不幸，但对酗酒者进行制约的最好环境也是家庭。因此，家庭成员应帮助患者，让其了解酒精中毒的危害，树立起戒酒的决心和信心，并与患者签好协约，定时限量地给予酒喝，循序渐进地戒除酒瘾。同时，创造良好的家庭气氛，用亲情温情去解除患者的心理症结，使之感受到家庭的温暖。

7) 集体疗法。患者间成立各种戒酒协会，进行自我教育及互相约束与帮助，达到戒酒的目的。

要想彻底戒掉饮酒的习惯，最重要的是主观认识。只有认识明确，才有坚定的信念，方可纠正习惯性饮酒行为。

第九节　毒品的危害与防范

一、毒品的危害

对于毒品的定义，不同的人出自不同的立场和职业角度，有不同的解释。从医学角度看，毒品是一种药品，是用来防病、维护健康、治病或缓解病痛的物质。在这项定义中，毒品等同药品，前提是合理生产、管理、正确使用。如果不正确地使用或者滥用，那么这种可以作为"药品"的物质便失去了医学上的含义和作用，被人们认为是"毒品"。从法学的观点来看，毒品被理解为对个人和社会有严重危害的一种特殊物质，是违禁品，是受法律程序严格管理和控制使用的东西。下面，先谈谈毒品的危害。

1) 危害社会——诱发刑事犯罪。吸毒和犯罪是一对孪生兄弟。吸毒者在耗尽个人和家庭钱财后就会铤而走险，走上违法犯罪的道路，进行贩毒、贪污、诈骗、盗窃、抢劫、凶杀等犯罪活动。美国政府调查表明，吸毒者用于购买毒品的钱款中 20% 是抢劫获得的，45% 来源于贩毒，17% 来自卖淫，12% 来自盗窃，即总计约 94% 的毒资来自刑事犯罪活动。

 【案例 2-38】吸毒后贩毒被判刑

孙某已是一位 30 出头的妈妈了，她小学文化，已有两个儿子和一个女儿。她将三个孩子托付给 78 岁的婆婆带，就是为了多赚钱。有一次，她感到呼吸道不舒服，在一位"好心的"老乡指点下，买了一点白粉（毒品）吸食。几次后，她竟然也走上了贩卖毒品之路，将自己吸食不完的毒品转卖给别人吸食。她从第一次吸食毒品到贩卖毒品，前后仅三个月，后被判刑八年半。孙某常常站在铁窗之下，望着高墙外的天空发呆、沉思、流泪……她不时地想起三个孩子的生活状况和今后的生活之路；也后悔自己的轻信，侥幸心理的作怪，使自己走向了贩毒之路。

2）毁灭家庭——贻害后代、家破人亡。吸毒使有些孩子因母婴垂直传播成为艾滋病受害者，有些孩子一出生就染上了毒瘾成为小小的"瘾君子"，有些孩子成为了吸毒父母毒瘾发作时发泄的对象。吸毒的费用也是个"无底洞"，普通的工资收入根本不能满足吸毒的需要，即使有一定的经济基础也只能维持一时。因为毒瘾永远不可能得到满足，结果只能是吸得一贫如洗、倾家荡产。很多吸毒者为满足毒瘾不惜遗弃老人、出卖子女，甚至胁迫妻女卖淫以获取毒资，直至妻离子散、家破人亡。

 【案例 2-39】女友结婚了，新郎不是我

"第一次吸毒时，我不知道我在干什么。"28 岁的小东仪表堂堂。如果不是在戒毒所遇到他，你很难想象这个帅小伙是一个吸毒者。

小东第一次吸毒吸的就是海洛因。当时几个朋友凑在一起很无聊，小东心情不是很好，当朋友们问他想不想让自己开心一下时，他并没有立刻答应。可看着朋友吞云吐雾很享受的样子，好奇心立即将他征服了。朋友点燃了一支"烟"，然后递给小东，他想也没想便将"烟"接过来，放在嘴边吸了起来。

"不吸了，不吸了！太难受了！"吸了几口后，小东觉得头晕想吐，忙把"烟"丢了。朋友将"烟"拾起，笑眯眯地说："没事的，没事的，多抽几口就习惯了！"

几天之后，小东再次将"烟"叼在嘴里，他以为能从那缭绕的青烟里看到通向幸福天堂的桥梁，殊不知自己已是站在了随时可能跌进地狱的边缘。他吸的，其实是含有毒品的香烟。

开始吸毒之后，他的人生就更加灰暗。每天给人家看场子，换得的一点收入都用来吸毒，每天至少需要 100 多元的"毒资"。由于小东没有固定的收入，当然也会有"断顿"的时候。"毒瘾发作的时候，实在受不了就用烟头烫大腿。"小东大腿上的两排烫痕触目惊心。

20 岁的时候，小东在一次吃饭时认识了一个可人的姑娘，当时她在小东吃饭的酒店里上班，很快那姑娘成了小东的女朋友。发现小东吸毒后，她每次都苦口婆心地劝他戒毒，但是小东一直不当回事。

小东觉得自己这样下去会拖累女朋友，就提出分手。开始女朋友不答应，他就一个人跑到杭州去了，在那里待了三四个月。起初女朋友还打电话来，后面就渐渐淡了。

随后，女孩有了新男朋友。不久后女孩结婚了，"但新郎不是我"。

 【案例 2-40】夫妻吸毒儿辍学

这是一个因赌气而吸毒的沉痛事例。主人公王女士最后也染上了毒瘾。

王女士在 25 岁时，嫁了个做皮鞋生意的丈夫。因为经营有道，港商请她丈夫做杭州专卖经销商，生意越做越大，短短几年就赚下了几百万。她自己也不用上班了，相夫教子，高兴时管管家务，有时也关心一下丈夫的经营。丈夫也很爱她，可以说，这是一个幸福的家庭。

可是好景不长，结婚七年，情况出现了变化：以前每隔几天，丈夫总是交给她几万或十几万，现在钱少交或不交了，甚至还老从家里取钱。时间一长，她开始警觉。丈夫在干什么呢？一查，没有外遇；二查，也不赌。原来，他在吸一种"面粉"似的东西。丈夫说他在治胃病。她偷偷地取了点"面粉"问懂行的朋友，才知道是毒品！为此，她不知跟丈夫吵了多少架。每次，丈夫总是信誓旦旦地保证，没有下一次了，但每次总是间隔不久又吸毒了，甚至还发展为注射吸毒。她自杀、跳楼的方法都用上了，也劝止不了不走回头路的丈夫。

危险的念头出现了。她想，你能吸，我就不能吸吗？她赌气吸上了毒。原想"以毒攻毒"，吓吓丈夫，没想到吸了几次就上了瘾。丈夫知道后后悔莫及，但为时已晚。还在读书的儿子，由于同学们无意地泄露，在学校抬不起头，后来索性辍了学。

几百万的家产，在短短的几年就这样毁之殆尽。

3）摧残人生，加速死亡。吸毒者为满足毒瘾易造成吸食（注射）过量毒品导致呼吸中枢衰竭而死亡或因毒品中混杂有其他物质出现过敏性休克等各种复杂的并发症，严重者也可导致死亡。而且，吸毒者因难以忍受毒瘾发作的巨大痛苦，往往采取自伤、自残甚至自杀的方式来摆脱毒瘾的折磨。

 【案例 2-41】一名吸毒者自杀后留给这个世界的遗书

尊敬的警察：

我是一名卑鄙的吸毒者。

自从染上毒瘾，我便陷入了一个不能自拔的深渊。但是，我又不敢让家里人知道。为了吸毒，我只得离开工作岗位到社会上混，每日在外偷窃、骗钱，不择手段满足我吸毒的欲望。现在，我很后悔，但为时已晚，我毒瘾太重……再三考虑，自觉唯有选择死亡才能解脱，死亡才是我最后的路！我对不起家人，对不起社会，给你们添了很大麻烦，实在抱歉！

愿以我的死，来告诫我的同龄朋友们：小心呀！不要染上这罪恶，这白色的魔鬼！现在提起笔，竟觉得这样沉重。这是一个痛苦与可怕的选择，但我无法再去寻找答案，因为这个问题不属于整个人类世界……

每个人当然都愿意活下去，如果有条件，我甚至可以很好地活着。唉！可惜，我不得不在审视了自己的过去与将来之后，选择了自己进坟墓——这个残酷的结局。我无法说清是什么害了我，总之，我已下定决心奔赴另一个世界。对此，我很惋惜……请原谅我吧！一切被我带来痛苦与不幸的人，我会永久地在忏悔中为你们祝福……

朋友们，永别了，在另一个世界，我会衷心地为你们祈求幸福！

4）摧残身体，危害健康。吸毒会引起下述的病变和危害：

大脑病变。近年来的研究证实，毒品能直接改变人脑中部分化学物质的结构，破坏、扰乱人体正常的高级神经活动，有的甚至毒害、损伤神经组织。

心脏病变。毒品毒害人体重要的组织、器官，对循环系统的毒害表现为血压下降，心动过缓。

瘦弱不堪。吸毒者胃肠平滑肌和括约肌的张力提高，蠕动减弱，出现消化和吸收功能障碍，食欲不振，甚至完全丧失营养摄入功能。

传染疾病。毒品破坏人体的免疫机制，使吸毒者极易感染各种疾病。

传播病毒。吸毒者使用不洁的注射器或共用注射器易造成人类免疫缺陷病毒（HIV）的直接血液传播，从而感染艾滋病病毒。吸毒者因使用不洁注射器，而被感染乙肝或丙肝的感染率达22%和68%。截至1998年3月，我国检测发现，9 970例艾滋病感染者中，66%是使用不洁注射器的吸毒者。

【案例2-42】因吸毒染上了艾滋病

2018年4月，她查出携带艾滋病毒。医院的检查单像个晴天霹雳，让这个女孩彻底崩溃。

"我太相信爱情，太相信他了。"女孩口中的他，就是她的前男友——一个吸毒者。3年前，一场甜蜜的恋爱改变了她的人生。2015年，18岁的晓慧独自从湖南老家来到宁波，找到一份酒店前台的工作。有一次，同事邀请晓慧去一个KTV玩，在那里，她认识了一个大她几岁的男生，对方热情主动，后来她跟男生去酒吧，男生拿出一小袋东西，说这叫冰毒，最时尚最潮的年轻人都在玩，只要试上一点，整个人就会飘起来，什么烦恼都不记得了。

晓慧刚开始是拒绝的，架不住男生一再怂恿，"我们关系这么好，我难道会坑你吗？"在男生的怂恿和酒精的作用下，她壮着胆子试了试，第一次吸毒，吐了一晚上，但吐完以后，她真的感觉自己轻飘飘的……从这之后，男生便经常邀请晓慧一起吸毒，每次别人吸毒都要给钱，但男生从不肯让晓慧掏钱，慢慢地男生成了晓慧的男朋友。

2018年3月，晓慧和妈妈来杭州散心，刚下飞机，还没来得及去西湖边看看，就被属地派出所的民警带走送往杭州市戒毒所强制隔离戒毒，在戒毒所里，她查出了艾滋病。

二、吸毒的预防措施

1. 第一步是这样迈出的

北京大学社会学系教授邱泽奇受国家禁毒委和公安部禁毒局委托，进行了长达4年之久的"创建无毒社区比较研究"。他的研究结果表明：从初次吸毒的情况来看，92%的人第一次吸毒并不是一个人，而是与两个以上的人在一起，并且是被邀请的；80%以上的人初次吸毒是完全被"请客"的；85%以上的人第一次吸毒尝试的就是海洛因；在吸毒之前，95%的人对毒品的危害并没有深刻的了解。

邱泽奇教授的调查和其他研究小组的调查都表明，70%～80%的人第一次尝试毒品的主要原因是好奇，其次是"朋友起哄"，再次是无意中吸毒。这个调查结果同时也说明，年轻人在不了解毒品危害的情况下，好奇心的驱使使得他"勇敢"地迈出了危险的第一步，而这一步之后如果没有得到控制，那么他们就会在好奇心的驱使下在 2～15 天内第二次尝试，并在两个月左右成为"瘾君子"。

【案例 2-43】吸毒导致妻离子散

杨先生吸毒完全是一个偶然。10 多年前，杨先生已是几家服装厂的老板，还经营着卡拉 OK 厅生意。一天，他在刚开张的杭州某一酒家请客。饭后，他和几个老板玩起了麻将助兴。正在兴头上，他突然牙痛病犯了。朋友说，这简单，遂拿出一包粉状的东西给他，说吃下去，包管"药到病除"。杨先生说，当时不知道是白粉，知道的话是死也不会碰的。

从那以后，每次牙痛时吃一点，真的马上就不痛了。这样，吃吃停停，半年后就上了瘾。

杨先生还说，海洛因开始是便宜的，这是引你上钩。后来就一下子贵了，每克 2 000 元，而且杂质很多，只有 6 成的量，一天就要抽一克左右。杨先生吸毒以后，朋友越来越少，最后老婆也离他而去，儿子也去了国外，一去不回。

2. 预防的措施

吸毒问题是社会生活各个方面消极因素的综合反映。要真正遏制吸毒这一丑恶现象的蔓延，关键在于消除那些容易滋生和诱发吸毒现象的种种社会矛盾和消极因素，切实加强社会的管理和教育，建立和健全行之有效的防范机制，广泛、深入地宣传和普及禁毒知识，加强人们的反毒、防毒意识，使贩毒、吸毒活动失去赖以滋生和存在的环境和条件。

1）个人预防。吸毒是一种慢性自杀，要认清毒品的危害，构筑思想防线，始终坚定地远离毒品、拒绝毒品。沾上毒品就会害了自己，害了家人，也危害社会，所以思想意识上要随时提醒自己，无论如何都不能涉毒。同时，要远离有吸毒恶习的朋友。要注意不要与有吸毒恶习的人交朋友，不要进入吸毒的环境，绝不可因好奇而尝试毒品。很多瘾君子都是从"试一试"开始而深陷泥坑的，也有不少人是交了不良朋友，吸食了掺有毒品的香烟或食物，在不知情的状态下接触了毒品，最终无法自拔。每个人，特别是青少年，远离毒品，首先要远离烟酒。一旦沾上毒品，必须立即向父母、老师报告，尽快接受戒毒及康复治疗。

2）学校预防。学校是毒品预防教育的重要场所。学校的吸毒预防教育，旨在培养学生抵抗毒品侵袭的心理素质，提高学生识别毒品、拒绝毒品的能力。学校要在教学课程中把"禁毒教育"作为学生德育教育的重要内容，要把职校生毒品预防专题教育落到实处。

3）家庭预防。家庭成员要及时发现和洞察其成员的吸毒苗头，并给予坚决制止。家长要把反毒、防毒教育作为家庭教育的重要内容，预防子女误入吸毒的歧途。

三、戒毒的措施

《禁毒法》规定，对吸毒成瘾人员实施三种戒毒措施：社区戒毒、强制隔离戒毒和社区康复。其中社区戒毒的期限为三年，强制隔离戒毒的期限为两年，最长可以延长一年。强制隔离戒毒的期限为两年不是固定的，而是根据不同特点的戒毒人员的实际情况，具体执行一年至三年的不同戒毒期限。社区康复的期限不超过三年。

《禁毒法》也指出，容留他人吸食、注射毒品的，介绍买卖毒品的，构成犯罪的，依照《刑法》追究刑事责任；尚不构成犯罪的，依照本法和《治安管理处罚法》，由公安机关处10日以上15日以下拘留，可以并处 3 000 元以下罚款；情节较轻的，处 5 日以下拘留或者500 元以下罚款。

与以前的相关法律相比，《禁毒法》更强调了未成年人的父母有对自己未成年的子女进行毒品预防教育的责任和义务，同时强化了国家对抑制毒化学品、精神和麻醉药品的管理。

思考与练习题

1. 校内如何做好防盗工作？
2. 结合自己家里的情况，谈谈如何做好防盗工作。
3. 谈谈自己在学习了预防诈骗知识后，在平时的生活中是如何做到预防诈骗的？
4. 如何预防敲诈勒索？
5. 试述对敲诈勒索行为的处罚办法。
6. 如何预防抢劫？
7. 遭遇抢劫时如何应对？
8. 如何预防绑架事件的发生？
9. 遭遇绑架时如何应对？
10. 如何预防性侵害的发生？
11. 女生在遭遇性侵害时如何应对？
12. 预防赌博的措施有哪些？
13. 赌博有哪些危害？
14. 吸烟有哪些危害？
15. 酗酒有哪些危害？
16. 吸毒有哪些危害？
17. 如何防止自己不小心染上毒瘾？

第三章

职校生心理安全

第一节　心理健康

一、心理健康的内容

世界卫生组织把健康定义为：健康不仅仅是没有疾病和缺陷，而且应在生理上、心理上和社会适应能力方面都处于完好状态。可见，人的健康不仅是指躯体生理上正常，而且还包括正常的心理和健全的人格。人不仅应关心自己的躯体健康，还应关注自己的心理健康以及自己与社会相融合的程度。

一个人的心理达到什么样的标准才算健康呢？不同的学者从不同的角度有不同的论述。世界心理卫生联合会将心理健康定义为：身体、智力、情绪十分协调；适应环境，人际关系中彼此能谦让；有幸福感；在工作和职业中能充分发挥自己的能力，过着有效率的生活。

二、心理健康的标准

1）有正确的自我观念，能了解自我、悦纳自我，能体验自我存在的价值。心理健康的职校生，不仅能现实地认识自我、承认自我、接受自我，而且还要有自知之明，对自己的能力、特长和性格中的优缺点，能做到客观、恰当地自我评价，既不自傲，也不自卑；能正视现实，生活和学习的目标符合实际，不怨天尤人，也不自寻烦恼；对自己的不足或某些无法补救的缺陷，能正确对待、坦然接受。

2）乐于学习，热爱工作和生活，保持乐观积极的心理状态。心理健康的职校生能把自己的智慧和才能在学习、工作和生活中发挥出来，取得成就，获得满足感；能够从自己的实际情况出发，自觉完成学习和工作任务，而不以此为负担；在遇到困难时，能努力去克服，争取新的成就。

3）善于与同学、老师和亲友保持良好的人际关系，乐于交往，珍惜友谊。心理健康的职校生往往表现出乐群性，有人际关系交往的欲望，能与周围的人建立良好、稳定的人际关系；在交往中能互相理解、互相尊重、团结互助，对人善良、诚恳、宽容、公正、谦虚有爱心；能尊重他人的权益和意见，正确对待他人的短处和缺点，善于与各种类型的人相处。

4）情绪稳定、乐观，能适度地表达和控制情绪，保持良好的心境状态。心理健康的职校生心境始终处于轻松、活泼、快乐的状态。虽然因学习、生活中的挫折、失败或不幸，他们也会有悲、忧、愁、怒、烦等消极情绪，但他们不会长期处于消极、悲观的情绪中不可自拔，更不会因此而轻生。他们善于适度地表达和控制自己的情绪，能随时排解各种烦恼，喜不狂，忧不绝，胜不骄，败不馁，谦而不卑，自尊自重。他们绝不会因为一时冲动而违反道德行为规范，会在社会规范允许的范围内，满足自己的合理需要，保持稳定、乐观的情绪。

5）保持健全的人格。人格健全的职校生，其心理活动和行为方式处于协调统一之中，有正确的人生观，并以其为中心，把需要、动机、目标和行为统一起来。他们乐于生活和学习，兴趣广泛、性格开朗、胸怀坦荡、办事机智果断、表里如一，行为上表现出一贯性与统一性。

6）面对挫折和失败具有较高的承受力，具有较强的自我防御能力。心理健康的职校生在遇到挫折和困境时，能够表现出较高的耐受性，不会因而影响或改变自己的目标和正常的学习生活；能驾驭自己的情绪，以良好的意志力，克服前进中的困难；通过自觉运用自我防御机制，随时排除影响学习和健康的情绪困扰，消除各种焦虑、紧张、恐惧、烦恼等不良情绪，保持良好的心理平衡状态。

7）热爱生活、热爱集体，有现实的人生目标和社会责任感。心理健康的职校生珍惜和热爱自己的学业，积极投入到有乐趣的生活中，相信自己的存在对社会、对国家有意义、有价值；能坚持不懈地努力从事有意义的工作，遵守社会公德，维护国家利益，勇于承担社会义务，不断发挥自己的聪明才智为社会服务。

8）心理特点、行为方式符合年龄特征。心理健康的职校生，其认知活动、情绪反应、性格特征等心理特点以及行为表现应与其年龄相符合，与其充当的社会角色相适应。

9）能与现实的环境保持良好的适应性。心理健康的职校生能够正确面对激烈的社会竞争和快节奏的生活，保持良好的适应状态；能够根据客观的需要，主动调整自己的言行，在不能改变客观环境的情况下，主动改变自己，以适应社会环境的需要，同时保持平衡的心态，并能精力充沛地投入到学习和生活中。

10）有一定的安全感、自信心和自主性。心理健康的职校生能保持相对稳定的生活方式，不因生活的变故和学习环境或者学习任务的改变而产生过度焦虑和思危的心理及增加不必要的负担；能坦然处事，保持平和的心理状态；能够合理地提出自己的要求，清楚地表达自己的意愿，不盲目冲动，不表现反抗对立的情绪；能有效地控制消极的逆反心理与行为，使自己健康地成长。

三、健康心理的培养

培养健康心理的最好方法就是掌握一定的心理卫生知识，保持健康的心态，提高适应能力。职校生健康心理的培养要从以下几个方面入手：

1）树立正确的世界观和人生观。正确的世界观和人生观能使职校生正确认识世界与个人的关系，充分发挥自己的作用，展现自己的能力，协调好各种关系，保证心理反应的适度，防止异常情况的发生。如果一个人的需要、观念、理想、行为违背了社会准则，他会到处碰壁，遭受挫折，陷于无穷无尽的烦恼与痛苦中，从而导致心理的不健康。

2）认识现实，正视逆境。职校生要面对现实，把个人的思想、愿望和要求与现实统一起来。职校生有时身处逆境也是在所难免的，如学习的困难、成绩的退步、考试的失利、就业的艰难、同学间的摩擦等，职校生应勇敢面对这些困难，保持良好的心态。

3）建立良好的人际关系。建立良好的人际关系，要靠诚实友善、严于律己、乐于助人等高尚的品格。职校生应在社会交往中培养自己的良好品质，要妥善处理好人际关系，即处理好与父母、老师、同学、朋友、异性的关系，其中处理好朋友关系最为重要。

4）劳逸结合，科学用脑。适度的学习压力可以激起职校生的学习兴趣，提高学习效率，对心理的健康发展大有裨益。因此，我们提倡勤于用脑、科学用脑，提倡劳逸结合，注意用脑卫生，防止过度疲劳和紧张。

5）积极参加课余活动，丰富学习生活。参加各类社会实践活动，为自己今后适应社会奠定基础；参加科技兴趣小组的活动，充分发挥自己的潜能；参加琴棋书画、体育锻炼等活动，陶冶人的情操，锻炼人的意志，扩大社交范围，形成开朗乐观的性格，可缓解心理的紧张和内心的压抑。

 知识链接

我们无法改变人生，但可以改变人生观！

我们无法改变环境，但可以改变心境！

我们无法调整环境来完全适应自己的生活，

但可以调整态度来适应一切环境！

你不能左右天气，但你可以改变心情！

你不能改变容貌，但你可以展现笑容！

你不能控制他人，但你可以控制自己！

你不能预知明天，但你可以利用今天！

你不会样样顺利，但你可以事事尽力！

第二节　学习受挫的预防与应对

众所周知，由于我国重视和发展职业教育的时间还不长，社会上一些人对职校生还存有偏见，大批望子成龙心切的家长依然是重普高而轻职校。而职校生本身因基础知识掌握得不扎实，学习方法不当等因素影响，进入职校后又要面对生活环境与学习环境的改变、人际关系的改变以及对所学专业（内容）不感兴趣的矛盾，很容易造成他们的学习心理困扰或不良心理反应的产生。如因学习动机缺乏而引发厌学情绪或学习动机过强而引起焦虑情绪，从而产生对学习的惧怕、厌倦、焦虑、紧张等心理障碍。健康的学习心理是职校生顺利完成学业的前提，是提高学习效率的保证。

一、学习受挫心理危机的预防

1）树立多元智能人才观。人的成才是多渠道的。现在有些人判断一个孩子聪明不聪明，日后能不能成才，往往以学习成绩为评价的唯一标准，这是不科学的。多元智能的人才观研究指出，人只有智力类型不同，没有智力能力高低。有些人抽象思维能力较强，而有些人则形象思维能力较强。众所周知，中考是"逻辑、数理智能"考法，而职校生大多数是

中考失败者，这也说明他们只是逻辑智能的失败者，我们可以开发他们的其他智能。试想，如果让数学家陈景润去做复杂的技能，他可能会不及格；让被称为现代爱因斯坦、坐在轮椅上的霍金去跑步是不现实的。世界首富比尔·盖茨大学没毕业就去创业；丁俊晖小学没毕业就在父亲的指导下练习台球；姚明、刘翔把"身体、动觉智能"发挥到极致。这些充分说明，人的智能是多元的，每个人可根据自己智能的特别之处，寻找自己的成功之路。图 3-1 所示为多元智能理论的基本结构。

图 3-1　多元智能理论的基本结构

【案例 3-1】　智障的天才——周舟

　　残疾人周舟连"2+3"都不会做，但是他出访过很多国家。2000 年中国残疾人艺术团访问美国，指挥乐曲的周舟引起轰动。无论从外貌看或是从智商检测结果看，周舟均是智障，他的智商只有 30 多。然而，就是这位智障少年却美妙、流畅地指挥了一首首有十几个声部、几十种乐器、节拍复杂的交响乐曲。周舟是不是一个人才？北京市一位中学校长肯定地说："他绝对是人才！"

【案例 3-2】　大器晚成案例

　　郭沫若小时候国文曾有过不及格，写字也很一般，然而最终他却成了大诗人、大书法家；英国前首相梅杰小时候数学成绩很差，连申请当公共汽车售票员也未能录取，然而若干年后，他出任财政部长时，撒切尔夫人却称他"能把钱用在刀刃上"；有媒体披露，俄罗斯前总统普京小时候是个成绩一般、常与人打架的淘气包。

　　2）树立行行出状元的成功意识。一个优秀的工程师需要有成百上千的技术工人与其搭配，否则，再好的创造发明和创新设计也无法走出实验室。国家对人才需求更多的是产业工人，而优秀工程师以及其他尖端人才却位于金字塔顶，需求量相对较少。

　　现在大多数大学毕业生不再享受毕业分配的优惠待遇，需要自己找工作。我国早在几年前就出现了大学毕业生就业难、而一些职校毕业的技术工人则供不应求、工资脑体倒挂的现象。可惜的是，由于老观念根深蒂固，许多学生及其家长还是无视就业现实，好高骛远，有的甚至非名牌大学不上，一心只想当工程师和其他高层白领，而不愿"屈尊"去当"蓝领"，从而导致不少大学毕业生处于高不成低不就的尴尬求职困境。也有不少大学生在就业道路上碰壁后，幡然醒悟，毅然选择职业学校"回炉"学技能，并纷纷依靠一技之长找到称心如意的工作。

如果学生能考上重点高中或相对较好的高中，那自然是一种出路，但同学们读了职校，也并不意味着你的选择是错的。没有考上重点高中也不意味着你比别人差，更不意味着你就没有资格梦想未来，没有资格考大学，问题的关键在于你如何把握自己。

【案例3-3】小白杨公司创品牌

李岩敏与陈晓青都是浙江永康职业技术学校的89届毕业生，并且还是同班同学。毕业后，他俩走到一起，成为了夫妻。李岩敏父亲有一个铸造小厂，李岩敏毕业后就接过父亲的事业，开始搞铸造。他用铝铸造过柴油机的配件——散热器，也铸造过煤气灶的配件——烧嘴。因为做配件是别人的附属企业，如果对方倒闭了，附属企业也就得关门。于是他和妻子决定生产自己的独立产品。他俩开始注意搜集各种信息，经过多方努力，仔细研究，预测到房地产要升温，建材行业的发展前景看好，自己是搞铸造的，利用自己原来的条件，决定改铸水龙头。

建材市场的竞争是十分激烈的，当时金华、永康一带，到处都是广东、温州、宁波等地的建材产品，他们的产品要在市场上占一席之地，并不是一件容易的事。所以他们十分注意技术更新，不断设计出新产品，以保证产品质量。1992年，以"小白杨"为品牌的水龙头一炮打响了。

常言说："养猪的不如杀猪的，杀猪的不如卖肉的。"在生产水龙头的过程中，他们了解到生产的利润还不如销售的利润，因此决定进入销售领域，组建工贸公司。1996年，他们花费年租金80多万元在中国科技五金城租下了多间店面，以销售本厂生产的水龙头为主，同时也经营其他建材产品。在生产和销售中，他们以其先进的创意、优良的质量和良好的信誉，很快打开了市场，赢得了客户的赞誉。

现在，"小白杨"公司生产的水龙头供不应求，客户提着现金都很难"抢"到货。"小白杨"工贸公司不仅在金华、衢州、缙云、义乌等周边市县建立了销售网络，而且还在北京、南京、重庆、上海等大城市建立了自己的经销分店，产品还远销到欧洲和非洲。

【案例3-4】浙江省第二届职教之星：吕清江

1995年，吕清江放弃了上普高的机会，选择了在当时并不为大家看好的中职学校，学习机电一体化和金属加工工艺。他希望自己能更早地接触到这个相关行业专业的知识，他更希望有朝一日自己办企业，生产出属于自己品牌的摩托车。

经过三年的学习，吕清江毕业后回到了父亲的企业，以普通工人的身份参与企业的初期发展。经过近一年时间的学习实践，吕清江被任命为生产经理。为了掌握铝合金铸造工艺，父子俩与工人们常常一起日夜奋战在车间，吕清江运用学校所学知识，与企业几年来积累下来的制造经验相结合，经过反反复复的试验，终于破解了一道道技术难题，企业经济效益得到了大大的改善。

2006 年，吕清江接任中国康超集团总裁。接任总裁后，他致力于集团产业结构的调整、产品品牌的塑造、管理模式转型升级，取得了积极效果。同时兼任金华市企业家协会执委、永康企业家协会副会长等社会职务，2006 年被评为"永康市十大创新经济人物"。

2009 年，吕清江下狠心投入 4 000 万元在康利公司进行技术改造，以"节能、降耗、减污、增效"为出发点，引进了国内最先进的生产和检测设备，用先进适用的工艺和技术替代传统工艺，力图用先进技术提升产品品质，塑造企业形象，抢占市场制高点。

目前中国康超集团是集科、工、贸于一体的全国性、跨区域的大型民营企业集团，集团注册资金 3.28 亿元，总资产近 20 亿元，占地面积 2 800 亩，现有员工近 6 000 名。集团涉及金属制品、摩托车、电动车、房地产、生物工程、国际贸易等行业，各子（分）公司分布在浙江、重庆、广东、福建、广西、上海、江苏等地，年产值近 30 亿元。

3）树立正确的学习态度。学习态度不是与生俱来的，而是后天习得的。培养积极主动的学习态度是同学们走向成功的基石。首先要明确学习动机，建立良好的学习需要机制，使学习由外在需要转化为内在需要，由被动学习转化为主动学习。其次要养成良好的生活习惯以及勤奋刻苦、严谨求学的学习习惯。最后还要提高自我认识和自我控制能力，克服不良的学习习惯。

4）正确剖析自己。许多同学会因为学习成绩不佳进入职校，而陷入痛苦、无聊、失望、矛盾等消极情绪之中无力自拔，甚至自暴自弃。其实中考成绩不好，只表明初中阶段我们没有利用好"读书"这个帮助自己迅速发展的机遇。学习成绩并不是人生最主要的，找到适合你的发展道路才是最重要的。因此，同学们应转变观念，增强自信，坚信"别人能行，我也一定行！"只要我们能正确分析中考失败的原因，从现在做起，从点滴做起，改进学习方法，养成良好的学习习惯，弥补以前学习知识的缺陷，严格要求自己，坚持不懈，去挖掘自己的潜能，就一定会有所成就！

 【案例 3-5】全国"最美中职生"：施彦登

2016 年施彦登同学被评为"全国最美中职生"。

施彦登出生在永康乡下一座普普通通的村庄里，打铁是施彦登家里世代相传的职业。从记事开始，他就帮打铁的父亲打下手，正是这种家庭出身锤炼了他吃苦耐劳、坚韧不拔的品格。即使中考的失利也没有使他气馁，当初他选择读永康职技校的机电技术应用专业，希望学成技术之后，用机械技术改造提升自家的传统打铁工艺。

不论是起初加入学校锡雕社团琢磨锡雕技艺，还是后来对普车技能的刻苦钻研，他都是一个秉承精益求精"工匠精神"的"拼命三郎"。在普车实训车间程主任眼里，形容施彦登只用三个词：肯学、肯干、肯吃苦。

2016 年和 2017 年在全国职业院校技能大赛中，施彦登凭借极强的实操能力和过硬的心理素质分别荣获普车加工技术和机械装配技术赛项的两块金牌。在比赛前二个月，每天从早上 7 点开始，施彦登除了吃饭、睡觉、上厕所，其余的时间都泡在车间训练。不放过任何一个细节问题，已经成为施彦登坚持的原则，每天的训练、每次的训练，他都以精益求精的态度去对待。

2020 年 5 月即将大学毕业的施彦登，通过市劳动局人才招聘被招回到母校工作，正式成为一名老师。

二、学习受挫心理危机的应对

职校主要培养初、中级技术人才。职校的学习内容较多，除了语文、数学、英语等文化基础课外，还有专业基础课和专业技能课。教师的教学方法也不同于初中阶段，初中阶段的学习方法已经不适应职校的要求，因而在职校的开始阶段，部分同学常常会表现出不良的学习心理反应。因此，职校生要自我激发学习动机，改变学习方法，养成良好的学习习惯，正确应对考试。

1）自我激发学习动机。也许同学们在进入职校前可能听到有人这样说："现在大学生找工作都困难，读职校更没有多大出息。"同学们面对这些偏见和错误认识，要放下思想包袱，激发起深藏在自己心底的学习动机，去努力学习，把握每一个学习机会。

① 换个角度认识自己的学校，掌握主动权。同学们现在所就读的学校是客观存在的，无法因我们的意志而改变，这要求我们充分发挥自己的主观能动性，扬长避短，利用自己在形象智能和动觉智能上的优势，争取在职校学到一技之长，掌握今后工作中需要的本领，掌握主动权。

② 相信自己能成才。生活的路有千万条，条条大路通罗马，不一定非要去挤高考"独木桥"。要知道，现代社会对人才的需求是多方面多层次的，不管从事何种职业，只要你有能力，你就是人才，只要是金子，总会发光的，所以，只要我们相信自己的才能，并付诸努力，成功便不是难事。

③ 克服困难，自我激励。生活中许多人失败，往往并不是因为某件事太难，超过了他的能力范围，而恰恰是因为他不够自信，没有足够的勇气和信心去尝试，没有付出足够的努力。说到底是害怕失败，害怕他人嘲笑。因此，问题的关键不在于你在什么学校读书，而在于你是如何利用已有的学习条件展示自己的能力。克服困难，并付出实实在在的努力，相信你一定会实现自己的梦想。

2）养成良好的学习习惯。学习习惯和学习方法对一个人的成功学习是非常重要的。因此同学们可以尝试从以下几个方面做起：课前做好预习和必要的准备；课堂上集中精力认真听讲；课后及时复习和独立完成作业；珍惜时间，今日事，今日做；学会自学，学会自我控制，合理利用学习资源；重视技能学习，多练习，多钻研，多实践。

3）正确处理知识与技能的关系。专业技能是职校生的强项，是区别于普高生而令职校生感到自豪的特长。职校生将凭本事、技能立足，所以在进行本专业技能操作时应该刻苦训练，要培养吃苦耐劳的精神，要有责任意识，力争使自己的专业操作技能达到中高级工水平。当然，注重技能操作的同时，也要注重理论知识的学习，要不断完善自己的知识结构。

4）正确自我调节考试心理。有些学生中考失利是由于考试焦虑心理，考试时不能正常发挥水平。考试焦虑是一种本能反应，应对考试焦虑最好的办法是：对考试焦虑有正确的认识，适度焦虑有助于考试水平的发挥，过度焦虑则会对自己形成抵制作用。同学们要相信，只要自己平时脚踏实地地努力，考试时冷静面对，就能正常发挥水平。与此同时，同学们还要学会积极地自我暗示，进行自我放松。若考前紧张，可暗示自己"我平时学得很好，只要真实去考，就一定没问题"，"就算考试失败了，我也问心无愧"。另外，考前保持足够的睡眠，进入考场做深呼吸或闭目养神，也不失为调节考试心理的好办法。

第三节　就业受挫的预防与应对

一、就业受挫心理危机的预防

职校生要想在毕业求职时顺利就业，找到一个合适的、具有高工资的工作岗位，必须在三年的学习中做好充分的心理准备，勤奋学习，充分提高自己，为成功的求职做好铺垫。

1）了解和培养自己的职业兴趣。职业兴趣是人们在心理上对某种职业的强烈追求和热爱。不同职业兴趣的人对不同的职业产生的心理倾向是不同的。职业学校学生的可塑性大，是培养职业兴趣的最佳时期，此时，既要培养职业兴趣的广泛程度，又要培养职业兴趣的中心，即培养最浓厚、最集中的职业兴趣。

2）提高自身素质，提高技能水平。随着市场竞争的日益激烈，用人单位越来越看重人才的素质、注重技能的水平。从求职角度来说，人的基本素质包括：基本职业能力（包括注意力、记忆力、观察力、思维力、想象力等）与特殊职业能力、自我推销能力、心理承受能力、合作共处精神、爱岗与敬业精神。

【案例 3-6】千锤百炼"金钥匙"：寿盈

寿盈是诸暨轻工技校 2000 届财会专业毕业生，19 岁的她成了一名农行的新员工。就从这一天起，她暗自立志："我一定要尽快练就过硬的服务技能！"进入农行后，她将别人进舞厅、喝茶、逛街的时间都用来练柜员基本功，夏练"三伏"、冬练"三九"成了她的行动写照。寿盈凭着勤奋和苦练，练就了扎实的基本功，成为一名柜员操作尖子。2004 年，寿盈入选绍兴市分行集训队，参加全省农行业务技术比赛，她连续两个月没有休息，天天练到深夜。手指被点钞纸磨破了，钻心疼痛，带队的领导看到后几次劝她休息一下，但咬咬牙，硬是坚持练。功夫不负有心人，在全省农行第十届业务技术比赛中，她斩获综合全能第 2 名、电脑 ABIS 记账第 3 名。在两年后的第十一届业务技术比赛中，她又一举夺得综合全能与 ABIS 业务操作第一名。2007 年，寿盈入选省分行业务技术队赴京参赛，最终以 1 005 分总成绩的绝对优势夺取了全国女职工"建功立业"职业技能，竞赛 ABIS 业务操作第一名。

正因寿盈的辉煌业绩，她被中华全国总工会授予"全国女职工建功立业标兵"的光荣称号，被农总行授予"全国青年岗位能手""柜台业务技术能手"称号。2008 年，她又被中央金融团工委授予"全国金融青年服务明星"。2009 年 4 月，她又荣获了一枚"全国五一劳动奖章"，成为全国最年轻的获奖者之一。

3）保持良好的求职心态。良好的求职心态能帮助学生冷静地分析求职形势，坦然面对择业竞争，乐观地克服就业挫折。灵活地根据客观情况和自身条件，调整期望，拓宽求职范围，是非常重要的求职策略。

4）利用好各种职业信息。在信息化程度非常高的今天，及时、准确、广泛地了解和掌握职业信息，对毕业生来说尤为重要。毕业生要对通过各种渠道获得的信息，进行去伪存真、分清主次、抓住重点，尤其不要轻易相信马路上、电线杆上的公告和招聘启事。

 【案例 3-7】虚假广告骗人钱财

某年，某职校毕业生应某在某报纸上看到一则广告，标题是"投资两千，年净赚十万"，内称"西洋参适宜全国各地种植，提供种子和栽培资料，产品全部回收"。苦于无创业门路的应某大喜过望，立即筹集 2 000 元，向西安某公司购得种子，开始种植。可是等出苗后一看，长出来的都是一些桔梗苗。应某多次联系该公司，却不见音讯，急急忙忙赶到西安，也找不到这个公司，到工商局一查，原来是一个皮包公司，已经被取缔了。

二、就业受挫心理危机的应对

学业结束后，同学们都希望通过双向选择顺利找到自己喜欢的职业，并在工作中干得满意、开心，让自己的愿望尽早实现。然而，同学们在求职时往往会遭遇许多困难，到了工作单位有时也不尽如人意。因此，同学们要有足够的心理准备，学会调节自己的心态来面对和适应新问题、新环境。

1）正确对待挫折，迎接挑战。有的毕业生择业失败后，就觉得无颜面对他人，不敢与用人单位接触，甚至一蹶不振。人的一生中，挫折是难免的。遇到挫折后，关键是要分析失败的原因，找出问题的根源，想办法战胜或适应挫折。择业是人生的第一步，在择业过程中勇于面对挫折，克服困难，百折不挠，有利于让自己积累社会经验，走向成熟，为今后的事业打下良好的基础。

 【案例 3-8】千难万劫还坚强

施某深受市场经济熏陶，职校毕业后就摸索着做生意办厂。他做过冰模，贩过铁皮、拉铁丝、压扁丝，为其他厂生产加工过各种配件。但是命运之神总是与他作对，让他在前进的道路上历尽了艰难曲折。1999 年，他倾尽积蓄，到某工业区买下了 6 000 平方米的工业用地，建起了厂房，办起了工具厂。开始的时候做灭蚊灯，后来又生产滑板车，结果狠狠地赚了一把。2001 年，他看到滑板车已走下坡路，于是接下另外的生意，为他人生产出口日本的真空饭盒配件，却因对市场缺乏了解最终造成产品积压，一下子亏了 100 多万元。

几经起起落落，他一边把真空饭盒加工成成品寻找销路，一边冷静观察市场，作较长时间的休整。最终，他把眼光瞄准了国际市场，于 2002 年 9 月组织生产电动滑板车，与做滑板车时的许多老客户重新取得联系后，销路很快打开，产品还畅销欧美一些国家和地区，年产值达 1 000 多万元。

施某的创业过程经历了千难万劫，可敬的是他并没有灰心，依然在创业的路上前进，并且最终走出了困境。

2）调整心态，正视社会现实。社会为职校生提供的就业岗位不可能使每个人都非常满意。在择业过程中，职校生要客观认识自己，做到正视现实、敢于竞争，做好择业的心理准备，特别是受挫折的心理准备，做好求职自荐、面试、考试、洽谈等择业环节中的心理准备。求职时要怀有"我一定会成功"的坚定信念，注重面试技巧，适时推销自己。

3）及时调整择业期望。有的同学往往由于对工作环境、工资收入、福利待遇、职业地位等要求过高，而使求职遇挫。同学们应转变观念，摒弃干部身份、国企身份的概念，破除人为把工作岗位分成高低贵贱的观念，树立"先就业、后择业、再创业""不求对口先就业，先求生存后发展"的思想，最终实现自己的愿望。

4）融入新环境，适应新岗位。到了新的工作岗位，同学们要以积极的心态主动参加单位的各项活动，尊敬领导和同事，团结他人，尽快适应新的工作环境、生活环境、职业岗位和人际关系。

5）谦虚谨慎，敢于竞争。刚参加工作的学生往往志向远大，但由于缺乏工作经验，难免在工作中出现差错。因此在实际工作中，对领导及同事的善意批评要有正确的认识，虚心接受别人的意见，平时要主动干一些清扫卫生、打开水等小事，力争从小事做起，一步一个脚印。当然，同学们在谦虚的同时，也要敢于竞争，要有积极的竞争意识，要从实际出发，充分考虑自己的专业、性格、爱好和专长，扬长避短，关键时刻显身手。

 【案例 3-9】 从实践工厂中走出来的总代理

某技校 96 届外贸专业毕业生严某，现任香格茶饮咖啡原料配送中心欧蒂咖啡系列义乌总代理。

严某出生在一个偏僻的小山村。中考落榜后，他选择了某技校，准备走学一技之长的成才之路。他平时刻苦努力，深受同学敬重，也得到老师和学校领导的好评，曾担任班干部、学生会主席等职务。荣誉和名气进一步成为激励他成长的动力，工作做得越多，能力提高越快，信心也更强。作为鼓励，学校给他安排了一家实习工厂，每逢节假日，他就可以到这家工厂去实习，一是提高自己的专业技能，二是实习补贴费也可解决家庭的实际困难。

他到工厂后，非常珍惜这个机会，把学校里学到的知识、良好的行为习惯都带到了工厂去，运用于实际。他早上提早上班，打开水，做准备工作；下班比别人迟，整理工具，打扫办公室。他上班认真做好工作，下班钻研业务，给厂长出点子，提建议，帮助厂长科学管理工厂。一个实习生竟成了厂长的智多星，厂长还主动提出出资帮助他完成大学学业，解决他升学的最大后顾之忧。

大学毕业后，他从基础的营销工作做起，从给老板打工起步，现在成为总代理，确实不易。有人问他："成功的秘诀是什么？"他说："成功的秘诀主要有三点：一是深信人没有命运的好与坏，只有习惯的好与坏，命运掌握在自己的手里；二是找准了创业的切入点——诚信，靠诚信赢得客户信任，诚信为他铺平了前进的道路；三是摆正了做人的准则，即树立信心——努力工作——体现价值——争取更优秀。"

6) 放眼未来，再展宏图。由于各种原因，学非所用、没有找到如意的工作，这样的事情时有发生。对这些问题，要从长计议，正视现实，适应现实，放眼未来。要想到"三百六十行，行行出状元"。职业是自己生活的起点，只有全身心地投入，才能实现人生的价值。

 知识链接

永不退缩的林肯总统

亚伯拉罕·林肯出生在一个一贫如洗的家庭，终其一生都在面对挫折和困难，八次选举八次落选，两次经商失败，甚至还精神崩溃过一次。

但林肯之所以伟大，就在于他有在困难面前永不退缩的精神。看看他进驻白宫的不寻常历程吧！

1816 年　他的家人被赶出了所居住的地方。

1818 年　母亲去世。

1831 年　经商失败。

1832 年　竞选州议员——但落选了！

1833 年　工作也丢了。想就读法学院，但进不去。

1834 年　向朋友借一些钱经商，但年底就破产了，接下来他花了 17 年时间才把债还清。

1834 年　再次竞选州议员——赢了！

1835 年　订婚后就快结婚了，但她却死了，因此他的心也碎了！

1836 年　精神完全崩溃，卧病在床 6 个月。

1838 年　争取成为州议员的发言人——没有成功。

1840 年　争取成为候选人——失败了！

1843 年　参加国会大选——落选了！

1846 年　再次参加国会大选——这次当选了！前往华盛顿特区，表现可圈可点。

1848 年　追求国会议员连任——失败了！

1849 年　想在自己的州内担任土地局长的工作——被拒绝了!

1854 年　竞选美国议员——落选了!

1855 年　在党的全国代表大会上争取副总统的提名——得票不到 100 张。

1858 年　再度竞选美国参议员——又再度落败。

1860 年　当选美国总统。

"此路破败不堪又容易滑倒。我一只脚滑了跤,另一只脚也站不稳,但我回过头来告诉自己,这不过是滑一跤,并不是死去站不起来了。"在竞选参议员落败后,亚伯拉罕·林肯如是说。

第四节　人际交往受挫的预防与应对

进入中学阶段,良好的人际关系开始成为影响中学生健康成长的重要因素。一个人如果能生活在一个温馨的集体中,与周围的同学、老师建立起和谐的关系,他就会消除孤独感,产生安全感,保持情绪的平静和稳定。否则,他就会感到孤独和压抑。

一、同学交往受挫心理危机的预防

1) 保持积极健康的交往情绪。积极的情绪和情感,如热情、亲切、满意等,能使人在交往中感到心境宽松、精神舒畅,有利于增进双方的友好关系;而消极的情绪和情感,如愤怒、冷漠、厌烦、不满等,会使人感到精神紧张、心情压抑。因此,同学间人际交往时,要学会调节和控制不良情绪,学会合理转化消极情绪,在交流中更加理性、忍耐和克制,提高心理相容的水平和亲和力。

2) 以诚相待,提高人格魅力。良好的人性品质和人格特征,如真诚、善良、正直、友好、信任等,有利于增进人与人之间的吸引力,有助于建立和维护良好的人际关系;而不良的性格特征,如自私、贪婪、虚假、猜疑、嫉妒、敌意等,则妨碍人际关系的建立,不利于人际间的合作和团结。因此,同学间人际交往中要以真诚、平等、友善、理解、宽容和合作的态度处理各方面的关系,提高自己的人格魅力。

3) 不卑不亢,平等交往。人与人在人格上是平等的,尊重别人,才能要求别人尊重自己。人际交往中对自己要有信心,对别人要有诚心,彼此尊重,交往才能持久。同学间,不论家庭背景如何,学习成绩好坏,担任班干部与否,长相容貌如何,人人都是平等的,不能觉得高人一等,也不能觉得低人一头。

 【案例 3-10】 高人一等的小张

小张以总分超过"重点线"50 多分的绝对优势考入某重点高中。入学后,他偶然得知自己的分数比班上大部分同学都高出许多,就产生了一种优越感。在与其他同学的交往中,他总是不自觉地扮演着"优胜者"或"领导者"的角色,以居高临下的姿态与周围的同学交流，总觉得自己高人一等。他还常常在不经意间伤害了别人，造成与同学之间的冲突和摩擦。渐渐地，同学们离他远去，不愿意与他交往，小张逐渐陷入了极度苦闷的情绪之中。

4）求同存异，宽容为怀。交往是双向的，宽容他人等于宽容自己，苛求他人也就等于苛求自己。同学间的许多问题都是由于太斤斤计较，不宽容别人造成的。要宽容别人，首先要理解别人，学会设身处地地为别人着想，要多交流，深入了解别人，防止不必要的纠纷。

 【案例3-11】失去心理平衡的小李

小王和小李原本是一对好朋友。平时，他们一起出入教室、图书馆、实验室、宿舍、食堂，可谓情同兄弟、形影不离。他们有共同的兴趣爱好、共同的人生目标；他们互相帮助、互相关心，两人的学习成绩都很好。后来，小王被同学们推选为学生会的学习部长，这使小李的心理失去了平衡。他认为，两人的学习成绩、工作能力等都不相上下，各方面表现也差不多，为什么好友小王能当学习部长，还被评为"三好生"，而自己却"一事无成"呢？小李百思不得其解，越想心情越糟糕，心中开始滋长不满和怨恨情绪。从那以后，两个好友开始疏远。小李还经常无中生有，造谣中伤，使小王受到伤害。两人关系越来越紧张，一对好朋友似乎变成了仇人。

5）真诚互助，互惠互利。助人乃快乐之本，但助人要出于真诚，不能有功利性。互助是纯洁友谊的内容，要注重双向性、互利性，不能只索取不给予，也不能只给予不索取，因为这两种做法都违反了心理学上的交换原则。如果付出多于得到，人们心理上就会不平衡；如果得到的多于付出的，人们的心理也会不平衡。为保持付出和得到的关系平衡，人们总是要知恩图报的。如果你对别人的付出太多，使人觉得无法回报或没有机会回报时，别人就会被一种愧疚感所笼罩，造成一种无形的压力，这种压力会导致受到恩惠的人选择冷淡或疏远。事实证明，交往中互利性越高，双方的关系越稳定和密切。

二、同学交往受挫心理危机的应对

1）学会换位思考。同学之间发生冲突，常见的是大家各持己见的争吵。我们不妨都来试试下面的方法：当你发泄完以后，你又坐在另一把椅子上，想象自己就是对方，对面的椅子上坐着自己，然后你再从对方的角度来一一回答你刚才提出的责难，并宣泄不满的情绪。通过这种"空椅子技术"，你不仅可以充分释放自己的情绪，还可以冷静地思考对方的理由、体验对方的情绪。

2）关心他人，宽容别人。你关心别人，别人也会转而关心你，一旦彼此之间互相关心，同学关系也就自然密切了。人无完人，任何人总是有缺点的，也总会做错事的，这些都是正常的、不可避免的。如果你对别人的缺点和错误能持一种宽容的态度，不去计较，别人会很感激并愿意与你交往。

3）加强沟通，摆脱孤独。同学间在思想和态度方面要加强沟通，经常一起谈谈心，课余时间多搞一些社交活动，如打球、下棋、郊游等，以加深了解，增进友谊。遇到问题时，大家放到桌面上，开诚布公、推心置腹地谈一谈，不要当面不说、背后乱说，伤了同学之间的和气。

4）改正缺点，完善自我。同学关系紧张的人，大都在性格和生活习惯方面有些毛病，应刻意改变自己的不良性格和习惯。比如：服饰整洁美观、习惯面带笑容、注意言谈举止、不卖弄自己、多多帮助别人、善于赞美别人等，都是同学交往时的良好习惯。

5）承认个性差异。承认每个人都有自己的不同个性，因此在与同学交往过程中要灵活对待，即做到：对待品质高尚、为人正直、积极进取的同学，要坦诚相见，推心置腹；对待爱搬弄是非、以自我为中心、爱占小便宜的同学，可置之不理，或给予帮助、批评和劝导；对待一般同学，要大事讲原则，小事讲风格，善于团结大多数人一道学习、工作和生活；对待品质不好、有意破坏纪律和秩序的同学，要立场坚定、旗帜鲜明、不盲目跟从。

6）善用赞扬和批评。心理学家认为，赞扬能释放一个人身上的能量，调动人的积极性。真心真意、适时适度地表示你对别人的赞扬，能够增进彼此的吸引力。与赞扬相对的是批评，批评是负性刺激，应多作赞扬、少用批评。有报载，一位欧洲妇女出门旅行，她学会了用数国语言讲"谢谢你""你真好""你真是太棒了！"等，所到之处，都受到热情接待。

三、同学间正确相处的方法

1）忌人格不平等。同学之间在人格上是平等的，因此彼此应相互尊重。自傲或自卑者都可能与其他同学之间人为地拉大距离，影响同学关系的正常发展。

2）忌小群体。在一个班集体中学习生活总有一些关系不错的朋友，但忌长时间地接触几位关系好的同学，而不和其他人相处。尤其是当小群体的利益与集体利益发生矛盾时，则应以班集体的利益为先，舍弃小群体的利益。

3）忌不正当攀比。同学交往，免不了攀比，关键看比什么，是比志气、信心，还是比虚荣。如果是比思想进步、学习进步，这当然好，但如果比物质，就不可取了。

4）忌说长道短。同学间相处要谨言慎行，在背地里说长道短，这是同学间最忌讳的事情。正确的做法是，自己不传、不说；听到别人说，要认真分析真伪，不要轻信及盲从。

5）忌说话伤人。良言一句三春暖，恶语伤人六月寒。讲话应温文尔雅、讲究语言美，忌自以为是、出言不逊、恶语伤人。

6）沉默避让。有时候，耐心等对方把话说完或转移一下注意力，避免自己发火，可能就会避免一场争吵。

7）幽默是金。如果在双方争吵的导火索即将点燃时，一方能以幽默的言语来改变一下当时的紧张气氛，是避免争吵的最有效的办法。

8）心平气和。当双方言语激烈，一场争吵势在必发时，自己不妨学会心平气和，尽量放低说话的声音、放慢说话速度。

9）就事论事。争论时不要翻老账，不要对过去的事情总是耿耿于怀，揭人短处，更不能对他人进行人身攻击和侮辱性的言语攻击。

10）换位思考。当争论时，不妨反过来问问自己，到底自己对不对，换位思考一下，站在对方的角度看问题，争吵可能就不会继续。

11）合理退让。在多数场合下，与人争吵并不能真正把对方说服，反而会使对方更加坚持自己的意见。在争吵时做出合理的退让，有时反而有利于化解一场争吵。

四、师生交往受挫心理危机的预防

师生关系是人际关系中最复杂的关系，师生关系的好坏，将直接影响学生的学习。那么与老师的交往过程中，应该注意哪些问题呢？

1）要客观全面地认识老师。老师总是从良好的愿望出发对学生提出种种要求。对学生出现的问题和错误提出批评时，老师是没有恶意的。教师工作是一个很辛苦的工作，不会有哪个老师专门找哪个人的别扭。当听到老师的批评时，首先要客观、冷静地分析，老师为什么要批评自己，自己哪些方面做错了，发生错误的主要原因是什么，自己应该从中吸取哪些教训，怎样做才最有利于解决问题和自身发展。

2）培养尊师重教的真挚感情。作为"传道、授业、解惑"的老师，都希望自己的学生"青出于蓝，而胜于蓝"。学生只有尊重教师的辛勤劳动，才能不辜负老师的期望。在师生相处的过程中，老师也有因不了解情况而批评错学生的事情。这时，学生首先应冷静，努力克制自己，不要与老师顶撞，防止矛盾在双方都不冷静的情况下进一步恶化。其次要体谅老师，因为"金无足赤，人无完人"，老师也有七情六欲，也不可能十全十美。无论在哪一位老师面前，我们都应该记住自己是学生，即使遇到老师误解了自己或对自己评价欠公正，也应该积极沟通，设法让老师了解或理解你，切不可当面顶撞，更不该背后议论，把关系弄僵。

3）学会与老师交流。别把老师和自己的关系看成"猫和老鼠"，他们一样会有烦恼和快乐，所以要多与老师做朋友式的沟通交流。事实上，没有一个老师不想走入学生中。一般来说，老师都喜欢跟诚恳的学生交流。老师也许不能解决你所有的问题，但因为你的信任，他会感到高兴，与你的心理距离也会拉近。

4）学会与老师对话的技巧。与老师交流中最重要的一点是要学会适当地表达自己的要求与意见。比如，不要在老师的气头上、老师很忙或很烦的时候提出自己的要求；不要认为自己理直气壮，老师就应该立即满足自己的要求，而应尽量用商量的语气提出来；不要在老师批评你的时候，你反而向老师提出要求，这样会给人一种不礼貌，甚至是无赖的感觉。

5）协助老师工作。帮助老师了解班级的真实情况，负责任地提出自己的建议，做老师的小助手。学生应在余暇时间做老师教学、班级管理工作的助手，帮教师查资料、作记录，以减轻教师的劳动量。这样，既可加深师生情谊，又可学到许多知识。

五、师生交往受挫心理危机的应对

当我们遭受老师的批评时，要学会理性地认识自己，既要看到自己的个性和优点，又要看到自己的缺点和不足，不断修正。

1）正确对待老师的批评。每个人都可能会犯错误，老师教育学生是责任、是义务，学生被老师批评也是很正常的，学生应理解老师的用心。有些学生对老师的批评可能心服口服，有些学生对老师的批评可能并不服气，甚至对老师很有意见。在日常的学习生活中，师生间发生矛盾和冲突是常见的事。同学们要树立这样的观念："老师批评我，说明是老师对我负责"，"老师批评我，是在提醒我身上存在的缺点，希望我改正"。

2）积极对待老师的批评。作为学生，如果你做错了事，首先就应该意识到自己错了，而且知错要改，虚心接受别人的批评。如果是老师因为失察而错误批评了你，你也不应该有情绪，找个机会和老师好好沟通，我想老师也会知错改错的，最不应该的就是和老师顶撞。试想，不管老师的批评是否恰当、我们能否接受，当面对这些批评时，如果消极对抗而不是积极面对的话，最终受害的还是我们自己。如果因为不喜欢某位老师而不听某门课的话，还会最终影响自己的学习。

3）变委屈为动力。遭到教师的批评，特别是某些不恰当的批评，当然会让人感到难受。但作为学生，要学会把这些批评变成促进自己发展的动力。即使面对错误的批评，我们也不能失去理智，而是要变委屈为动力，推动自己前进。要知道，只有自己各方面的表现优秀，才是对老师错误批评的最好反驳。

第五节　防止早恋指导

"早恋"是当代中国本土概念，它是这样界定的：发生在生活、经济上尚未完全独立，同时距离法定结婚年龄尚有很长一段时间的少年群体里的恋爱行为。高中及高中以下的学生谈恋爱，应该算是早恋。因为他们在经济上尚未独立，他们的生活还不能完全自立，他们的年龄还离法定的最低婚龄相差很远，当然他们的心理上也很不成熟。这样一个身心都正在成长中的孩子，如果谈恋爱将会出现很多问题。

一、早恋的危害

中学时期，由于学生年龄小、思考问题不全面、自制力较差，对什么是真正的爱情、怎样才能赢得真正的爱情之类的问题的认识往往是朦胧的、含糊不清的。因此，过早涉足爱河容易迷失方向，种下"苦果"。尽管如此，依然有许多职校生朋友迷恋着苦果外面的那层糖衣，于是，往往是"甘尽苦来"，一切都悔之晚矣。职校生早恋这颗包着糖衣的"苦果"，到底对少男少女们有什么样的危害呢？

1）早恋危害职校生的身心健康。首先，从身体健康方面来看，由于早恋，往往使同学们陷入情网之中不能自拔，将大部分时间花在谈恋爱上，因而忽视了体育锻炼。而且，由于早恋的同学情绪不够稳定，好冲动，自控力较差，常常会产生焦虑、烦躁、疑惑、嫉妒等不良情绪。

其次，从心理角度看，早恋的同学都经历过一个极其复杂的心理过程，其间既有欣喜，也有百思不解、难以倾诉的苦闷。这些同学的恋爱承受着家长、教师的压力和同学们的"白眼"，还有恋人的挑剔和故意的非难。同时，早恋的职校生课后很难与恋人见面，但又抑制不住对对方的思念，这时，他们往往会沉湎于幻想，在幻想中寻求慰藉。此外，有极个别的学生在早恋中，由于抑制不住冲动而与异性朋友发生性关系，这对职校生的心理健康的影响是很大的。有的同学跨越雷池之后，顿觉"爱情原来就是如此"，而萌发厌倦生活的念头；有的学生则将社会的道德、责任抛到一边，疯狂地追求性刺激。由于这些痛苦的心境和不健康思想的存在，使得这些职校生的道德感、人生价值观和世界观受到严重扭曲。

2）早恋对职校生的学习干扰极大。成千上万的实例告诉我们，沉湎于早恋的同学多数都是沿着"感情直线上升、成绩直线下降"的轨迹运动的。然而，有些向往或陷入早恋的职校生却认为只要热恋的两个人志同道合，就不会影响学习。大量事实表明，这种看法是幼稚、糊涂、错误的。因为在早恋的小河中常常会波澜叠起、旋涡环生——早恋的职校生时常要经受"白眼"和失败的折磨！这对于涉世不深、意志薄弱、情感易于冲动的职校生本来就是一种"超负荷"运载。沉重的早恋几乎要压垮学生稚嫩的心灵，在这样的情况下无心学习、成绩下降，是十分自然的。

3）早恋容易使职校生产生越轨行为。职校生容易冲动，自我控制能力差。热恋中的少男少女往往不能控制自己的感情而过早地发生两性关系。更严重的是有些男生让对方怀孕后，陷入到一种极端恐惧和痛苦的境地之中，既不敢让家长、老师知道，也不愿让同学知道，而去求助于一些江湖骗子堕胎，使许多女生因此而再次失身，演出一幕幕堕落、出走、自杀的悲剧。年轻的职校生朋友们，应当警惕啊！越雷池一步必定要付出惨重的代价，成为早恋的牺牲品！

4）早恋有可能导致犯罪。职校生过早涉及爱情，也会给社会带来不安定因素。流氓、斗殴、盗窃等社会现象的发生，有很大一部分与学生的早恋有关。职校生年轻气盛，不肯轻易吃亏，特别是在女朋友面前，更不愿意丢脸。他们往往会因为对方对女朋友说了一句不礼貌的话，做出了一个不雅的举动而丧失理智，大打出手，甚至聚众斗殴，以显示自己的本事，以致违法犯罪。从另一角度看，职校生恋爱还需要有物质上的消费，但他们的经济依赖于父母或他人，自己还不能自立，在从初恋到结婚的一段"马拉松"式的恋爱期间，需要相当的一笔金钱花费，而父母所能提供的一点零花钱又往往满足不了他们的需要。这种情况下，职校生很容易误入歧途，诱发偷和抢的念头，最后锒铛入狱。

二、早恋心理危机的预防

1）树立正确的恋爱观。当你面对突如其来的"爱"时，不要感觉羞耻，也不要惊慌，这是青少年成长时期一种很正常的行为。但你也应明白，爱情是男女双方最真挚的爱慕，目的是结婚、建立家庭，并要求双方承担一定的道德义务和社会责任，付出相当的时间和精力，绝不是赶时髦的事情。在学习阶段，青少年心理尚不成熟，学业没有结束，职业没有选定，经济也没有独立，尚不具备组建家庭生儿育女的条件，没有能力兑现和承诺爱情带来的义务和责任。如果此时闯入爱情领域，带有很大的盲目性、冒险性和冲动性。过早地恋爱，也容易分散学习精力，耽误大好的学习时光，而且由于青少年的身心发育不健全，其社会阅历、生活经验不足，难以处理早恋中出现的一系列复杂的感情问题，很容易草率行事，造成终生遗憾。这也是许多老师、家长反对早恋的主要原因。

【案例 3-12】因争男友打架被判刑

在校高中生小丽与小芳因争夺男友一直相互不服气。某日晚，在放学回家的路上，两人又发生争执，并动手打了起来。小丽的朋友李某得知自己的朋友被"欺负"，叫上了徐某等几个同学，小芳也纠集了 21 岁的社会人员陈某、年仅 16 岁的高中生何某和 17 岁的高中生牟某等几个很要好的朋友。双方大打出手，小芳一伙追砍徐某后逃离现场。被砍伤的徐某当晚被送到浙江省新华医院抢救。徐某的性命算是保住了，但全身多处受伤，并出现了失血性休克。经杭州市刑事科学技术研究部检验，徐某全身多处受伤并有多处锐器击伤，左侧尺骨骨折，双手活动功能部分受限。公安机关陆续将何某、陈某以及牟某抓获。由于三名犯罪嫌疑人归案后认罪态度较好，故予以从轻处罚，并且针对本案中的三名被告有两名是未成年人，法院依法不公开开庭。对三人分别判决如下：判处陈某有期徒刑三年、何某有期徒刑两年、牟某有期徒刑一年零六个月。

2）明确学习任务。在职校阶段，同学们的主要任务是发展职业能力，掌握就业时所需的技能，学会与人和睦相处，巧妙解决人际间的矛盾，处理好人际间的情感变化。因此，当你面对"爱"的来临时，既要承认这种感情的客观性，又要防止它的扩散与变质，在顺应中学会应对；控制这种情感的发生与发展，要用理智战胜感情，或者把这份感情深埋心底，等到长大成人、心智成熟后再看有无继续的可能。

3）正确处理恋爱问题。爱情中包含有性的成分，性爱是爱情的自然基础，爱情的最终归宿是走向两性结合，成为终身伴侣。爱情对性的欲望有一种自然抑制力，它是真爱与性爱的分水岭。如果不能正确处理恋爱中性的问题，不能保持人格独立性，或者对性的无知，很有可能会导致怀孕、堕胎，将给身心带来极大的伤害，对将来的婚姻生活带来很大的影响。

4）提倡男女同学间正当交往。提倡男女生集体交往，如春游、社会实践活动、体育竞赛、文艺活动等，不提倡男女生单个交往；提倡男女生在校内交往，不提倡男女生在校外、尤其在娱乐场所交往；提倡男女生交往多谈学习、工作等健康内容，不提倡男女生交往谈吃、谈穿、谈玩；提倡男女生交往讲究文明，举止言辞得体，不提倡男女生交往动手动脚、肢体接触；提倡男女生交往在现实环境中进行，不提倡男女生在网上交往；提倡男女生交往时主动听取长辈的指导，不提倡男女生背着长辈特别是监护人交往。

三、早恋心理危机的应对

1）形成健康的恋爱心理。爱情是一种崇高的感情，是个人内心世界圣洁的情愫。爱情中体现着真、善、美。爱情是真的，它是真情的自然流露；爱情是善的，它不容忍任何邪恶的念头闪现，不容许有任何自私的念头；爱情是美的，是人类一切美好理想的源泉。但是，美好的爱情并不是轻而易举获得的，两人从相识后的相互了解到相恋后的相互适应、从单相思的焦虑到恋爱受挫的痛苦，积累的负面情绪常常会影响到学习、生活的各个方面，甚而导致许多不良后果。因此，形成健康的恋爱心理，培养健康稳定的恋爱行为，处理好恋爱与学业的关系，显得尤为重要。

2）学会巧妙拒绝。当对方的要求是你不能实现或不愿满足的时候，你应该学会巧妙地拒绝。正常而艺术性的拒绝是不会影响同学间的感情的，反而有利于同学的关系。当别人对你示爱时，不要慌乱，要慢慢抑制自己的兴奋，明确地表示自己的态度。如果你觉得自己无法处理好这件事，可以悄悄地寻求你信任的长辈的帮助，让他们指导你渡过难关。

3）理智地对待恋爱挫折。恋爱挫折的主要表现为失恋。摆脱失恋的痛苦，需要外界的帮助，但更重要的是提高自己的心理承受力，增强心理适应性。失恋固然不是幸事，然而不是志同道合、个性契合的恋爱对象，及早分手也并非坏事。失恋也并非羞耻之事。恋爱一次成功固然可喜，但这毕竟只是可能性，所以谈恋爱就要有谈不成的心理准备。如果能从失恋中发现自己的不足，并积极进取，那倒是从失恋中受益。

4）正确处理单相思。单相思是人类爱的本能的一种形式，是人类渴望情爱的一种正常的心理反应。单相思并非建立在男女双方相恋的基础上，只是个人的主观意愿。面对单相思，最明智的办法是及时斩断情丝，收回自己的爱。因为爱是相互的，人家对你并无爱恋之心，如果执迷不悟，带给你的只能是痛苦与烦恼。当你发现自己单相思时，你应该把自己的感情及时转移到其他方面上去，通过移情和移境，把自己的注意力放到工作、学习和自己的兴趣爱好等方面。经过一段时间的磨砺，你就会慢慢克服单相思的迷惘。

【案例 3- 13】单相思——苦涩的李子

　　某高中三年级学生胡某在离高考前两个多月时，突然向班主任提出退学。经班主任详细地询问，该学生向班主任说明了原因。原来，他喜欢上班里的一名女生，但女生对此一无所知，而且平时并未流露出对他的爱意，甚至相当冷淡。他现在十分烦躁不安，根本无心学习，认为考上大学更是天方夜谭，因此想退学。班主任给他做了许多思想工作，也谈了青春期心理健康问题，教他一定要学会控制和调整自己的情绪和心理。胡某说他也知道这些道理，但他仍不能控制自己不去想她。于是班主任建议他去跑操场，也许跑累了，能把注意力转移到其他方面上去。跑完操场后，胡某说仍旧不能控制自己。班主任想到学校里有一片李子林，那时李子只有小指头的大小。班主任想了想说，你自己种下的苦果只能自己尝，我允许你去摘几个李子尝尝那苦涩的滋味，也许你会明白单相思的痛苦就如苦涩的李子一样。于是，他跑去摘了三个小李子，吃第一个李子时，他的眼泪就开始流下来了，吃第二个、第三个时，眼泪可以说是尽情地流，不知道到底是因为李子的苦涩使他流泪，还是单相思的苦涩使他流泪。最后班主任建议他回去好好想一想，以后的道路该如何走。后来，他没有再向班主任提出退学，而是全身心地投入到学习中，用学习来冲淡心中的杂念，结果他考上了被他认为是"天方夜谭"的大学。

 **知识链接**

受欢迎的男孩和女孩

以下是《少男少女》杂志从全国 6 万份调查表中得出的结论：

一、最让男孩欣赏的女孩

1. 脸上经常有微笑、温柔大方的女孩；
2. 活泼而不疯癫、稳重又不呆板的女孩；
3. 清纯秀丽、笑起来甜甜的女孩；
4. 心直口快、朴素善良、随和的女孩；
5. 聪颖、善解人意的女孩；
6. 纯真不做作的女孩；
7. 能听取别人意见、自己又有主见的女孩；
8. 坦然、充满信心和朝气的女孩；
9. 不和男生打架的女孩；
10. 长头发、大眼睛、说话斯文的女孩。

二、最令男孩讨厌的女孩

1. 扮老成、一副老谋深算样子的女孩；
2. 长舌头、对小道消息津津乐道的女孩；
3. 自以为是、骄傲自大的女孩；
4. 啰啰嗦嗦、做事慢吞吞的女孩；
5. 小心眼、爱大惊小怪的女孩；
6. 疯疯癫癫、不懂自重自爱的女孩；
7. 总喜欢和男孩找碴吵架的女孩；
8. 容易悲观、动不动就流眼泪的女孩；
9. 把打扮自己和传播别人小事当"正业"的女孩；
10. 自以为"大姐大"、笑起来鬼叫一样的女孩。

三、最受女孩欢迎的男孩

1. 大胆、勇敢的男孩；
2. 幽默、诙谐的男孩；
3. 思维敏捷、善于变通的男孩；
4. 好学、敏捷的男孩；
5. 团结同学、重友情的男孩；
6. 集体荣誉感强的男孩；
7. 有主见的男孩；
8. 热心助人的男孩；
9. 有强烈上进心的男孩；
10. 勇于承担责任、有魄力的男孩。

四、女孩最不喜欢的男孩

1. 满口粗言滥语的男孩；
2. 吹牛皮的男孩；
3. 小气、心胸窄的男孩；
4. 粗心大意的男孩；
5. 过于贪玩的男孩；
6. 喜欢花钱的男孩；
7. 小小成功便沾沾自喜的男孩；
8. 有时过于随便，得过且过的男孩；
9. 遇突发事件易鲁莽冲动的男孩；
10. 不做家务的男孩。

思考与练习题

1. 职校生心理健康的标准有哪些？
2. 如何培养职校生的健康心理？

3. 试分析一下自己在哪几种智能上有特长？

4. 在学习中如何激发自己的学习动机？

5. 为了以后找个合适的工作岗位，职校生应该如何做好各种准备？

6. 试想一下将来你会从事什么工作？

7. 当你和同学闹矛盾时，试一试"空椅子技术"。

8. 同学间如何正确地相处？

9. 当受到老师批评时，如何正确处理？

10. 职校生如何树立正确的恋爱观？

11. 如何正确对待失恋和单相思？

第四章

日常生活安全

第一节 食物中毒的预防及急救措施

人的健康与饮食的卫生关系重大。日常饮食中，我们除了要根据自身的情况合理调配食谱外，更应加倍注意食物中毒问题。

一、食物中毒的类型

吃了被细菌污染或含有毒素的食物而发生的疾病称为食物中毒。食物中毒按其原因可分为细菌性食物中毒、有毒动植物食物中毒和化学性食物中毒三类。

1）细菌性食物中毒。细菌性食物中毒多发生在夏秋季节，多因为食物没有烧熟煮透、放置时间过长或操作中不注意卫生，被细菌或其毒素污染而引起。容易被细菌污染的食物有肉、鱼、蛋、乳及其制品，如烧、卤肉类；还有凉菜、剩余饭菜等。

污染食物的细菌大多为致病能力很强的病菌，包括致病大肠杆菌、沙门氏菌、葡萄球菌和肉毒杆菌等。它们或是在大肠里大量繁殖引起急性感染，或是在食物中释放毒素，被肠道吸收后引起中毒反应。

 【案例4-1】市民食用"优美滋"蛋糕中毒事件

2019年7月26日下午，安徽省池州市一女子报警，其丈夫和女儿在食用当地"优美滋"蛋糕店生产的"香蕉奶露"蛋糕后，出现呕吐腹泻、高烧现象，立即到医院就诊。7月29日下午，经池州市市场监督管理局调查，共有22人在食用当地"优美滋"蛋糕店生产的"香蕉奶露"蛋糕后出现不适症状，其中10人留院观察，3人住院治疗，其他9人随诊。到7月31日20时仍有32人住院治疗，病人病情稳定。经医疗、疾控等相关部门检测，此次聚集性食源性疾病事件致病主要原因为沙门氏菌污染优美滋蛋糕店"香蕉奶露"产品，引起进食者出现急性胃肠炎。

2）有毒动植物食物中毒。误食本身含有毒素的河豚、发芽的马铃薯、生扁豆、腐烂的甘蔗、有毒的蕈及蘑菇或腐烂变质的青皮红肉的鱼类如金枪鱼、青鱼、池鱼等，会导致中毒。食物烹调不当、加热处理不够也会引起中毒。

 【案例4-2】扁豆未炒熟引发中毒事件

北京某中学学生在家帮母亲做饭，把扁豆择洗完已快到吃晚饭的时间了，因此，她把扁豆放在锅里匆匆炒了炒，放了点盐就出锅了。饭后10时许，全家人呕吐不止，经过抢救，中毒的全家人得以脱险康复。又经一天的紧急化验，中毒事件才真相大白。原来是扁豆在加工制作的过程中，由于时间短，扁豆产生的氢氰酸等剧毒物质未来得及分解，而使人中毒。

【案例 4-3】陕西安塞学生食物中毒事件

某日晚，陕西安塞县某中学学生食物中毒。当晚，学生在学校的食堂用餐后，出现了腹痛和呕吐现象。到第 2 天早上，身体出现强烈反应的学生达 36 名，学校紧急将他们送医。医生怀疑与进食豆角和放置时间较长的土豆有关。

3）化学性食物中毒。化学性食物中毒是指食用了被农药（含砷、有机磷、有机氯）或有色金属化合物和亚硝酸等污染的食品而引起的中毒。如被农药污染的蔬菜、水果；受有毒藻类污染的海产贝类等。家庭中常见的杀虫剂，使用不慎也容易造成化学性食物中毒。

【案例 4-4】长春大学校园中毒事件

某日早晨，长春大学部分学生在食用了早餐中的炒饭后，陆续出现恶心、呕吐、头晕、胸闷、指甲发黑等症状。8 时许，这些学生陆续被送往吉林省前卫医院和吉林大学第一临床医院就诊。截至下午 14 时，共有 144 名学生出现中毒症状。经检验科医师检测，发现学生血液中含有亚硝酸盐成分，判定此次事件是亚硝酸盐中毒。

【案例 4-5】食用含"瘦肉精"猪肉中毒事件

某日，浙江省余杭市第一医院、临平镇中心卫生院一下子涌进数十位病人，其中有 63 人因食用含"瘦肉精"的猪肉而中毒。"瘦肉精"又称盐酸克伦特罗，也称氨哮素、克喘素，人食用少量就会中毒，而浙江省疾控中心检测中毒病人食用的猪肉中瘦肉精的含量较高。

二、食物中毒的预防

日常生活中要注意饮食卫生，否则就会传染疾病，危害健康，"病从口入"这句话讲的就是这个道理。要预防食物中毒，就要注意以下几个问题：

1）注意个人卫生，饭前便后要洗手。在吃饭前应把手洗净，尤其是在上过洗手间或接触过不干净的物品（如钱币、宠物）之后。当手上有伤口不方便用餐时，最好用绷带包扎伤口或戴上密封手套。

2）生吃瓜果要洗净。瓜果蔬菜在生长过程中不仅会沾染病菌、病毒、寄生虫卵，还有残留的农药、杀虫剂等，如果不清洗干净，不仅可能染上疾病，还可能造成农药中毒。

3）不随便吃野菜、野果、野生的蘑菇。野菜、野果的种类很多，其中有的含有对人体有害的毒素，缺乏经验的人很难辨别清楚，只有不随便吃野菜、野果，才能避免中毒，确保安全。因为一些野果和野生的蘑菇有很强的毒性，误食后很容易造成中毒。

4）不喝生水、不吃腐烂变质的食物。食物腐烂变质，味道就会变酸、变苦，散发出异味儿。这是因为细菌大量繁殖引起的，吃了这些食物会造成食物中毒。

5）购买食品时，看清楚所购买的食品（特别是一些熟食制品）是否在保质期内，防护是否符合卫生要求，是否按特定的贮存要求存放。不要到一些没有卫生许可证的小摊点吃东西，不要食用来路不明的食物。

6）选择新鲜、安全的食品和食品原料。切勿购买和食用腐败变质、过期和来源不明的食品；切勿食用发芽马铃薯、野生蘑菇、河豚鱼等含有或可能含有有毒有害物质的原料加工制作的食品。

7）肉及家禽在冷冻之前按食用量分切，烹调前充分解冻。制作肉、奶、蛋及其制品时，加热要彻底；四季豆、豆浆等应烧熟煮透，保证食品的所有部分的温度至少达到 70℃；烹调后的食品应在两小时内食用。

三、食物中毒的急救措施

对于严重的食物中毒者，必须尽快送附近的医院救治，并且马上向所在地的卫生监督所或防保所、疾病预防控制中心报告，同时注意保护好中毒现场，就地收集和封存一切可疑食品及其原料，禁止转移、销毁。对轻度食物中毒者，可按下列方法开展急救：

（1）催吐　如果食物吃下去的时间在一两个小时之内，可采取催吐的方法。

1）取食盐 20 克，加开水 200 毫升，冷却后一次喝下。如不吐，可多喝几次，以促进呕吐。

2）用鲜生姜 100 克捣碎取汁，用 200 毫升温水冲服。

3）如果吃下去的是变质的荤食品，可服用十滴水或藿香正气水来促进呕吐。

4）可用筷子、手指刺激咽后壁，促其呕吐。

（2）导泻　如果吃下去食物已超过两个小时，且精神尚好，则可服用些泻药，促使中毒食物尽快排出体外。

（3）解毒　如果是吃了变质的鱼、虾、蟹等引起食物中毒，可取食醋 100 毫升，加水 200 毫升，稀释后一次服下。若是误食了变质的饮料或防腐剂，最好的急救方法是饮用鲜牛奶或其他含蛋白质的饮料。

第二节　煤气中毒的预防及急救措施

煤气中毒通常指的是一氧化碳中毒。一氧化碳无色无味，常在不知不觉中侵入呼吸道，通过肺泡的气体交换，进入血液，并流经全身，造成中毒。在现代家庭发生的有害气体中毒事件中，煤气中毒是最常见的一种。在煤气中毒者中，多是居住平房的城市居民和外地民工，他们冬天用煤炉取暖，还有的是因为使用煤气取暖或用燃气热水器洗澡而发生煤气中毒。

一、煤气中毒的类型

煤气中毒主要指一氧化碳或液化石油气、管道煤气、天然气中毒，前者多见于冬天用煤炉取暖、门窗紧闭、排烟不良时；后者常见于液化灶具泄漏或煤气管道泄漏等。煤气中毒时，病人最初感觉为头痛、头昏、恶心、呕吐、软弱无力，当他意识到中毒时，常挣扎下床开门、开窗，但一般仅有少数人能打开门，大部分病人会迅速发生抽搐、昏迷，两颊、前胸皮肤及口唇呈樱桃红色，如救治不及时，可很快呼吸抑制而死亡。煤气中毒依其吸入空气中所含一氧化碳的浓度、中毒时间的长短，常分为三种类型：

1) 轻型。中毒时间短，血液中碳氧血红蛋白为 10% ~ 20%。表现为中毒的早期症状，头痛眩晕、心悸、恶心、呕吐、四肢无力，甚至出现短暂的昏厥。一般神志尚清醒，吸入新鲜空气、脱离中毒环境后，症状迅速消失，一般不留后遗症。

2) 中型。中毒时间稍长，血液中碳氧血红蛋白占 30% ~ 40%。在轻型症状的基础上，可出现虚脱或昏迷，皮肤和黏膜呈现煤气中毒特有的樱桃红色。如抢救及时，可迅速清醒，数天内完全恢复，一般无后遗症。

3) 重型。发现时间过晚，吸入煤气过多，或在短时间内吸入高浓度的一氧化碳，血液碳氧血红蛋白浓度常在 50% 以上。病人呈现深度昏迷，各种反射消失，大小便失禁，四肢厥冷，血压下降，呼吸急促，会很快死亡。一般昏迷时间越长，后果越严重，常留有痴呆、记忆力和理解力减退、肢体瘫痪等后遗症。

 【案例 4-6】 一氧化碳引发的中毒事件

某月，发生在山西蒲县的学生集体意外死亡的原因已查明，6 名小学生为一氧化碳中毒死亡。调查人员证实，南曜村教学点学生宿舍是一间大房子，中间用木板隔成两间，一间住学生，一间放有一台 3 000 瓦的发电机。由于中间木板密封效果不好，发电机工作过程中排放的一氧化碳流入学生宿舍，致学生中毒而死。

二、煤气中毒的预防

预防煤气中毒，主要在于提高警惕性。

1) 家庭生活中使用煤炭要烧尽，不要闷盖。在烧木炭、煤炭时要安装烟筒排气，打开门窗通风，尤其是睡前要将炭火盆和煤炉搬出房间，这样就完全可以避免煤气中毒的发生。

 【案例 4-7】 煤饼炉家中取暖引发的中毒事件

郑某是某校机电班学生，高三实习期间在某齿轮制造有限公司做数控车工。某日星期天，郑某回家休息，午饭后到邻村理发店理发，并准备洗澡。因家中没有卫生间，天又冷，郑某取来一只煤饼炉放到房中取暖。中午 14 时左右，郑某进入房间洗澡，15 时左右其姐给其打过手机无人接听。晚上 20 时左右，在城区踩三轮车的父亲回家，发现家中两道门都紧闭，郑某的摩托车也停在家中。其父感觉不对，遂破门而入，发现郑某已倒在地上，嘴边吐有白沫，上身还穿着棉毛衫，煤饼炉中的火已熄灭。郑父赶紧叫救护车，急救人员赶到查看时，发现郑某已死亡。

2）点火炉后的残留物形成煤渣，易堵塞烟道，要定期清理和检查烟道，保持烟道结构严密、通风良好。

3）天然气热水器或煤气、燃煤、燃油设备等不应放置于家人居住的房间或通风不良处。使用天然气热水器时，不要密闭房间，要保持良好的通风，洗浴时间切勿过长。当你一人在家使用煤气时，一定要注意察看。独自在家时，尽量不要使用煤气热水器洗澡。

 【案例4-8】使用煤气热水器洗澡引起的中毒事件

某月，某职校高三女生，星期六晚上在家洗澡。她家的卫生间建在楼梯转角处，地面较滑，用的是煤气热水器。该女生进去两个小时后，她父母发现她还没有洗好澡，就叫她，她没有回答。于是母亲就打开浴室门，发现女儿已经倒在地上，连忙打120急救电话把她送到医院，但经抢救无效身亡。据调查分析，该女生可能是因为洗澡时间过长，造成一氧化碳中毒引起头昏，再加上地面较滑，她不小心摔倒，撞到浴室的把手上，导致身亡。

某日，广西柳州市柳江区穿山镇一名13岁男孩因昏迷被家人送到医急救。据了解，患者用煤气热水器洗澡，因其洗澡过久，其家属遂开门查看，发现患者已倒地，立即送院急诊，诊断为一氧化碳中毒死亡。

4）使用管道煤气时，要防止管道老化、跑气、漏气。烧煮东西时，防止火焰被扑灭，导致煤气溢出。煤气具应放在耐火材料上面，周围切勿放置易燃品。自动点火的灶具在连续未点燃时，应稍等片刻再点火。

5）睡觉前，要注意关严煤气开关。一旦你感到呼吸越来越困难、头昏眼花、四肢无力，或是厨房传出一种臭鸡蛋气味的特殊臭气，便可判定是煤气泄漏。这时你应赶紧打开门窗通风，自己站在上风处。如果你没有力气来做这些的话，应拨110报警或给有你家门钥匙的亲属拨电话告急，注意不要开关电灯和启闭其他电器，不要划火柴等。

6）不要在车库内发动汽车或开启车内空调后在车内睡觉，避免含大量一氧化碳的废气侵入车内引起中毒。

 【案例4-9】紧闭的空调车内引发的中毒事故

某日上午9时许，安康高新区长岭南路中段非机动车道上，一男子在自己的私家车内不幸死亡，被发现时已过三天。经过警方初步调查，该男子死亡原因为封闭车厢内开启空调后，吸入发动机排放的过量一氧化碳所致。

某日，娄底的邓先生一直开着空调紧闭窗户待在车内休息。当同伴中午去叫醒他时，发现他已经脸色发青，全身冰凉，没有了生命迹象。

某日上午，安康市平利县八仙镇某村发生一起4人意外死亡事故。经警方调查核实，4人因在车窗紧闭的皮卡车内休息时间过长，一氧化碳中毒身亡。

某日，湖南怀化市2名男子因在车内开空调睡觉导致大脑缺氧死亡。

三、煤气中毒的急救措施

1）将中毒者安全地从中毒环境内抢救出来，迅速转移到清新空气中。

2）若中毒者呼吸微弱甚至已停止，应立即进行人工呼吸，人工呼吸应坚持两小时以上；如果患者曾呕吐，人工呼吸前应先消除口腔中的呕吐物；如果心跳已停止，应进行心脏复苏。

3）赶快供氧。供氧应持续到中毒者神志清醒为止。

4）如果中毒者昏迷程度较深，可将地塞米松 10 毫克加在 20% 的葡萄糖液 20 毫升中缓慢静脉注射，并用冰袋放在头颅周围降温，以防止或减轻脑水肿的发生，同时转送医院，最好是送到有高压氧舱的医院，以便对脑水肿患者进行全面有效的治疗。

5）如有肌肉痉挛，可肌肉或静脉注射安定 10 毫克，并减少肌体耗氧量。

第三节　用电的安全常识

电是人类现代化生活中不可缺少的能源，它在给我们带来光明、让我们享受种种便利的同时，也会因为使用不当或不慎而引发触电事故，给我们带来痛苦和灾难。

一、触电的预防

1）认识了解电源总开关，学会在紧急情况下关断总电源。不要用手或导电物（如铁丝、钉子、别针等金属制品）去接触、探试电源插座内部。电源插头、插座应布置在幼儿接触不到的地方，并经常给家中的老人和孩子讲解家庭安全用电常识，增强老人和孩子的自我保护能力。

2）家庭用电应装设合格的漏电保护器。家用电器在使用时，应有良好的外壳接地，室内要设有公用地线，线路接头应确保接触良好、连接可靠。

 【案例 4-10】 金属窗未接地引发的雷击触电事件

某日，伴随一声振聋发聩的响雷，一道闪电犹如一把邪恶的利剑插入重庆市开县义和镇兴业村小学的教室，吞噬了 7 名正在上课的孩子的生命。这 7 人包括 6 个女孩、一个男孩，一起被击倒的还有 44 名同学。事故调查小组调查结果显示：这些小学教室遭受雷击时，伴有球形雷的发生。当雷直接击中教室金属窗时，由于该金属窗未做接地处理，雷电流无处泄放，靠近窗户的学生就成了雷电流泄放入地的通道，雷电流的热效应和机械效应导致学生死亡。

3）湿手不能触摸带电的家用电器，不能用湿布擦拭使用中的家用电器。要避免在潮湿的环境（如浴室）下使用电器，更不能让电器淋湿、受潮。因为这样不仅会损坏电器，还会发生触电危险。电器长期搁置不用，容易受潮、受腐蚀而损坏，重新使用前需认真检查。

【案例 4-11】浴室内给手机充电引发的触电事故

2017 年 7 月 12 日美国墨西哥州拉温顿 14 岁的科尔因手机触电不幸身亡。亲属表示，事故的原因可能是当她在浴缸泡澡时，想给手机充电，或拿起正在充电的手机，结果导致自己触电身亡。

2019 年 06 月 11 日，被喻为俄罗斯的「最性感扑克玩家」诺维科娃被发现于寓所浴室猝死，怀疑在使用吹风机或手机时意外触电身亡，事发当日距离其 27 岁生日仅 4 天。

两个案例给大家带来警示，千万不要在洗澡的时候在浴室中放置任何容易触电的物品，避免悲剧的发生。

4）搬动家用电器时，应先切断电源。不要私拉乱接电线，不随意拆卸和安装电源线路、插座、插头等。发现家用电器损坏，应请经过培训的专业人员进行修理，自己不要拆卸，防止发生电击伤人。进行家用电器修理，必须先切断电源。

【案例 4-12】带电移动扬谷扇引发的触电事故

某日 14 点左右，某公司机修工任某在制冷车间搬动一台扬谷扇，由于没有拔掉扬谷扇的电源插头，结果在搬移过程中发生触电，经抢救无效身亡。

5）电器使用完毕后应拔掉电源插头。插、拔电源插头时不要用力拉拽电线，以防止电线的绝缘层受损造成触电。电线的绝缘皮剥落，要及时更换新线或者用绝缘胶布包好。

6）使用电熨斗、电烙铁等电热器件，必须远离易燃物品，用完后应切断电源。电加热设备上不能烘烤衣物。家用电热设备、暖气设备一定要远离煤气罐。使用中发现电器有冒烟、冒火花、发出焦糊异味等情况，应立即关掉电源开关，停止使用。遇有家用电器着火，应先切断电源再救火。

【案例 4-13】一个电熨斗烧毁一个厂

某日早 8 时，张某、林某、李某、徐某和杨某一同加班，烫熨腈纶背心。8 时 52 分，供电部门停止供电。16 时张某下班时，忘记了切断自己使用的电熨斗的电源。17 时 45 分，供电部门恢复送电，到 23 时 15 分，由于电熨斗长时间通电过热，点燃可燃物，酿成重大火灾事故。火灾共烧毁厂房 568 平方米和机械设备 110 台（件）、纺织品 7.81 万余件及其他辅助材料，共计价值 53.11 万余元。该厂检验员张某的行为触犯《刑法》第 114 条之规定，构成重大责任事故罪，人民法院依法判处张某有期徒刑一年，缓刑一年。

7）严禁在高低压电线下打井、竖电视天线和钓鱼。发现电线断落时，无论其带电与否，都应视为带电，应与电线断落点保持足够安全的距离，并及时向有关部门报告。

【案例 4-14】 高压线下钓鱼两人丧命

某日上午，朱某和往常一样到离家不远的一个小水塘去钓鱼。但是没过多久，噩耗传到了家人的耳中：朱某在钓鱼时，因鱼竿碰到高压线而触电身亡。就在朱某的家人悲痛欲绝地赶往现场时，另一个不幸的悲剧又发生了——同村人王某把朱某抬上赶来的救护车之后，去收拾现场的东西，但是当他在收好鱼竿后再去拿旁边的一袋鱼时，不小心又触到了那根高压线，又一条无辜的生命就这样在瞬间离开了最需要他的亲人。

8）遇到雷雨天气，要停止使用电视机、电脑等电器设备，并拔下室外天线插头，防止遭受雷击。

【案例 4-15】 雷击引发电器损坏事件

某日上午 7 时 10 分，某镇上空乌云滚滚、电闪雷鸣。随着"轰"的一个炸雷，部分住户的电视机、电冰箱、空调等家用电器都遭到雷击，损失惨重，数十部电话也成了"哑巴"。其中损失最严重的是朱某家，房顶的脊瓦被击飞 100 多块，墙壁出现多条裂缝，大的都能伸进去拳头；家里的电灯、饮水机、电子钟、电视机、电冰箱、电话等凡是带"电"的东西，全部遭雷击损坏。朱某说，早晨出门时，为防雨，他把所有门窗都关得严严实实的，想不到还是遭了雷击。

9）使用电动工具如电钻等，必须戴绝缘手套。

二、触电的急救措施

1. 迅速脱离电源

人触电以后，可能由于痉挛、失去知觉或中枢神经失调而紧抓带电体，不能自行脱离电源。使触电者尽快脱离电源是救活触电者的首要因素，帮助触电者脱离电源的方法有下面几种：

1）当有人在室内发生触电事故时，切不可惊慌失措，应立即打开电闸闸刀，拔掉插头，以切断电源。

2）在室外电源不明或有带电的电线触及人体时，可用绝缘的物体（如木棒、竹竿、扁担、擀面杖、塑料棒、干燥的衣服、手套、绳索等）将电线移开，使触电者脱离电源，也可用带绝缘柄的电工钳或用有干燥木柄的斧头等切断电线，或用干木板等绝缘物插入触电者身下，以隔断电流。如地面是湿的，要穿上塑胶长靴，在未切断电源或者触电者未脱离电源时，切不可触摸触电者，以免触电。

3）脱离电源后，人体的肌肉不再受到电流的刺激，会立即放松，触电者可能会摔倒，造成新的外伤（如颅底骨折等），特别是在高空遭电击时，轻者会出现恶心、心慌、头晕和短暂的意识丧失情况，严重的电击伤可使人休克、心跳骤停，甚至死亡。

2. 触电的现场急救方法

当触电者脱离电源后，应根据触电者的具体情况，迅速地对症救治。对于需要救护者，应按下列情况分别处理：

1）如果触电者伤势不重、神志清醒，但有些心慌、四肢发麻、全身无力，或触电者曾一度昏迷，但已清醒过来，应使触电者安静休息，不要走动，注意观察并请医生前来治疗或送往医院。

2）如果触电者伤势较重，已经失去知觉，但心脏跳动和呼吸尚未中断，应使触电者安静地平卧，保持空气流通，解开其紧身衣服以利呼吸；若天气寒冷，应注意保温，并严密观察，速请医生治疗或送往医院。

3）如果触电者伤势严重，呼吸停止或心脏跳动停止，或二者均已停止，应立即施行人工呼吸和胸外按压急救，并速请医生治疗或送往医院。

应当注意的是急救应尽快开始，不能等候医生的到来；在送往医院的途中，不能中止急救。现场应用的主要方法是人工呼吸法和胸外心脏按压法。

人工呼吸法是在触电者呼吸停止后应用的急救方法。各种人工呼吸法中，以口对口（鼻）人工呼吸法效果最好，而且简单易学，容易掌握。施行人工呼吸前，应迅速解开触电者身上妨碍呼吸的衣服，取出口腔内妨碍呼吸的杂物以使呼吸道畅通。施行口对口（鼻）人工呼吸（图4-1）时，应使触电者仰卧，并使其头部充分后仰，鼻孔朝上，口张开，以使其呼吸道畅通。口对口（鼻）人工呼吸法的操作步骤如下：

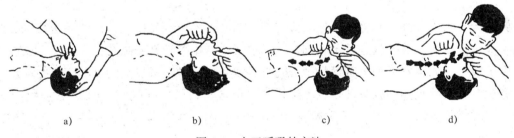

a)　　　　　　　　b)　　　　　　　　c)　　　　　　　　d)

图4-1　人工呼吸的方法

① 使触电者鼻孔（或嘴唇）紧闭，救护人深吸一口气后自触电者的口（或鼻孔）向内吹气，时间约2秒。

② 吹气完毕，立即松开触电者的鼻孔（或嘴唇），同时松开触电者的口（或鼻孔），让他自行呼气，时间约3秒。

除口对口（鼻）人工呼吸法外，还有两种人工呼吸法，即俯卧压背法和仰卧压胸法。与口对口（鼻）人工呼吸法相比，这是两种比较落后的方法。口对口（鼻）人工呼吸法不仅简单易行，便于与胸外心脏按压法同时运用，而且换气量也比较大。口对口（鼻）人工呼吸法每次换气量约1 000～1 500毫升；仰卧压胸法每次换气量约800毫升；俯卧压背法每次换气量仅约400毫升。由此可知，在现场应优先采用口对口（鼻）人工呼吸法。

胸外心脏按压法（图4-2）是触电者心脏跳动停止后的急救方法。做胸外心脏按压时应使触电者躺在比较坚实的地方，姿势与口对口（鼻）人工呼吸的姿势相同。其操作方法如下：

① 救护人员位于触电者一侧，两手交叉相叠，手掌根部放置在正确的压点，即置于胸骨下 1/3~1/2 处。

② 应用力向下，即向脊背方向按压，压出心脏里的血液。对成人应每次压陷3~5厘米，每分钟按压60~70次。

③ 按压后迅速放松其胸部，让触电者胸部自动复原，心脏充满血液，放松时手掌不必离开触电者的胸部。应当指出，心脏跳动和呼吸过程是互相联系的。心脏跳动停止了，呼吸也将停止；呼吸停止了，心脏跳动也持续不了多久。一旦呼吸和心脏跳动都停止了，应当同时进行口对口（鼻）人工呼吸和胸外心脏按压。如果现场仅一人抢救，两方法应交替进行：先吹气2~3次，再按压10~15次，而且可把频率逐步提高一些，以保证抢救效果。

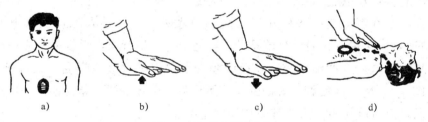

a)　　　　　　b)　　　　　　c)　　　　　　d)

图4-2　胸外心脏按压法

施行人工呼吸和胸外心脏按压抢救应坚持不断，切不可轻易中止，即使在送往医院的途中也不能中止抢救。在抢救过程中，如发现触电者皮肤由紫变红、瞳孔由大变小，就说明抢救收到了效果；如果发现触电者嘴唇稍有开合，或眼皮活动，或喉头间有咽东西的动作，则应注意触电者的呼吸和心脏跳动是否已经恢复。触电者自己能呼吸时，即可停止人工呼吸。如果人工呼吸停止后，触电者仍不能自己维持呼吸，则应立即再做人工呼吸。

第四节　游泳的安全常识

游泳无疑是大家所喜欢的一项运动，它不但能消暑解热，而且还能锻炼身体，有益于身心健康。但大部分学校没有游泳池，所以很多同学会到江、河、湖、海、溪、塘等地方去游泳。为此，学校应明确要求学生不到无安全设施、无救护人员的水域游泳；不擅自与同学结伴去不熟悉的水域游泳；不在无家长或老师带领下私自下水游泳。学生应学习游泳安全知识，提高安全意识和自护自救能力，做到警钟长鸣，严防溺水事故的发生。

一、溺水的预防

掌握游泳安全知识，可以避免溺水事故的发生。

1）不要独自一人外出游泳，更不要到不知水情或比较危险且易发生溺水伤亡事故的地方去游泳。对游泳场所（如水库、浴场）是否卫生，水下是否平坦，有无暗礁、暗流、杂草，水域的深浅等情况要了解清楚。

2）游泳前要做准备活动，也可用少量的冷水浇四肢，做好暖身运动，让身体尽快适应水温，以防抽筋。饥饿、饱食、过度劳累后不能游泳；饭后一小时才能下水游泳。

3）必须要有组织并在老师或熟悉水性的人的带领下去游泳，以便互相照顾。如果集体组织外出游泳，下水前后都要清点人数，并指定救生员做安全保护。

4）要清楚自己的身体健康状况，平时四肢就容易抽筋者，不宜参加游泳或不要到深水区游泳。镶有义齿的同学，应将义齿取下，以防呛水时义齿落入食管或气管。

5）对自己的水性要有自知之明，下水后不能逞能，不要贸然跳水和潜泳，更不能互相打闹，以免呛水和溺水；不要在急流和旋涡处游泳，更不要酒后游泳。

二、溺水自救的知识

如何保证游泳的健康和安全，避免溺水事件的发生呢？如果你对水情不熟而贸然下水，极易造成生命危险。万一不幸遇上了溺水事件，切莫慌张，应保持镇静，积极自救。自救的方法如下：

1）遇到意外要沉着镇静，不要惊慌，应当一面呼唤他人相助，一面设法自救。

2）游泳发生抽筋时，如果离岸很近，应立即出水，到岸上进行按摩；如果离岸较远，可以采取仰泳姿势，仰浮在水面上尽量对抽筋的肢体进行牵引、按摩，以求缓解。如果自行救治不见效，就应尽量利用未抽筋的肢体划水靠岸。抽筋急救的方法如下：

① 若是手指抽筋，则可将手握拳，然后用力张开，迅速反复几次，直到抽筋消除为止。

② 若是小腿或脚趾抽筋，先吸一口气仰浮水上，用抽筋肢体对侧的手握住抽筋肢体的脚趾，并用力向身体方向拉，同时用同侧的手掌压在抽筋肢体的膝盖上，帮助抽筋腿伸直。

③ 若是大腿抽筋，可采用拉长抽筋肌肉的办法解决。

3）游泳遇到水草，应以仰泳的姿势从原路游回。万一被水草缠住，不要乱踢乱蹬，应仰浮在水面上，一手划水，一手解开水草，然后仰泳从原路游回。

4）游泳时陷入旋涡，可以吸气后潜入水下，并用力向外游，待游出旋涡中心再浮出水面。

5）游泳时如果出现体力不支、过度疲劳的情况，应停止游动，仰浮在水面上恢复体力，待体力恢复后及时返回岸上。

6）游泳时如胸痛，可用力压胸口，等到稍好时再上岸；游泳中如果突然觉得身体不舒服，如眩晕、恶心、心慌、气短等，要立即上岸休息或呼救。

三、救护溺水者的方法

溺水者往往惊慌失措，会死命抓住一切能够得到的东西，包括拯救者。因此，只要有其他方法将溺水者拉到岸上，就不要下水去施救。当然，在万不得已的时候，在施救者有能力的前提下，可以下水施救。没有受过救生训练的施救者下水之前应该有思想准备，此时的溺水者的本能反应，可能使施救者力不从心，最终救人不成反而赔上性命。以下是一些下水施救的常识：

1）下水前应准备一块结实足够长的长条布或毛巾，还有救生圈。

2）如果决定下水救人，尽量不要让溺水者缠住。如在游向溺水者时，与溺水者正面相遇，必须立即采用仰泳迅速后退。

3）在溺水者抓不到处，将布或毛巾或救生圈递过去，让溺水者抓住一头，自己抓住另一头，拖着溺水者上岸。

4）切记，勿让溺水者抓住你的身体或四肢。若溺水者试图向你靠近，立即松手游开。

5）如必须用手去救，且溺水者十分惊慌失措，则应从背后接近溺水者，从背后把溺水者牢牢抓住，抓住溺水者的下巴，使溺水者仰面，让溺水者靠近自己的头，并用肘夹住溺水者的肩膀。

6）安慰溺水者，尽量让溺水者情绪稳定，采取仰泳的方式将溺水者拖回岸。

四、溺水的急救措施

溺水是常见的意外。一旦发现有人溺水，应该争分夺秒，立刻下水营救或求援。下面介绍几种溺水的急救方法：

1）将溺水者抬出水面后，应立即清除其口、鼻腔内的水、泥及污物，用纱布（手帕）裹着手指将溺水者的舌头拉出口外，解开其衣扣、领口，以保持呼吸道通畅，然后抱起其腰腹部，使其背朝上、头下垂进行倒水；或者抱起溺水者的双腿，将其腹部放在急救者肩上，快步奔跑使积水倒出；或急救者取半跪位，将溺水者的腹部放在急救者腿上，使其头部下垂，并用手平压其背部进行倒水。若溺水事故发生在农村，有条件者可将溺水者俯卧横放在牛背上，头脚下悬，赶牛行走，这样又控水、又起到人工呼吸的作用。

2）对呼吸停止的溺水者，应立即进行人工呼吸，一般以口对口吹气为最佳。急救者位于溺水者一侧，托起溺水者的下颌，捏住其鼻孔，深吸一口气后，往溺水者嘴里缓缓吹气，待其胸廓稍有抬起时，放松其鼻孔，并用一手压其胸部以助其呼气。如此反复并有节律地（每分钟吹 16~20 次）进行，直至溺水者恢复呼吸为止。

3）对心跳停止的溺水者，应先进行胸外心脏按压。让溺水者仰卧，背部垫一块硬板，头稍后仰，急救者位于溺水者一侧，面对溺水者，右手掌平放在其胸骨下段，左手放在右手背上，借急救者身体的重量缓缓用力，不能用力太猛，以防骨折，将胸骨压下 4 厘米左右，然后放松手腕（手不离开胸骨）使胸骨复原，反复有节律地（每分钟 60~80 次）进行，直到心跳恢复为止。

第五节　狂犬病的防治

一、狂犬病的危害

狂犬病是一种自然疫源性疾病，温血动物极易感染狂犬病病毒。不仅患狂犬病的狗是狂犬病的传染源，外貌健康的狗也可能携带狂犬病病毒，甚至家猫、野猫、狼、狐狸等动物都可能传染狂犬病。因此，被动物咬伤，甚至皮肤、黏膜等部位被动物的口舌舔过，都要妥善处理，千万别忘了及时、全程注射狂犬疫苗。我国的狂犬病患者约有 95% 为犬咬伤所致。人被携带狂犬病毒的动物咬伤后，发病潜伏期长短不一，大部分为半年之内，但最短的只有7 天，最长的可达 10 多年甚至几十年，有 71% 的人会在一个月内发病。狂犬病比艾滋病更可怕，因为艾滋病还有一个慢性过程，即使发病到了晚期，还有一些治疗手段可以延续病人的生命。但对于狂犬病，医生只能眼睁睁地看着病人死去。到目前为止，国际上还没有治疗狂犬病的特效办法。

狂犬病一旦发生，死亡率高达 97% 左右，但预防方法很有效。令人遗憾的是，大多发生狂犬病的病例，被狗咬伤后都没有注射过狂犬疫苗。

【案例 4-16】6 岁时遭狗咬，45 岁狂犬病发作

某日，某市人民医院接诊了一位病人胡某。胡某平常身体健壮，很少生病，那天是因为头晕、呕吐、发热，被送到医院急诊科，后出现胸闷气促、血氧分压下降等情况。医生在对胡某检查时发现了一个不起眼的细节：胡某不愿意吸氧，因为吹出的氧气让他"很难受"，这是"怕风"症状。后来医生又以让胡某喝水等方法对他进行测试，果然引出了"恐风""恐水"等典型症状。

经询问病史，胡某回忆起 39 年前，他才 6 岁，被一条土狗咬伤大腿的经历，并肯定地说，当时没有注射狂犬疫苗。经检查，胡某的大腿上还留有当年狗咬伤的疤痕。根据胡某的病史和临床表现，专家们很快得出了一致的结论：狂犬病！

5 月 8 日，胡某的病情急剧加重，表现为狂躁、喉头痉挛、呼吸困难，并很快发生呼吸、循环衰竭，于当天下午 2 点左右死亡。

【案例 4-17】男子被猫抓伤没在意数月后死亡

罗某是四川巴中市巴州区梁永镇的村民，65 岁。2017 年春节期间，罗某逗猫玩，没想到一不小心手被猫爪划破了皮肤，当时他没有注意，也没有进行处理。

2018 年 6 月，罗某突然出现反应迟钝等现象，随后家人将其送往巴中市中心医院检查，发现其脑萎缩和脑梗死，并伴有四肢发抖等症状。罗某的儿媳妇刘某告诉记者，当时考虑到公公已经 60 多岁，得这些病比较正常，所以一家人也没有想太多。然而在医院治疗几天后，

罗某的病情急转直下，已经无法行走。

8月12日，罗某转院到重庆第三军医大学新桥医院。转院后，罗某陷入昏迷状态，期间数次醒来，还出现了怕水、怕风及咬舌等症状。经核磁共振检查和化验发现，罗某的病症可能是疯牛病或者狂犬病。

"公公从来不吃牛肉，也没有被狗咬伤过。"刘某介绍道。医生通过排除，认为罗某极有可能是被猫抓后患上狂犬病。9月9日，罗某不治去世。

 【案例 4-18】打疫苗不及时，狂犬病发身亡

某年3月，慈溪一位年仅5岁的小女孩也被狂犬病夺去了生命。这位小女孩于3月1日傍晚，被自家养的三个月大的宠物狗抓伤了左脸部，出现了流血症状。三天后，小女孩才在家长的陪同下去注射狂犬疫苗。3月18日，小女孩共注射了四针狂犬疫苗，还有一针疫苗未注射，却出现了发热症状。3月20日，她被送进了慈溪市人民医院。此后，小女孩的伤口开始出现麻木症状，还表现出了兴奋及怕水、怕光、怕风等"三怕"症状。同时，小女孩的咽部出现了痉挛。医院虽全力抢救，小女孩还是不治身亡。

当地疾病预防控制中心专家认为，小女孩所表现的临床症状是一种典型的狂犬病症状。她之所以这么快死于狂犬病，主要原因是注射狂犬疫苗不及时。一般被狗咬伤或抓伤后，必须在24小时内注射疫苗。只有这样，病情才能得到有效的控制。另外，女孩被狗抓伤的部位太靠近脑部，使狂犬病发作的潜伏期大大缩短。

 【案例 4-19】被野狗咬伤患狂犬病身亡

某日，宁波市传染病医院一名狂犬病感染者项某突然狂性大发，双手抓住防盗窗猛拉，且不顾疼痛，用头撞、用脚踢房门、墙壁和防盗窗。没过多久，他头上和脚上就溅了很多血迹。更让人担心的是，他还伸出双脚，坐在窗台上想往下跳。他见东西就咬，完全失去理智。他还掀翻房间里的病床等物品，咬伤、抓伤妻子和护士。后来辛亏110民警和消防官兵赶来，和医生一起将其制服。

据介绍，项某是在慈溪被狗咬的。1年前，他在外面看到一条流浪的野狗，就用绳子将它拴住。在牵回暂住地的途中，他被那条狗给咬了一口。他当时也没在意，未及时注射狂犬病疫苗。没想到一年多过去了，项某突然发烧，在送到医院检查后，发现是狂犬病。

二、狂犬病的预防

对于狂犬病，人类目前能做的仅仅是预防，而无法治疗。专家特别提醒说，不管是疯狗还是健康狗，咬伤或舔人都有可能传染狂犬病，都足以致人死亡。所以，我们要从以下几个方面，认真做好狂犬病的预防工作：

1）慎吃狂犬病动物的肉。有时动物并没有发病，但却带有狂犬病毒，吃了患有狂犬病动物的肉，可能感染狂犬病。

2）慎接触携带病毒的动物。近年来的"宠物热"使一些地区狂犬病的发病率上升，大家应慎接触携带病毒的动物。

【案例 4-20】接触携带病毒的动物引起狂犬病

湖北一位农村女因等钱花，忍痛将自家爱犬卖掉。临别前，她忍不住亲吻了一下狗的嘴巴。一个月后，她即患狂犬病身亡。广东有一例刚出生3个月的婴儿患狂犬病而死，母亲在悲痛之余，回想起孩子在解大便后，曾由自家的小狗舔擦屁股。还有一例因长期与自家的猫同床睡觉，小猫无恙，而人患狂犬病死亡。

3）慎处理动物的皮毛及血液。剥患狂犬病动物的皮可能刺伤手或使干裂的手感染，因此患狂犬病的动物禁宰杀、剥皮吃肉，因为接触发病动物的血液和唾液是极易被感染发病的。

【案例 4-21】吃狂犬病狗咬伤的动物引起狂犬病

河北农村有一只疯狗咬伤了猪，猪又咬伤了鸭子，一位农民舍不得丢掉鸭子，在处理鸭毛过程中感染了狂犬病。

4）慎养"宠物"防狂犬病。纵观因"宠物热"而带来的狂犬病病例，肇事的狗几乎都是一两个月大的小狗。究其原因，就是人们总以为小狗小猫看起来温顺可爱，一般总不太会带狂犬病病毒，比起大狗大猫要安全些。所以，被小狗小猫蹭伤后，人们也不会像被大狗蹭伤后那样引起重视。另外，被狗咬伤或被猫抓伤的人，千万不要觉得自己"不会那么倒霉"或者自认为"我家狗挺好的，不打疫苗也没事"，以免造成终生遗憾。

狂犬病目前还无法治疗，但可以预防。关键是全社会都要重视，提高对狂犬病的警觉性。有关部门对养宠物要加强管理，因为狗和猫是狂犬病的主要传染源。家庭最好不要养犬，如必须喂养，应主动登记并进行预防疫苗接种。如犬已咬人，应捕捉隔离观察两周，如确定为狂犬病犬要立即击毙，并将尸体焚化或深埋。

三、被狗咬后的急救措施

1）及时、彻底清除伤口内的病毒。应立即挤出污血，用大量清水、20%肥皂水或0.1%的新苯扎氯铵溶液反复冲洗伤口，然后用3%的碘酒和75%的酒精消毒皮肤破损处。伤口一般不要缝合包扎，以便排血引流。

2）尽快去医院注射安全、高效的狂犬病疫苗。疫苗需要在被咬当天、第3天、第7天、第14天和第28天连续接种，共5针，不能跳过任何一次。接种完成注射程序后，还要抽血化验抗体，看有没有产生效果，如没有，还需再次注射疫苗。

3）若咬伤的是头颈、手指或咬伤严重时，除用疫苗外，还需用抗狂犬病免疫血清在伤口及周围局部浸润注射。这种血清能在体内和入侵的狂犬病病毒对抗，抑制其扩散，延长潜伏期。

【案例 4-22】 为省打疫苗的钱而患狂犬病身亡

　　41 岁的江某在看到儿子被一条流浪狗咬破腿后，救子心切，多次用嘴吸吮儿子伤口处的血液并吐出后，其儿子及时注射了狂犬疫苗，而江某自己却没有注射狂犬疫苗。一个月后，江某感觉身体不适，被医院确诊为狂犬病。24 日凌晨，江某不治身亡。

　　2013 年 8 月 19 日早晨，江某不到 20 岁的儿子小江正在门前打扫卫生，被一只看起来毫不起眼、浑身脏兮兮的黄色小型流浪狗咬伤左腿后侧下部的肌肉。看到儿子疼得直哼哼，江某心疼不已，他救子心切，急忙和家里人及邻居弄来热水冲洗了儿子的伤口。随后，江某作出了一个惊人的举动，他蹲下身，用嘴吸吮儿子伤口处，把里面的"毒血"吸出来，吐到地上。他一连吸、吐了七八口"毒血"，这才心安了些。随后，江某又把儿子送到最近的一家医院，由医生对伤口进行了处理，并及时注射了"狂犬疫苗"，这时距小江被狗咬伤约一个小时左右。

　　但江某自己却没有注射"狂犬疫苗"。江某还对邻居们说："给儿子打'狂犬疫苗'就行了。我打'狂犬疫苗'又要花钱，还要打几针，要忌吃这样、忌吃那样的。我就不打疫苗了，怎么会那么巧不打预防针就会得病啊？"一个活生生的生命为省打疫苗的钱就此作别！

第六节　艾滋病的预防

一、艾滋病的危害

　　艾滋病是一种危害大、死亡率高的严重传染病，但是是可以预防的。虽然目前尚无有效的疫苗和治愈药物，但已有较好的治疗方法，可以延长患者的生命，改善生活质量。

　　1）艾滋病的医学全称为"获得性免疫缺陷综合症"（英文缩写 AIDS），是由艾滋病病毒（医学全称为人类免疫缺陷病毒，英文缩写 HIV）引起的一种严重传染病。艾滋病病毒侵入人体后，破坏人的免疫功能，使人体易发生多种感染和肿瘤，最终导致死亡。

　　2）艾滋病病毒对外界环境的抵抗力较弱，离开人体后，常温下可存活数小时到数天。在 100℃下消毒 20 分钟可将其完全消灭，干燥以及常用消毒药品都可以杀灭这种病毒。

　　3）艾滋病病毒感染者及病人的血液、精液、阴道分泌物、乳汁、伤口渗出液中含有大量艾滋病病毒，具有很强的传染性。艾滋病病毒进入人体 2～12 周后才能从人体的血液中检测出艾滋病病毒抗体，但在检测出抗体之前，感染者已具有传染性。病毒感染者经过平均 7～10 年的潜伏期，发展成为艾滋病病人，他们发病前在外表上与常人无异，可以没有任何症状地生活和工作多年，但能将病毒传染给他人。

　　4）因为艾滋病病毒感染者的免疫系统受到严重破坏，当它不能维持最低的抗病能力时，感染者便发展成为艾滋病病人，会常出现原因不明的长期低热、体重下降、盗汗、慢性腹泻、咳嗽、皮疹等症状。

5）抗病毒药物和治疗方法虽不能治愈艾滋病，但实施规范的抗病毒治疗可有效抑制病毒复制，降低传播危险，延缓发病，延长生命，提高生活质量。一般需要在艾滋病防治技能培训医生的指导下，对艾滋病病人进行抗病毒治疗。

6）病人要坚持规范服药，治疗中出现问题应及时寻求医务人员的帮助，随意停药或不定时、不定量服用抗病毒药物，可能导致艾滋病病毒产生耐药性，降低治疗效果，甚至治疗失败。

7）目前还没有研制出有效预防艾滋病的疫苗。

二、艾滋病传播的途径

艾滋病通过性接触、血液和母婴三种途径传播，与艾滋病病毒感染者或病人的日常生活和工作接触不会被感染。

1）在世界范围内，性接触是艾滋病最主要的传播途径。艾滋病可通过性交的方式在男女之间和男性之间传播。性伴侣越多，感染艾滋病的危险越大。目前在我国共用注射器静脉吸毒是艾滋病的主要传播途径，但经性接触传播艾滋病的比例在逐年上升。

【案例4-23】因不洁性生活患艾滋病死亡

15岁的小李是长沙某中学高一学生，他通过网络认识重庆市某男性朋友，假日应邀到重庆玩，事先不知道网友是男男同性恋者。到重庆后，觉得好玩而接受重庆朋友男男性行为。回来后没多久，他发现肛门长包，到医院就诊，诊断为尖锐湿疣，再抽血检测，发现他还感染了艾滋病病毒。

小霞，女，14岁，大竹某中学学生，被确诊感染艾滋病。小霞平时厌学，成绩一直很差，虚荣心强，羡慕其他有男朋友的女生。从上初二起，她在别人的介绍下，认识了出手阔绰、风流倜傥的社会青年龙哥，对他心仪不已，主动投怀送抱，谈起了她人生的第一次恋爱，喜新厌旧的龙哥一个月后抛弃了她。小霞并未气馁和悲伤，不久又陷入了二次恋爱之中。不久以后小霞半个月高烧不止，只能住院治疗，当医生告诉她已经染上了艾滋病的时候，她顿时蒙了！小霞最终吞下了过早发生婚前无保护性行为以及滥交的恶果。

2）共用注射器静脉吸毒是经血液传播艾滋病的重要危险行为。输入被艾滋病病毒污染的血液或血液制品，使用未经严格消毒的手术、注射、针灸、拔牙、美容等进入人体的器械，都能传播艾滋病。

【案例4-24】因车祸输血感染了艾滋病

某年，31岁的地质学家因患有原因不明的腹泻、呕吐，并且体重明显减轻，被收住巴黎医院。3年前，他曾在海地住了很长时间。他曾在那里遭到一次严重的交通事故，并不得不被截去一只胳膊。在手术中，医生给他输了许多储存血。伤好出院后，他和妻子、女儿一同回到法国。3年后，他出现了一些病症：腹泻、疲倦、脐周无规律的疼痛，各种症状恶化，呕吐加水状腹泻，使他在很短的时间内，体重减少了10公斤。住院后，经各种检查，结果诊断为艾滋病。然而，上述症状并未被控制住，腹泻、呕吐、发烧和腹痛仍在加剧。终因陷入病情加剧而死亡。

3）感染了艾滋病病毒的妇女通过妊娠、分娩和哺乳，有可能把艾滋病传染给胎儿或婴儿。在未采取预防措施的情况下，约1/3的胎儿和婴儿会受到感染。

【案例4-25】婴幼儿受到艾滋病感染

美国一杂志曾报道过8个婴幼儿艾滋病病例，他们都出生在美国纽约附近的内瓦克地区，年龄最大的才8个月。其中一个男孩出生后身体很健康，后来他突然得了肺炎，而且病情很快恶化，引起了医生们的注意。经多方检查，结果为：脑电图有改变，显示大脑皮层萎缩；肺部活检证实有卡氏肺囊虫；血液检查发现T淋巴细胞减少。尽管医生们做了很大努力，但这个男孩的病情仍继续恶化，终于在出生后5个月就死亡了。在调查中，医生们发现他的父亲是个吸毒者，并同样也出现了T细胞减少的症状，而且口腔有白色念珠菌，这位父亲患的也是艾滋病。

4）在日常生活和工作中，与艾滋病病毒感染者或病人握手、拥抱、礼节性接吻、共同进餐、共用劳动工具、办公用品、钱币等不会感染艾滋病；艾滋病不会经马桶圈、电话机、餐饮具、卧具、游泳池或浴池等公共设施传播；咳嗽和打喷嚏不传播艾滋病；被蚊虫叮咬不会感染艾滋病。

三、艾滋病的预防措施

1）洁身自爱、遵守性道德。树立健康积极的恋爱、婚姻、家庭及性观念，是预防和控制艾滋病、性病传播的治本之路。婚前和婚外性行为是艾滋病、性病得以迅速传播的温床。卖淫、嫖娼等活动是艾滋病、性病传播的重要危险行为。有多个性伴侣者应停止其高危行为，以免感染艾滋病或性病，失去自己的健康和生命。青年人要学会克制性冲动，过早的性关系不仅会损害友情，也会对身心健康产生不良影响。夫妻之间彼此忠诚，可以保护双方免于感染艾滋病和性病。

2）正确使用安全套。正确使用质量合格的安全套不仅可以避孕，还可以有效减少感染艾滋病、性病的危险，而且每次性交都应该全程使用。除了正确使用安全套，其他避孕措施都不能预防艾滋病、性病。男性感染者将艾滋病传给女性的危险明显高于女性传给男性的危险，因此，妇女有权主动要求对方在性交时使用安全套。

3）拒绝毒品、珍爱生命。吸毒是一种违法行为，不仅严重危害吸毒者自己的健康和生命，也危害家庭和社会。与他人共用注射器吸毒的人感染艾滋病的危险特别大。与注射吸毒的人发生性行为时不使用安全套，也很容易感染艾滋病、性病。在注射吸毒人员中开展美沙酮维持治疗或针具交换，可切断因注射吸毒经血液传播艾滋病的途径。

【案例4-26】因毒瘾一家人染上艾滋病

我国台湾岛内每新增的3位艾滋感染者中，就有两位是因毒瘾染病，并且这种情况正在恶化中。台"卫生署"疾病管制局最近就发现，岛内北部地区有一家三兄妹的毒瘾者，因共用针具，在短短一年内彼此交叉感染艾滋病，并祸延各自的配偶及性伴侣，共导致6人染病。

4）避免血液传播艾滋病病毒。提倡无偿献血，杜绝贩血卖血，加强血液管理和检测，是保证用血安全的重要措施。严格筛选献血人员，劝阻有危险行为的人献血，是血液安全的重要保证。对血液和血液制品进行严格的艾滋病病毒抗体检测，才能有效防止艾滋病经采供血途径传播。尽量避免不必要的注射、输血和使用血液制品，必须使用时要选用检测合格的血液和血液制品以及血浆代用品或自身血液。使用一次性或自毁型注射器是防止艾滋病经血液传播的重要环节。如没有条件，注射器具必须做到一人一针一管、一用一消毒。酒店、旅馆、澡堂、理发店、美容院、洗脚房等服务行业所用的刀、针和其他能刺破或擦伤皮肤的器具，必须经过严格消毒。

知识链接

学校预防艾滋病健康教育处方
（教育部制定）

艾滋病（AIDS）全称为获得性免疫缺陷综合征。它是由艾滋病毒（HIV）引起的一种目前尚无预防疫苗、又无有效治愈办法、病死率极高的传染病。艾滋病病毒（HIV）通过严重破坏人体免疫功能，造成人们的抵抗力极度低下，最终致全身衰竭而死。艾滋病主要通过血液、精液、阴道分泌物、乳汁等体液传播。已证实的传播途径有三种：

1）性传播。通过异性或同性性行为传播。

2）血液传播。通过共用不消毒的注射器和针具注射毒品、输入含有艾滋病毒的血液制品、使用未经消毒或消毒不严的各种医疗器械（如：针具、针灸针、牙科器械、美容器械等）、共用剃须（刮脸）刀及牙刷等传播。

3）母婴传播。通过胎盘、产道和哺乳传播。

艾滋病不会通过空气、饮食（水）传播，不会通过公共场所的一般性日常接触（如握手、公共场所的座椅、马桶、浴缸等）传播，不会通过纸币、硬币、票证及蚊虫叮咬而传播，也不会通过游泳池传播。

虽然艾滋病是一种极其危险的传染病，但对于个人来讲是完全可以预防的，其主要预防措施为：

1）遵守法律和道德，洁身自爱，反对婚前性行为，反对性乱。

2）不搞卖淫、嫖娼等违法活动。

3）不以任何方式吸毒，远离毒品。

4）不使用未经检验的血液制品，减少不必要的输血。

5）不去消毒不严格的医疗机构打针、拔牙、针灸、美容或手术。

6）不共用牙刷、剃须（刮脸）刀。

7）避免在日常工作、生活中沾上伤者的血液。

8）根据国外的经验，正确使用安全套有助于避免感染艾滋病。

9）患有性病后应及时、积极地进行治疗，否则已存病灶会增加艾滋病感染的危险。

第七节　新型冠状病毒肺炎的预防

一、新型冠状病毒的危害

新型冠状病毒肺炎是一种急性感染性肺炎，其病原体是一种先前未在人类中发现的新型冠状病毒，即 2019 新型冠状病毒。2020 年 2 月 7 日，国家卫健委决定将"新型冠状病毒感染的肺炎"暂命名为"新型冠状病毒肺炎"，简称"新冠肺炎"。2 月 11 日，世界卫生组织（WHO）将其英文名称为 Corona Virus Disease 2019（COVID-19）。

新型冠状病毒是人类历史上遇到的最棘手、最出乎意料的病毒。这种病毒有七大特征，每一个特征都是人类原来没有想到的，但却是致命性的。

1）伪装性强。这种病毒可以伪装成没有症状，使感染者看起来像健康人一样，有些感染者看起来像是患了一般感冒、急性肠胃炎、急性咽喉炎等。

2）潜伏期超长。新冠病毒在患者体内的潜伏时间平均是 20 天，有些病例潜伏期长达 94 天，且潜伏期间仍具传染性。

3）传播途径多样。新冠病毒的传播方式几乎包括了各种传染病的传播途径，除了传统的飞沫传染外，还包括接触传染、呼吸道传染、空气传染。

4）变异性。新冠病毒的遗传物质结构是单链的，比其他病毒更容易产生变异。随着新冠肺炎在全世界范围传播，冰岛科学家竟然发现了新冠肺炎病毒出现了 40 个变种，使得疫苗开发的难度加大。

5）集众"毒"之所长。新冠病毒传染性比传染性非典型肺炎（SARS）强很多，致病性比流感重。有专家提出新冠病毒传染力是季节性流感的 3 倍，死亡率是其 10 倍。

6）攻击免疫系统。人类免疫系统是一套抵抗病毒与细菌感染的自我保护系统，或者说疾病抵御系统。一旦人体免疫系统崩溃，那就意味着人体解除武装，放弃抵抗，任由病毒吞噬。萨斯（SARS）只攻击肺，艾滋病（AIDS）只伤害免疫系统。而"新冠病毒"对危重症病人的损害，就像 SARS+AIDS。

【案例 4-27】截至 5 月 16 日全球新冠肺炎确诊达 4 425 485 例

根据新华社日内瓦 2020 年 5 月 16 日电：世界卫生组织 16 日的最新数据显示，中国以外新冠肺炎确诊达到 4 341 007 例。

世卫组织每日疫情报告显示，截止欧洲中部时产是 16 日 10 时（北京时间 16 时），中国以外新冠肺炎确诊病例较前一日增加 86 818 例，达到 4 341 007 例；中国以外死亡病例较前一日增加 4 940 例，达到 297 415 例。

全球范围内，新冠肺炎确诊病例较前一日增加 86 827，达到 4 425 485 例；死亡病例较前一日增加 4 940 例，达到 302 059 例。

【案例 4- 28】截至 5 月 16 日中国新冠肺炎确诊达 82 947 例

由国家卫生健康委报道：截至 2020 年 5 月 16 日 24 时，据 31 个省（自治区、直辖市）和新疆生产建设兵团报告，现在确诊病例 86 例（其中重症病例 10 例），累计治愈出院病例 78 227 例，累计死亡病例 4 634 例，累计报告确诊病例 82 947 例，现有疑似 4 例。累计追踪到密切接触者 739 545 人，尚在医学观察的密切接触者 4 724 人。

二、新冠肺炎的症状和传播途径

1. 新冠肺炎主要症状

新冠肺炎主要有以下几种症状：

1）无症状患者。少数人感染后不发病，仅可在呼吸道中检测到病毒。

2）一般症状患者。以发热、乏力、干咳为主要表现，少数伴有鼻塞、流涕、腹泻等症状。

3）轻症患者。仅表现为低热、轻微乏力等，无肺炎表现。

4）重症患者。多在发病 1 周后出现呼吸困难和（或）低血氧症，严重者快速进展为急性呼吸窘迫综合征、脓毒症休克、难以纠正的代谢性酸中毒和出凝血功能障碍等情况。

2. 新冠肺炎的主要传播途径

卫生防疫专家强调，目前可以确定的新型冠状病毒感染的肺炎传播途径主要为直接传播、气溶胶传播和接触传播。

1）直接传播是指患者喷嚏、咳嗽、说话的飞沫，通过呼出的气体近距离直接吸入而导致的感染。

2）气溶胶传播是指飞沫混合在空气中，形成气溶胶，吸入后导致感染。

3）接触传播是指飞沫沉积在物品表面，接触污染手后，再接触口腔、鼻腔、眼睛等粘膜，导致感染，例如扶手、电梯按钮、患者的手等地方。

【案例 4- 29】哈尔滨新冠传染链仍在延长！

截至 4 月 25 日 0 时，哈尔滨两家最大的三甲医院所发生的聚集性感染，相关的确诊病例、无症状感染者已超过 80 人。

回顾这起聚集性感染，先后在两家医院住院的 87 岁老人陈某，被认为是重要关键。目前发现的确诊病例、无症状感染者，几乎都是陈某住院期间的病友以及病友的家人、陪护人员、医生、护士。

4 月 2 日至 6 日，陈某因脑卒中在哈尔滨第二医院住院就诊，期间出现发热症状，但医院并未按规定进行核酸检测。随后，陈某被转至哈医大一院。接诊医生没有对陈某进行复查核酸，而陈某最终入住的呼吸科值班医生同样没有要求复查核酸，并直接将其安排到普通 8 人病房入住。同时，陈某君的陪护人员多达 3 人，远远超出了"一患一护"的规定。

哈尔滨市疾控中心调查发现，3 月 29 日，陈某曾与家人及儿子的朋友郭某等共 7 人聚餐。儿子的朋友郭某于 4 月 9 日确诊新冠肺炎，之后，陈某和两个儿子相继确诊。

调查人员摸排郭某的人际关系发现，其家庭内部成员曹女士是一名无症状感染者。她与 3 月 19 日从美国回国，居家隔离的留学生韩女士，住在同一单元的楼上楼下，二人可能曾共用一部电梯或因上下两层相邻的房屋结构，造成病毒传播。

 【案例 4-30】舒兰疫情传染链继续延长

截至 2020 年 5 月 14 日，吉林舒兰市的本土聚集性疫情已至少导致 29 人感染，其中 3 例为辽宁沈阳市跨省病例。舒兰目前有本地确诊病例的密切接触者 686 人，均在指定地点进行隔离医学观察。

5 月 8 日，吉林舒兰报告 1 例本地确诊病例，为一名 45 岁的舒兰市公安局洗衣女工。

随后，5 月 10 日、11 日、13 日、14 日、15 日五天内，吉林省卫健委连续再通报 25 例本地确诊案例，其中，舒兰市确诊病例 16 例、丰满区确诊病例 9 例，均与 5 月 8 日的通报病例有关联。

5 月 10 日，此次疫情出现首个跨省传播病例。患者郝某某为吉林市舒兰市聚集性疫情的关联病例。5 月 13 日，沈阳市新增 2 例郝某某的关联病例，分别为其同寝人员和同单位人员。

此次传染链中目前已知的首例病例是舒兰市公安局的一名洗衣工。公安局公安人员在 4 月 8 日到 30 日，接触到俄罗斯入境人员。中国疾控中心流行病学首席专家吴尊友此前称，或与俄罗斯入境病人有关，但也要先对病毒进行基因序列分析，观察同源性。他也认为洗衣工在洗公安制服的过程中被衣服感染不无可能。

三、新冠肺炎的防控

新型冠状病毒感染的肺炎是一种新发疾病，根据目前对该疾病的认识，可以从以下几方面，做好防护工作：

1. 尽量减少外出活动

1）避免去疾病正在流行的地区。

2）建议减少走亲访友和聚餐，尽量在家休息。

3）减少到人员密集的公共场所活动，尤其是空气流动性差的地方，例如公共浴池、温泉、影院、网吧、KTV、商场、车站、机场、码头、展览馆等。

2. 个人防护和手卫生

1）外出佩戴口罩。外出前往公共场所、就医和乘坐公共交通工具时，佩戴医用外科口罩或 N95 口罩。

2）随时保持手卫生。减少接触公共场所的公共物品和部位；从公共场所返回、咳嗽手捂之后、饭前便后，用洗手液或香皂流水洗手，或者使用含酒精成分的免洗洗手液；不确定手是否清洁时，避免用手接触口鼻眼；打喷嚏或咳嗽时，用手肘衣服遮住口鼻。

3. 健康监测与就医

1）主动做好个人与家庭成员的健康监测，自觉发热时要主动测量体温。家中有小孩的，要早晚摸小孩的额头，如有发热要为其测量体温。

2）若出现可疑症状，应主动戴上口罩及时就近就医。若出现新型冠状病毒感染可疑症状（包括发热、咳嗽、咽痛、胸闷、呼吸困难、轻度纳差、乏力、精神稍差、恶心呕吐、腹泻、头痛、心慌、结膜炎、轻度四肢或腰背部肌肉酸痛等），应根据病情，及时到医疗机构就诊。并尽量避免乘坐地铁、公共汽车等交通工具，避免前往人群密集的场所。就诊时应主动告诉医生自己的相关疾病流行地区的旅行居住史，以及发病后接触过什么人，配合医生开展相关调查。

4. 保持良好卫生和健康习惯

1）居室勤开窗，经常通风。

2）家庭成员不共用毛巾，保持家居、餐具清洁，勤晒衣被。

3）不随地吐痰，口鼻分泌物用纸巾包好，弃置于有盖垃圾箱内。

4）注意营养，适度运动。

5）不要接触、购买和食用野生动物（即野味）；尽量避免前往售卖活体动物（禽类、海产品、野生动物等）的市场。

6）家庭备置体温计、医用外科口罩或 N95 口罩、家用消毒用品等物资。

第八节　其他传染病的预防

一、肝炎的预防措施

通常所说的"肝炎"，一般是指有传染性的病毒性肝炎，是由肝炎病毒引起的一组疾病。目前已经确定的引起传染性肝炎的病毒有 5 种，即甲、乙、丙、丁、戊型肝炎病毒，分别会引起甲型肝炎（甲肝）、乙型肝炎（乙肝）、丙型肝炎（丙肝）、丁型肝炎（丁肝）、戊型肝炎（戊肝）。我国是肝炎高发区，在各种传染性肝炎中，乙肝对人的健康威胁最大。我国人群中的乙肝表面抗原阳性率为 9.75%，约有 1.2 亿人，占世界乙肝病毒感染人数的 1/3，其中慢性乙肝病人约 3 千万，而且乙肝病毒可通过母婴传播方式传给婴儿和儿童，影响下一代的健康。我国每年新增的各种病毒性肝炎病人约为 230 万，死于肝炎或肝炎相关并发症者数以万计。每年我国用于治疗病毒性肝炎的费用相当可观。

肝炎的预防措施主要有以下几点：

1）甲肝、戊肝的预防，防止"病从口入"是关键。

2）家中有乙肝患者，其他家庭成员应到医院检测乙肝两对半和肝功能，不要和患者共用漱口用具、剃须刀等。

3）丙肝的预防目前无疫苗可用，主要预防措施如下：

① 选择性手术时应用自身血液输注。

② 吸毒者应尽量避免和别人共用注射器，一人一次一针，使用过的注射器放到指定地点。

③ 避免有多个性伴侣或性生活时采取保护性措施。

二、淋病的预防措施

淋病是淋病双球菌（淋球菌）引起的泌尿生殖系统化脓性疾病。淋病在世界上广泛流行，是目前传染病例中发病率最高的一种。淋病的主要传播途径是通过性交的方式。成人中的淋病，几乎 99% 以上是由于不洁性交传染的。淋病的潜伏期是 3~5 天。间接接触也可能感染淋病，如接触被污染的衣裤、床上用品、毛巾、浴盆、马桶等。淋球菌离开人体后，很容易死亡，用加热、干燥等方法或用一般的消毒剂，都能很快杀死淋球菌。因此，日常生活接触中的淋病传染是很少见的，在游泳池、公共浴室淋浴，一般也不会被传染上淋病。

淋病的预防措施主要有以下几点：

1）洁身自好，杜绝不洁性接触。

2）夫妻一方患有淋病，另一方也要同时检查治疗，并与家人分床、分被褥，不要再同房。

3）患者的衣物，尤其是内裤要用开水烫洗，或用消毒液浸泡后再洗，被褥可在日光下暴晒 2 小时。

4）使用卫生间、浴室后，要用消毒液仔细清洗双手后，再做其他事情。

5）接触患者的东西或接触患者经常接触的床、门、桌椅后，要仔细洗手。

三、非典型肺炎的预防措施

传染性非典型肺炎，简称"非典"，是在中国广东首先出现的一种新的传染病。目前公认"非典"的病原体是一种变异的冠状病毒（又称"非典"病毒）。根据世界卫生组织（WHO）确认的资料，最早的病例发现于 2002 年 11 月 16 日。目前已有 30 多个国家报告发现了非典型肺炎病例，报告病例数较多的国家和地区主要有中国内地、中国香港、新加坡、加拿大、越南和美国等。

"非典"的预防措施主要有以下几点：

1）注意住处的通风换气。通风换气是最好的空气消毒方法。

2）注意远离病原体，正确使用预防药物。

3）合理消毒。可用 0.5% 的碘酒溶液、75% 的酒精、0.2% 的过氧乙酸溶液消毒。

4）正确洗手。洗手反复搓揉，每遍时间不少于 30 秒，重复两三遍。

5）正确使用口罩。在家中、睡觉、体育运动时，均没有必要戴口罩。

6）讲究个人卫生，锻炼身体。

四、流行性感冒的预防措施

流行性感冒简称流感，有极强的传染性。流感一旦发生，可以在很短的时间内横扫全球。最早记载流感的是古希腊医学家希波克拉底，1580 年的流行性感冒使马德里几乎成空城。1918 年，一场号称瘟疫的流感袭击了人类，超过 25% 的美国人受到感染。据称美国海军有 40% 的人员、陆军有 36% 的人员患病，全球因此次流感死亡的人数估计在 2 000 万~1 亿之间，超过了人类历史上任何一种疾病的死亡人数。该次流感的危险性是普通流感的 25 倍，感染者的死亡率是 2.5%。

流感的预防措施主要有以下几点：

1）坚持适当锻炼，提高抗病能力；注意劳逸结合，避免过度疲劳。

2）起床后，开窗透气，用淡盐水漱口；避免在室内吸烟，通风是最好的消毒方法。

3）冬天外出时穿好衣服，若室内外温差较大，宜在门口适当停留片刻。

4）坚持多饮水，每天进餐时适量吃醋和大蒜。

5）养成良好的卫生习惯，做到不随地吐痰以减少流感的传播机会。

6）注射流感疫苗。

五、细菌性痢疾的预防措施

细菌性痢疾简称菌痢，是一种古老的疾病。国外有关痢疾的记述始于古希腊希波克拉底时代，以后欧洲各国医学著作中陆续记载此病，19 世纪曾出现全世界菌痢大流行。菌痢在我国是仅次于肝炎的第二大传染病，是国内分布最广的腹泻病。

菌痢的预防措施主要有以下几点：

1）将患者用过的物品煮沸或蒸汽消毒 15 分钟。

2）不能煮沸或蒸汽消毒的物品在烈日下暴晒 3 小时以上。

3）用过氧乙酸（过醋酸）消毒。

4）加强个人卫生，防止"病从口入"。

六、红眼病的预防措施

红眼病医学上称为急性结膜炎，是一种急性传染性眼病，以夏季多见。红眼病可分为细菌性结膜炎和病毒性结膜炎两类，其临床症状相似，但流行程度和危害性以病毒性结膜炎为较重。2002 年 7 月初，福建、广东、海南等地相继出现红眼病，并在 8 月中旬突然暴发，形成了近年来规模最大的一次发病。

红眼病的预防措施主要有以下几点：

1）尽可能避免与病人及其使用过的物品接触，如洗脸毛巾、脸盆等。

2）尽量不去公共场所，如游泳池、影剧院、商店等。

3）对毛巾等个人用品或公用物品要注意消毒（煮沸消毒）、隔离。

4）注意个人卫生，尤其要保持手的清洁，不要用手揉擦眼睛。

七、霍乱的预防措施

霍乱早在 1817 年以前就在印度次大陆的恒河三角洲及中国雅鲁藏布江下游汇合处的孟加拉河流域地区流行，故该病一度被称为"亚洲霍乱"。《中华人民共和国传染病例防治法》规定，霍乱属于甲类传染病，俗称"2 号病"。霍乱对我国来说是一种外来的传染病，1820年霍乱第一次世界大流行期间，由印度首次传入我国。

霍乱的预防措施主要有以下几点：

1）喝开水或经过消毒的水。

2）进食熟透的、热的食物，避免吃未经过加工的海鲜和其他食物。

3）不喝未经高温消毒的牛奶。

八、禽流感的预防措施

禽流感是家禽流行性感冒的简称，是甲型流感病毒某些亚型的毒株引起的禽类的一种传染性疾病，被国际兽疫局定为 A 类传染病，又称真性鸡瘟或欧洲鸡瘟。不仅是鸡，其他如鸭、鹅等家禽以及野生候鸟，都能感染禽流感。

禽流感的预防措施主要有以下几点：

1）加强体育锻炼，多休息，避免过度劳累，不吸烟。

2）发生疫情时，应尽量避免与禽类接触，禽肉、禽蛋等食物应煮熟再吃。

3）保持室内空气流通，尽量少去空气流通不畅的场所。

4）注意个人卫生，勤洗手。

5）禽流感病毒对乙醚、氯仿、丙酮等有机溶剂以及热和紫外线均很敏感，可根据情况进行消毒。

6）一旦出现发热症状，应及时到医院发热门诊就诊。

九、甲型 H1N1 流感的预防措施

甲型 H1N1 流感（猪流感）的症状与其他流感的症状类似，包括发热、咳嗽、咽痛、头痛、全身肌肉酸痛、寒战和乏力，有些患者可能还有呕吐和腹泻症状，严重者会发生重症肺炎、呼吸衰竭和死亡，还可能会加重基础病如心血管病、高血压、脑血管病等。

甲型 H1N1 流感的预防措施主要有以下几点：

1）适当增加户外活动和锻炼，保持足够的睡眠，减少自身的压力；均衡饮食、合理营养、喝充足的水，注意做好防寒保暖。

2）保持手部清洁，要用流动的水和肥皂勤洗手。如没有明显污垢时，可用酒精搓手消毒。尽量避免手部接触眼睛、鼻及口。

3）打喷嚏或咳嗽时应遮掩口鼻。不要随地吐痰，如要吐痰应将分泌物包好，弃置于有盖垃圾箱内。

4）保持空气流通。与预防普通感冒一样，房间要开窗通气，避免去空气污浊、人员杂多的封闭空间。

5）尽量避免和患感冒的病人接触。尽量少去人口密集的公共场所，必要时，佩戴高过滤性的口罩，能有效预防病毒。

思考与练习题

1. 如何防止食物中毒？
2. 对轻度食物中毒者可按哪些方法实施急救？
3. 如何预防煤气中毒？
4. 煤气中毒时采取哪些措施进行急救？
5. 如何预防触电？
6. 试述口对口人工呼吸法的操作步骤。
7. 如何预防溺水事故的发生？
8. 救护溺水者的方法有哪些？
9. 如何预防狂犬病？
10. 被狗咬后应采取哪些急救措施？
11. 艾滋病的传播途径有哪些？
12. 艾滋病的预防措施有哪些？
13. 新冠病毒有哪三类特点？
14. 试述新冠病毒通用的防治方法。
15. 如何预防肝炎？
16. 如何预防流行性感冒？
17. 如何预防红眼病？

第五章

交通安全

第一节　道路交通事故

交通安全问题已成为"地球人"共同关心的重要话题，因为世界上每分钟都有人死于交通事故。

一、道路交通事故的定义

道路交通事故是指车辆驾驶人员、行人、乘车人以及其他在道路上进行与交通有关活动的人员，因违反《中华人民共和国道路交通管理条例》（以下简称《道路交通管理条例》）或其他道路交通管理法规、规章，过失造成人身伤亡或者财产损失的事故。

二、道路交通事故的分类

1. 按交通事故后果的严重程度分类

此分类方法划分的依据是直接经济损失折款额度、人员的伤害程度和受伤人数以及死亡人数。

1）轻微交通事故。它是指一次造成轻伤 1 至 2 人，或者财产损失机动车事故不足 1 000 元，非机动车事故不足 200 元的事故。

2）一般交通事故。它是指一次造成重伤 1 至 2 人，或者轻伤 3 人以上，或者财产损失不足 3 万元的事故。

3）重大交通事故。它是指一次造成死亡 1 至 2 人，或者重伤 3 人以上 10 人以下，或者财产损失 3 万元以上不足 6 万元的事故。

4）特大交通事故。它是指一次造成死亡 3 人以上，或者重伤 11 人以上，或者死亡 1 人、同时重伤 8 人以上，或者死亡 2 人、同时重伤 5 人以上，或者财产损失 6 万元以上的事故。

2. 按照事故的对象分类

从交通事故的对象来分，道路交通事故可分为车辆间事故、车辆对行人的事故、车辆对自行车的事故、车辆单独事故、车辆与固定物的碰撞事故以及铁路道口事故等。

1）车辆间事故即为车辆与车辆碰撞的事故，包括正面碰撞型、追赶碰撞型、侧面碰撞型以及接触性碰撞型等。

2）车辆对行人的事故包括车辆在车行道或人行道轧死、撞伤行人的事故，也包括车辆闯出路外所发生的轧死、撞伤人的事故。

3）车辆对自行车的事故包括机动车辆在机动车行车道和自行车道轧死、撞伤骑自行车人的事故。

4）车辆单独事故包括翻车事故以及坠入桥下或江河的事故。

5）车辆与固定物碰撞事故是指车辆与道路上的作业结构物、路边的灯杆、交通标志杆、广告牌杆、建筑物以及路旁的树木等相撞的事故。

　　6）铁路道口事故是指车辆或行人在铁路道口被火车撞死、撞伤的事故。

3. 按照事故的发生状况分类

　　按照事故的发生状况，可将交通事故分为驶出道事故、路上非碰撞事故和路上碰撞事故等。有的更进一步将碰撞事故分为角碰、追尾碰、迎面碰、后退碰等。

4. 按照事故的第一当事人分类

　　事故按这种方法可分为货车事故、客车事故、摩托车事故、非机动车事故、行人事故等。

5. 按照损害结果分类

　　按损害结果，事故可分为死人事故、伤人事故、物损事故、混合型事故等。

三、道路交通事故的特征

　　发生交通事故不分时间、不分地点，从交通事故发生的情况分析来看，交通事故有以下特征：

　　1）交通事故具有突发性。交通事故无论对交通事故的一方、两方、多方，还是他们的亲属及工作单位来说，都是突发性的，毫无思想准备，特别是给亲属带来突如其来的打击，危害极大。

　　2）交通事故涉及面的广泛性。在交通事故中，每死伤一人，一般都会直接或间接地涉及和损害到 5~6 个家庭。

　　3）交通事故具有极强的社会性。用句形象的话来说："你不撞别人，但别人可能撞到你。"无论什么人，都存在着死伤于交通事故的可能性，只有提高安全防范意识，才能把伤害降低到最低限度。

　　4）交通事故险情具有频发性。据有关资料分析，在我国，每个机动车驾驶员每天都要遇到许多险情，如果险情处理不当，都可能发生交通事故。

第二节　交通信号和交通标志

　　根据《道路交通管理条例》，对交通信号、交通标志和交通标线有如下规定。

一、交通信号

　　交通信号分为指挥灯信号、车道灯信号、人行横道灯信号、交通指挥棒信号、手势信号。

1. 指挥灯信号

　　1）绿灯亮时，准许车辆、行人通行，但转弯的车辆不准妨碍直行的车辆和被放行的行人通行。

2）黄灯亮时，不准车辆、行人通行，但已越过停止线的车辆和已进入人行横道的行人，可以继续通行。

3）红灯亮时，不准车辆、行人通行。

4）绿色箭头灯亮时，准许车辆按箭头所示方向通行。

5）黄灯闪烁时，车辆、行人须在确保安全的原则下通行。

以上规定亦适用于列队行走和赶、骑牲畜的人。

2. 车道灯信号

1）绿色箭头灯亮时，本车道准许车辆通行。

2）红色叉形灯亮时，本车道不准车辆通行。

3. 人行横道灯信号

1）绿灯亮时，准许行人通过人行横道。

2）黄灯闪烁时，不准行人进入人行横道，但已进入人行横道的，可以继续通行。

3）红灯亮时，不准行人进入人行横道。

4. 交通指挥棒信号

1）直行信号。右手持棒举臂向右平伸，然后向左曲臂放下，准许左右两方直行的车辆通行；各方右转弯的车辆在不妨碍被放行车辆通行的情况下，可以通行。

2）左转弯信号。右手持棒举臂向前平伸，准许左方的左转弯和直行的车辆通行；左臂同时向右前方摆动时，准许车辆左小转弯；各方右转弯的车辆和T形路口右边无横道的直行车辆，在不妨碍被放行的车辆通行的情况下，可以通行。

3）停止信号。右手持棒曲臂向上直伸，不准车辆通行，但已越过停止线的，可以继续通行。

5. 手势信号

1）直行信号。右臂（左臂）向右（向左）平伸，手掌向前，准许左右两方直行的车辆通行；各方右转弯的车辆在不妨碍被放行车辆通行的情况下，可以通行。

2）左转弯信号。右臂向前平伸，手掌向前，准许左方的左转弯和直行的车辆通行；左臂同时向右前方摆动时，准许车辆左转弯；各方右转弯的车辆和T形路口右边无横道的直行车辆，在不妨碍被放行车辆通行的情况下，可以通行。

3）停止信号。左臂向上直伸，手掌向前，不准前方车辆通行；右臂同时向左前方摆动时，车辆须靠边停车。

车辆、行人必须遵守交通标志和交通标线的规定。车辆和行人遇有灯光信号、交通标志或交通标线与交通警察的指挥不一致时，服从交通警察的指挥。

二、交通标志

道路交通标志和标线是用图案、符号、文字传递交通管理信息，用以管制及引导交通的一种安全管理设施。《道路交通标志和标线》规定的交通标志分为七大类。

1）警告标志。警告车辆和行人注意危险地点的标志。其形状多为正等边三角形，颜色为黄底、黑边、黑图案。

2）禁令标志。禁止或限制车辆、行人交通行为的标志。其形状通常为圆形，个别为八角形或顶点向下的等边三角形，颜色通常为白底、红圈、红斜杆和黑图案。"禁止车辆停放标志"为蓝底、红圈、红斜杆。

3）指示标志。指示车辆、行人行进的标志。其形状为圆形、方形，颜色为蓝底白图案。

4）指路标志。传递道路方向、地点、距离的标志。其形状，除地点识别标志、里程碑、分合流标志外，为长方形或正方形；其颜色，一般道路为蓝底白图案，高速公路为绿底白图案。

5）旅游区标志。提供旅游景点方向、距离的标志。

6）道路施工安全标志。通告道路施工区通行的标志。

7）辅助标志。附设于主标志下起辅助说明使用的标志。

三、交通标线

道路交通标线是由标划于路面上的各种线条、箭头、文字、立面标记、突起路标和轮廓标等构成的交通安全设施，其作用是管制和引导交通。它可以与交通标志配合使用，也可单独使用。交通标线按功能可分为三类。

1）指示标线。指示车行道、行车方向、路面边缘、人行道等设施的标线。

2）禁止标线。告示道路交通的通行、禁止、限制等特殊规定，是车辆驾驶人员及行人需要严格遵守的标线。

3）警告标线。促使车辆驾驶人员及行人了解道路上的特殊情况，提高警觉，准确防范，及时采取应变措施的标线。

注：常见的道路交通标志图见附录 A。

第三节　行走安全

在我国，交通事故等意外伤害已经成为引发青少年死亡的第一死因。据调查，因交通事故死亡的人员中，每 100 人中就有 13 名行人。走路违反交通法规，就会惹大祸！违规过马路的现象，每天都在发生：有的人顶着车流横穿马路，如入"无人之境"；有的行人过马路不走斑马线，硬是闯红灯、跨护栏，不注意路上车辆，这些都会造成交通事故。

一、行走的安全

同学们上学和放学的时候，正是一天中道路交通最拥挤的时候，人多车辆多，必须要十分注意交通安全。

1）在道路上行走，要走人行道；没有人行道的道路，要靠路边行走。当公共汽车站设在机动车与非机动车隔离设施上时，上下车要避让车辆，并直行通过非机动车道。

2）集体外出时，最好有组织、有秩序地列队行走；结伴外出时，不要在路上相互追逐、打闹、嬉戏；行走时要专心，注意周围情况，不要东张西望、边走边看书报或做其他事情。

【案例 5-1】边走路边看书被车撞

2018 年 6 月上海某高校一名女同学被车撞倒不幸身亡。原因让人讶异，居然是边走路边看书不注意行车被撞。女孩很优秀，从三四线小城考上了上海的名牌高校，这个月就研究生毕业了，不幸的是，在她从一个校区赶往另一个校区上课的途中，自己边赶路边看题，一个不注意就被拐弯过来的汽车撞倒，再也没起来。

3）听从交警指挥。在没有交警指挥的路段，要学会避让机动车辆，不与机动车辆争道抢行。

【案例 5-2】女硕士乱穿马路被拘留 10 天

某日，一位拥有硕士学位的女白领在上海乱穿马路后抗拒处罚，还推搡、大骂交警，终为自己的行为付出了代价，被卢湾公安分局处行政拘留 10 天。她也因此成为上海有史以来第一个因乱穿马路后妨碍交警执法而被拘的行人。

4）在雾、雨天，最好穿着色彩鲜艳的衣服，以便于机动车司机识别，提前采取安全措施。

5）不要在车行道、桥梁、隧道或交通安全设施等处逗留；不要在路上玩滑板、旱冰鞋、抛物、泼水、散发印刷广告或进行其他妨碍交通的活动。

【案例 5-3】马路溜冰葬身车轮

某日晚 8 时 30 分许，三亚市一学生赵某和几名同学在某酒店附近的马路上溜冰，赵某不慎滑入一辆正在行驶的小轿车底，小轿车从他的身上驶过。事后，赵某被送往三亚市人民医院，经抢救无效死亡。据执勤民警介绍，自 2005 年"溜冰风"在三亚流行以来，"溜冰族"已成为三亚街头不和谐的交通安全隐患，该市已有多名学生在马路上因溜冰丧生车轮下。

二、横穿马路的安全

同学们横穿马路时，可能遇到的危险因素会大大增加，因此要注意力集中，特别注意安全。

1）穿越马路，要听从交通民警的指挥，要遵守交通规则，做到"绿灯行、红灯停"。

2）穿越马路，要走人行横道线；在有过街天桥和地下通道的路段，应自觉走过街天桥和地下通道。

3）穿越马路时，要走直线，不可迂回穿行；在没有人行横道的路段，应先看左边，再看右边，在确认安全后方可穿越马路。

【案例 5-4】男子横穿马路遭土方车碾压不幸身亡

2016 年 7 月 27 日早上 10 点左右，上海徐汇区某路口发生一起交通事故。一名男子在一个早餐店里买了早餐之后，在襄阳南路上准备横穿马路，突然被一辆正在行驶的土方车撞倒并碾压，当场身亡。

4）不要翻越道路中央的安全护栏和隔离墩。

【案例 5-5】老汉翻越护栏过马路被车撞，驾驶员马路中救人再度遭车撞

某日早上 6 点多，天刚蒙蒙亮，一位 60 多岁的老汉不走天桥，却要翻越高达 1.5 米的护栏过马路。该老汉翻越中间的高护栏跳入另一边的马路时，恰巧一辆货车从美兰机场方向急驶而来，驾驶员没刹住车，把从栏杆上跳下来的老汉撞倒在地。老汉当时身上流血，倒地昏迷。小货车撞人后，驾驶员急忙停下车，他一边打电话叫 120 救护车，一边跑到路中间把伤者抱起查看伤情。此时，他忽视了这条路段车辆繁多、十分危险的情况，没有及时抱着伤者到路边躲避来往车辆。结果一辆旅游大巴车开到这里时躲避不及，一头撞上了路中间的这两个人，导致受伤老汉当场死亡，小货车驾驶员被撞成重伤。

5）不要突然横穿马路，特别是在马路对面有熟人、朋友呼唤，或者自己要乘坐的公共汽车已经进站而急于上车时，更不能贸然行事，以免发生意外。

【案例 5-6】横穿马路被撞伤

2016 年 11 月 10 日，早上 8 点左右，河东区津滨大道由东兴桥向东风桥方向在泰兴南路公交站附近，一名中学生着急去学校，在横穿道路时被一辆银色轿车撞倒，身体多处受伤严重，被 120 送往医院。

第四节　骑车安全

一、骑自行车的安全

骑自行车外出比起走路，更增加了不安全的因素。骑自行车时需要注意的安全事项如下：

1）自行车的车型大小要合适，不要骑儿童玩具车上街，也不要小人骑大车；要经常检修自行车，保持车况完好，车闸、车铃是否灵敏、正常尤其重要。

2）不要在马路上学骑自行车；未满 12 岁的儿童，不要骑自行车上街。

3）骑自行车要在非机动车道上靠右边行驶，不骑飞车，不逆行；转弯时不强行猛拐，要提前减速，看清四周情况，以明确的手势示意后再转弯。

 【案例 5-7】 自行车逆行差点相撞

某日 10 时左右，杭州文二西路西城广场一带，两个男中学生背着双肩书包，骑着自行车，从东向西逆行在非机动车道上。正值周末，路上行人车辆不少，自行车、电动车接连迎面而来。这两名男生就在车流中躲躲闪闪地前行，看得出两人的车技还算不错，但好几次都有和他人自行车相撞的危险，让人看得紧张。

 【案例 5-8】 快速行车摔伤手臂

某月，某学校一名 17 岁的男生贾某，放学后与另一名同学各自骑自行车回家时，遭遇迎面驶来的一辆三轮摩托车。当时，因为下坡速度太快，自行车的刹车性能又不好，贾某与三轮摩托车相撞连人带车摔进沟里，致使手臂骨折，自行车摔坏。

4）经过交叉路口时，要减速慢行，注意来往的行人、车辆；不闯红灯，遇到红灯要停车等候，待绿灯亮时再继续前行。

5）骑自行车时不要将双手都松开，不多人并骑，不互相攀扶，不相互勾肩搭背，不相互追逐、打闹。

6）骑车时不攀扶机动车辆，不载过重的东西，不骑车带人，不在骑车时戴耳机听广播、音乐等；过丁字路口、十字路口和进出校门时应下车推行。

7）过较大的陡坡或横穿四条以上机动车道时应当推车行走；雨、雪、雾等天气要慢速行驶，在雨天里骑自行车应与前面的车辆、行人保持较大的距离，最好穿雨衣、雨披，不要一手持伞、一手扶把骑行，路面雪大结冰时要推车慢行。

二、骑摩托车的安全

职校生在没有取得摩托车驾驶证之前，不能驾驶摩托车。有摩托车驾驶证的人骑摩托车应注意的安全事项如下：

1）仔细查看车况，不骑带病车；驾驶摩托车前一定要戴好安全头盔，穿显眼的紧身衣服，以便于操纵摩托车并易于引起汽车驾驶员的注意。

2）身体不适时不要驾驶摩托车；吃药后不要驾驶摩托车；严禁酒后驾驶和无证驾驶摩托车；严禁超载。

 【案例 5-9】 酒后驾车把命丧

某月底，新干县某中学的一名老师经过几年苦战，终于考上了研究生，正准备启程入学深造。可就在启程前的一天，经不住亲朋好友的盛情，多喝了几杯酒，结果在骑摩托车回家的途中死在路边，直到第二天才被人发现，一家人悲痛万分，旁人也为之惋惜。

【案例 5-10】 无证超载驾车把命丧

某日，某镇刚毕业的 17 岁男生陈某，驾驶两轮摩托车搭载三个同学由汶村往海宴方向行驶。晚上 8 时多行至凤村择美路口路段时，车辆失控侧翻，造成摩托车损坏，四人不同程度地受伤，其中驾驶人陈某送医院后经抢救无效死亡。

【案例 5-11】 无证超载驾车造成两死三伤

某日，某中学 15 岁学生陈某，无证驾驶一辆两轮摩托车搭乘三个伙伴，结果在路上与同向行走的李某相撞，造成李某被撞死、驾车人陈某也死亡的惨剧，搭乘摩托车的三个伙伴也受了重伤。这一起事故造成了两死三伤的后果。

3）不开快车耍威风，不开怄气车和"好汉"车，开车时不开玩笑；尽可能保持匀速、靠右行驶；行车中应减少急加速和突然停车，以防发生突发事件。

4）遇交叉路口一定要换挡减速慢行，确保安全后再通过；遇弯路时一定要减速慢行，防止侧滑（此时禁止使用前刹车，否则车辆容易失控飞出）。

【案例 5-12】 在弯道处 4 名青少年被撞身亡

某日，外地一自卸大货车，装载着土石由新会三江镇往新会会城方向行驶。下午 1 时许，行至 270 省道线新会金牛头大桥路段处，在转弯往名冠工业园的过程中，大货车与相向行驶的两轮摩托车发生猛烈碰撞，造成摩托车上 4 名青少年死亡、摩托车严重损坏的特大交通事故。

5）超车时一定要开转向灯，确保安全再超车，不要紧贴被超越车辆；雨雪天气时，地面摩擦阻力小，制动距离相对拖长，一定要减速慢行，制动操作要柔和，避免因车轮抱死而摔车。

【案例 5-13】 快速超车两兄弟被撞身亡

某日，在某乡镇一个弯道处发生了悲惨的交通事故。当天，19 岁的哥哥到学校接 15 岁的弟弟回家，他们骑着摩托车一路快速行驶，当来到该弯道处时，违章超过了一辆农用车，哪想对面刚好驶来一辆小货车，结果两兄弟的摩托车迎面撞上了小货车，导致两兄弟当场死亡。

6）夜晚行车因可视距离短，一定要减速慢行，并打开夜间行车灯，引起行人和车辆的注意。行车中如感觉摩托车有异常，一定要停车检查。

7）要随时检查灯光、电器有无异常；发动机等有无渗油或异常声音；停车时关闭电路，锁好车；关闭油箱开关；停稳车辆后，最好用中心支撑停车，以减少轮胎负荷，延长轮胎寿命；远离火源，不要靠近摩托车点火吸烟。

第五节　乘车与乘船的安全

一、乘车的安全

乘车时，为了您和他人的安全，请自觉遵守以下规定：

1）要在站台或指定地点等候车辆，不要站在车道（包括机动车道、非机动车道）上候车；要依次排队候车，不要拥挤争抢；不要在机动车道上招呼出租汽车。

2）严禁携带易燃、易爆、剧毒、放射性等危险物品或其他有碍乘客安全和健康的物品（如汽油、酒精、液化气、硫酸、鞭炮、未经包装的刀具、玻璃以及家禽、宠物或其他裸露的腥、臭、污秽物品）乘坐公共汽车。

 【案例 5-14】 非法携带的烟火药意外爆燃造成 26 人死亡

2019 年 3 月 22 日 19 时 15 分许，湖南常长高速西往东方向约 119.7 公里处，一辆从河南郑州开出的柴油旅游大巴豫 AZ8999 突然起火。该车核载 59 人，实载 56 人，其中乘客 53 人、司机 2 人、导游 1 人。事故造成 26 人死亡，28 人受伤。

九天后起火事故原因查明：系该车 50 岁的乘客陈某某非法携带易燃易爆危险品——烟火药意外爆燃，引发客车起火事故，陈某某在事故中死亡。

3）避免乘坐已经满载或超载的车辆。上车后，应找座位坐好，没有座位时，应该抓好把手站稳；乘坐小型客车，前排乘坐者要系好安全带；乘坐两轮摩托车的人，年龄必须在12 岁以上，并戴好头盔，在驾驶员身后两腿分开跨坐，不能偏坐或倒坐。

 【案例 5-15】 血色记忆

某日，綦江县篆塘镇桥罗基，市汽车运输集团綦江分公司渝 B20984 大客车驶出公路，翻于山崖下，1 死、38 伤。该车核载 27 人，实载 55 人。

某日，渝 AQ0677 长安小客车由奉节康乐镇驶往竹园镇，在奉溪老路干沟子，翻于 65 米高的山崖下，8 人死亡、1 人失踪、2 人受伤。该车核载 8 人，实载 13 人。

某日，开县驶往深圳的大客车，行至 318 国道恩施市白杨坪乡境内时，翻下 120 余米深的悬崖，17 死、38 伤。该车核载 43 人，实载 55 人。

某日，渝 B47288 轻型卡车在巫山巫官路距县城 5 公里处，翻于 110 米高的陡坡下，10 死、5 伤。该车核载 6 人，实载 15 人。

4）乘车时，乘客要坐稳扶好，不得将身体的任何部位伸出车外，不准翻越车窗；车未停稳不准上下车，不准私自开启车门，待车停稳后先下后上，不准强行上下车；不要向车窗外乱扔杂物，以免伤及他人。

5）行车中不准与驾驶员闲谈及有其他妨碍驾驶员操作的行为。车厢内禁止吸烟、不准随地吐痰；老、幼、病、残、孕妇及怀抱婴儿者优先上车，车上乘客应主动给他们让座。

6）乘坐有安全带的汽车，不要怕麻烦，要自觉系上安全带。如果汽车不幸翻倒或翻滚，不要死抓住汽车的某个部位，这时只有抱头缩身才是上策。

7）乘客应注意保管随身物品，发现失窃应立即通知司乘人员或报警；发生危急情况，应服从司乘人员的安排，及时疏散。

8）车到站后，不可拥挤抢下，需等车停稳后再下；在车行道上不得从机动车左侧下车，开关车门时不能妨碍其他车辆和行人通行；开门后，先在车门口观察一下车旁边有无自行车或摩托车骑近，切忌不看车周围的情况而贸然跳下，那样很容易被跟近的车辆撞伤。

 【案例 5-16】 开门下车被车撞，小腿断成三截，肋骨断了六根

某日下午 4 时 50 分，在某村路口发生了一起交通事故，造成一人左下肢断成三截、六根肋骨骨折的严重后果。当时俞某驾驶一辆拖拉机行驶到该村路口时，碰到了一位熟人，于是俞某便把车开过路口停靠在路边，准备打开车门下车与熟人打个招呼，没料到惨剧就发生了。当俞某打开车门下车时，一辆飞速行驶的摩托车与俞某发生了激烈的碰撞，俞某当下被撞到了路中央，摩托车连同驾驶员也摔倒在地。俞某被及时送往市人民医院救治，经诊断左下肢断成三截、左胸肋骨六根断裂。

9）下车后，需横穿车行道时，应在确定没有车辆过往时，从车尾部穿行，切不可从车头部贸然通过；也可以走离车前或车后 20 米以上、能看清路上左右来车、选择适当的时机再横穿马路。

 【案例 5-17】 一横穿公路者被撞重伤

某日晚上，市民胡女士打电话称，03 省道金东区某路段发生了一起车祸，一名横穿公路的男子被轿车撞倒，从现场情况来看，伤者伤势较重。

记者从现场交警处了解到，被撞的男子姓蒋，是高速公路施救中心的工作人员，当时他正在前往工作地进行换班的途中。驾驶肇事车辆的徐某表示，他当时正从鞋塘开往金华城区，开到事故路段时，发现有一名男子正在横穿马路，他马上踩下刹车减速避让。按照他的估计，他的车应该不会撞到人，而这名过马路的男子看对向车道也有来车，便没有继续往前走，反而向后退了两步，于是正好被开过来的徐某的车撞倒。

在现场记者看到，蒋某被撞的路段既不是路口也无斑马线。徐某驾驶的银白色轿车车头外被撞出了一个大凹坑，依此看来，当时碰撞的力度较大。

10）选好车，特别是学校组织的学生集体外出活动，要与交通管理部门取得联系，并在他们的指导下，确认驾驶人员的准驾资格后，选择有交通管理部门认可的有准运资格的、质量优良的客运车。

【案例 5-18】 在校生春游返回途中发生车祸事故

某日 18 时 30 分左右，一辆载有 37 人的客车在湖北省孝感市双峰山旅游景区翻下山崖，车上有武汉大学学生 35 人、班主任 1 人和司机 1 人。车祸造成 1 名学生当场死亡，在送到医院后，还有 5 名学生经抢救无效死亡。

二、乘船的安全

1）乘船时要注意安全，不要把危险物品、禁运物品带上船。

2）不要乘坐无证船、人货混装船以及其他简陋船只；遇到大风大雨等恶劣天气，最好不要冒险乘坐渡船或其他小型船只；集体乘船，要听从指挥。

3）遵守坐船的安全规定，上下船时，要排队有序地进行，不要拥挤争抢，以免落水、挤伤、压伤或造成船舶倾斜，甚至引起翻船。

【案例 5-19】 汽车从渡船上滑入江中，死亡惨重

某月，湖北某高校学生放暑假后，7 位同学约好一起乘一辆车回家。途中要经过一个轮渡码头，按安全管理规定，汽车过江乘客必须下车，但当时乘客认为上车下车麻烦，就没有下车，驾驶员见他们都不想下车也没有再坚持。渡船离岸后，由于江面上风大浪急，加上汽车驻车制动不灵、车轮下又没有塞三角枕木，停在尾部的汽车便从渡船上滑入江中。车上45 名乘客，25 人死亡，3 人下落不明，只有 17 人获救，7 名学生无一生还。

4）船舶浮于水面靠的是水的浮力，其受载有一定的限度，如果超过了限度，行船时就会有沉没的危险，所以，同学们一定不要乘坐超载船只。

【案例 5-20】 船严重超载引发的溺水事故

某年 4 月，浙江省缙云县某小学组织学生在水库春游时，因严重超载，导致翻船，50多名师生落水，43 人溺水死亡。同年 5 月，山东省诸城某小学 20 多名学生在老师带领下到水库边游玩，经船工和老师允许，18 名学生上了标准只能乘坐 5 人的小船，船离岸后不久，即因超载而沉没，学生全部落水，其中 13 人溺水死亡。

5）船靠离码头或驶过风景区时，不要聚集在船的一侧，以防船倾斜翻沉；遇到紧急情况，要听从船上工作人员的指挥，不要自作主张跳船。

6）上船后要留心通往甲板的最近通道和摆放救生衣的位置；在船上要保持安静，不要吵闹，要仔细听清服务员的要求；自己一个人不要到甲板上去，成人站在船边时也要注意抓牢扶手，以免掉入水中；不能随意挪动船上的设备。

第六节　驾车安全

一、造成车祸的原因

1）雾天、雨天驾驶时易引发车祸，因此要格外小心。雨天、雾天视觉功能受影响，路又滑，所以要打开车灯，并注意保持车距。

2）酒后驾车易酿车祸，驾车者要自觉遵守交通规则，不能酒后驾车。

【案例 5-21】 糊涂醉汉撞死一人竟浑然不知

雨夜行车，撞了路人却毫不知情，结果导致一人死亡，这一惨祸的发生源于酒后驾车，武义法院判处肇事司机项某有期徒刑两年、缓刑两年六个月。同时，项某积极与被害人家属就民事赔偿达成协议，赔付被害人家属人民币 251 741 元。

某月的一个晚上，项某在单位加班后，应邀在朋友家里吃饭，其间喝了米酒。当晚 11 时左右，略感疲惫的项某告别了朋友，驾着车往家赶。据项某交代，当时天下着雨，路面有点湿滑，但回家心切的他还是把车开得飞快。

正当车子行至上松线武义县黄龙水库地段时，坐在驾驶室里的项某听见一声响，车子好像撞到了什么，但当时喝得昏昏的他，并没有把车停下来，只是从后视镜里看了一眼，见没什么动静，就继续前进。据项某称，直到经过一加油站附近时，他才发现自己车前面的风窗玻璃整块碎了，自己的脸上、手上也多处受伤流血。"可能是刚才碰上石头把玻璃打碎了。"项某说，他当时就是这么以为的，结果还是没有在意，直接把车开回了家。

事故发生几分钟后，当地 110 指挥中心接到报案，称一骑车男子被撞倒了。民警迅速赶到现场，受害人随即被送往医院抢救。数小时后，受害人张某经医院抢救无效死亡。

【案例 5-22】 酒后连撞三人获刑六年

某日 22 时许，广东人陈某酒后驾驶一辆海口市工艺美术厂的小轿车在海口市南沙路坡博村段与一辆两轮摩托车发生碰撞。之后，陈某又调头沿南沙路经南海大道向西行驶，22 时 39 分该车行驶到京江花园路口，又与林某驾驶的小轿车发生追尾碰撞。随后，陈某驾车逃逸至保税区路段，22 时 42 分将正在车右前侧行走的受害人徐某撞倒，致使其当场死亡。事故发生后，陈某驾车逃离现场，第二天被抓获。经海口市公安局交巡警支队依法认定，陈某负交通事故的全部责任，最终获刑六年。

3）长时间驾驶易出现疲劳，所以防止疲劳驾驶也是一个大问题。

4）超速超限行驶也是一大危害，多起事故都与超速超限有关。现代城市道路的发展远远跟不上车辆数量的发展速度，人多、车多的道路交通，给交通安全带来了巨大的压力，使驾驶员精神高度紧张，也易发生意外事故。

【案例 5-23】 客车与货车相撞引发伤亡事故

　　某日中午 12 时 30 分，白云区广从公路安平庄路段发生一起大客车与大货车、小货车相撞的事故。据公安交警部门现场初步调查显示，事故发生时，广西防城区人李某驾驶大货车由东往西借道通行，而从化人黄某驾驶的大客车正由南往北行驶至事发路段，突然大货车加速准备绕过大客车向左调头，大客车只好顺势往左侧躲避。结果大客车碰撞大货车左侧后，冲过路中缺口，与由北往南行驶的由黎某驾驶的小货车相撞，黄某与黎某当场死亡，大客车上 16 名乘客受伤，其中包括一名孕妇。

　　5）不遵守交通规则、不戴安全带、违规驾驶、乱停乱靠、驾驶者自身技术水平低等都是造成车祸的重要原因。

 【案例 5-24】 "7·19" 沪昆高速特别重大交通事故

　　2019 年 7 月 19 日凌晨 3 时左右，沪昆高速邵怀段 1 309 公里处由东往西方向，一辆装载疑似可燃液体的厢式货车与一辆福建开往广州的大客车发生追尾后爆炸燃烧。经初步勘察，事故共造成 5 台车辆烧毁，已确认 43 人死亡，6 名伤者已送往当地医院救治。

　　"就像原子弹爆炸一样，火光冲天，村民完全不能靠近进行救援。" 在事发路段旁边的隆回县三阁司镇上石村石某某回忆说，大概 2 点到 3 点间发现高速公路上起火了。

　　事故直接原因：1）厢式货车非法改装并且违规装载易燃品。
　　　　　　　　　　2）客车违反凌晨 2 时至 5 时停止运行的规定。

　　6）驾车者在不熟悉的、弯道多的、缺少安全警示标志的路段行驶，也可能会出现危险和意外。

　　7）车辆本身的隐患应及时排除。如车辆本身性能有问题或者是损坏后不及时维修，如制动不灵、分电器裂痕等，都是非常危险的。

　　8）提高安全意识，克服麻痹大意的陋习，要防患于未然。首先是车辆之间要保持必要的车距。20 公里/小时的速度与前车要保持 2 个车身的距离；30 公里/小时的速度要保持 3 个车身的距离。不管什么车，行驶时最好应与前车保持两秒的安全距离，制动时必须采取点刹车，这样才安全有效。驾驶员驾驶时要正确操作，以责任心规范自己的行为，对自己和别人的生命安全负责。

二、机动车驾驶员应遵守的规定

　　机动车驾驶员必须经过车辆管理机关考试合格，领取驾驶证，方准驾驶车辆。

　　1）驾驶车辆时，须携带驾驶证和行驶证；不准转借、涂改或伪造驾驶证；不准将车辆交给没有驾驶证的人驾驶；不准驾驶与驾驶证准驾车型不相符合的车辆；驾驶证未按规定审验或审验不合格的，不准继续驾驶车辆。

　　2）饮酒后不准驾驶车辆；不准驾驶安全设备不全或机件失灵的车辆；不准驾驶不符合

装载规定的车辆；在患有妨碍安全行车的疾病或过度疲劳时，不准驾驶车辆；驾驶和乘坐两轮摩托车需戴安全头盔。

3）车门、车厢没有关好不准行车；不准穿拖鞋驾驶车辆；不准在驾驶车辆时吸烟、进食、闲谈或有其他妨碍安全行车的行为。

三、车辆通过铁路道口应遵守的规定

1）遇有道口栏杆（栏门）关闭、音响器发出报警、红灯亮时或看守人员示意停止行进时，车辆须依次停在停止线以外，没有停止线的，停在距最外的铁轨 5 米以外。

2）通过无人看守的道口时，须停车瞭望，确认安全后，方准通过。

3）遇有道口信号为两个红灯交替闪烁或红灯亮时，不准通过；白灯亮时，准许通过；红灯和白灯同时熄灭时，按规定执行。

4）载运百吨以上大型设备构件时，须按当地铁路部门指定的道口、时间通过。

四、超车的注意事项

1）作为驾驶员，应充分了解自己所驾车型的加速性能，这样在超车时才能准确无误地判断是否能够快速、安全超车。

2）超车时一定要瞻前顾后，在确定前后方车辆无异常的情况下，鸣笛、打转向灯提醒前后方车辆自己要超车，然后再果断地全速超车。

3）超车应该选择在路面平直宽阔、视线良好、左右无障碍且前方路段 200 米范围内没有来车的状况下进行。

4）在道路上行驶时遇到停在路边的车辆，应提前减速、缓慢超越，并随时准备停车，千万不能想当然地不加理会、加速超车，以免发生意外事故。

五、车祸现场的处理

1）汽车意外事故发生后，要尽快从惊惶中冷静下来，尽量记录下现场的重要资料。

2）发生交通事故时，应马上停车，以利于事故现场情况的调研。

3）如果有人受伤，应立即报警，交通警察会采取恰当的方法实施救护并疏导交通，防止因车祸阻塞交通。

4）在移出事故车辆之前，有关方面应绘一幅现场示意图，记录涉及事故的有关车辆与其他车辆、人物、路况等关系，如车辆滑行痕迹的长度、方向等。

5）检查车辆时，要记录下各车辆的损坏情况，如车灯、车体、轮胎等的受损情况。

6）对各相关人员的姓名、地址、车牌号、保险情况等进行登记。

第七节　交通事故现场的急救措施

一、抓住"院前救命5分钟"

第一个看到交通事故发生的人，往往不是民警，也不是医务人员，通常是驾驶员、同车的乘客或过路人，然而交通事故的伤员必须在现场进行紧急处理。由于公众缺乏最基本的急救知识、救护车到达现场的时间偏长等原因，突发事故的伤员和病人的生命常受到严重威胁。

当我们发现交通事故时，首先是设法打电话或派人去报告交通监理部门，把出事的时间、地点、伤亡情况等告诉他们，并设法通知附近的医疗卫生单位，请求派出救护车和救护人员，同时可利用平时所学的急救知识，应对突发事故，抓住"院前救命5分钟"。

许多人由于缺乏最基本的急救知识，面对突发事故只能被动等待，而等到医院的救护车赶来时为时已晚，这样的悲剧在现实中经常可以看到。据专家介绍，人的心脏停止跳动只要超过5分钟，大脑就会产生不可逆性坏死，即使抢救过来，人也成了植物人。在这5分钟里，如果现场有人具备紧急抢救的医学常识，完全可以为医生赢得抢救时间，可以减少20%~80%的死亡率，这就是急救医学上重视和强调的"院前救命5分钟"。

二、交通事故现场的急救措施

1）现场组织。临时组织救护小组，统一指挥，避免慌乱，要立即扑灭烈火或排除发生火灾的一切诱因，如熄灭发动机、关闭电源、搬开易燃物品，同时派人向急救中心呼救；指派人员负责保护肇事现场，维持秩序，开展自救互救，以便及时救护。

2）根据具体情况，分轻重缓急进行救护。对生命垂危的伤者及心跳停止者，立即进行心脏按压和口对口人工呼吸；对意识丧失者，宜用手帕、手指清除伤员口鼻中的泥土、呕吐物、义齿等，然后让伤员侧卧或俯卧；对出血者，立即止血包扎，如发现开放性气胸，则进行严密的封闭包扎；对呼吸困难、缺氧并有胸廓损伤、胸壁浮动（呼吸反常运动）者，应立即用衣物、棉垫等充填，并适当加压包扎，以限制其浮动。

3）正确搬运。不论在何种情况下，抢救人员都特别要预防伤员的颈椎错位、脊髓损伤，因此搬运伤员时须注意：①凡重伤员从车内搬动、移出前，首先应在地上放置颈托，或者使其颈部固定，以防颈椎错位、损伤脊髓，发生高位截瘫。如一时无颈托，可用硬纸板、硬橡皮、厚的帆布，仿照颈托，剪成前后两片，用布条包扎固定。②对昏倒在坐椅上的伤员，安放颈托后，可以将其颈及躯干一并固定在靠背上，然后拆卸座椅，与伤员一起搬出。③对被抛离座位的危重、昏迷伤员，应原地上颈托，包扎伤口，再由数人按脊柱损伤的原则搬运，动作要轻柔，托住腰臀部，搬运者用力要整齐一致，把伤员平放在木板或担架上。

现场急救后根据伤员的伤势情况，由急救车运送。千万不要现场拦车运送危重病人，否则会由于其他车辆缺乏特殊的抢救设备，伤员多半采用不正确的半坐位、半卧位、歪侧卧位等而加重伤势，甚至死于途中。

三、交通事故中头部外伤的急救方法

据资料介绍，在交通事故的死亡者中，头部外伤者占半数以上，而且 60%~70% 的伤者死于伤后 24 小时以内。因此，掌握一定的急救知识，有很大的可能使受伤者转危为安。

1. 头部外伤的急救措施

1）发现受伤者后，应尽快检查其头部有无外伤，是否处于危险状态。最重要的是不要随便移动伤者，并按以下程序迅速抢救：第一步取昏睡体位，即让伤者侧卧，头向后仰，保证呼吸道畅通。第二步若伤者呼吸已停止，则进行人工呼吸；若脉搏消失，则进行心脏按压。第三步若伤者头皮出血，用干净的纱布等直接压迫止血。

2）如果伤者头部受伤后，有血液和脑液从鼻、耳流出，就一定要让伤者平卧，伤侧向下，即左耳、鼻流出脑脊液时左侧向下，反之右侧向下。如果伤者的喉和鼻大量出血，则容易引起呼吸困难，应让受伤者取昏睡体位，以利于其呼吸。

2. 头部受外伤注意事项

1）受伤后如只有头痛头晕，说明是轻伤；如还有瞳孔散大、偏瘫或者抽风，那至少是中等以上的脑伤了。

2）头部外伤的病人一旦出现频繁呕吐、头痛剧烈和神志不清等症状，那就绝不可大意，应速送医院诊治。

3）受伤后如有脑脊液流出时，最好不要用纱布、脱脂棉等塞在鼻腔或外耳道内，因为这样会引起感染。

思考与练习题

1. 道路交通事故的定义是什么？
2. 根据交通事故后果的严重程度，道路交通事故可如何进行分类？
3. 道路交通事故有哪些特征？
4. 行走时应注意哪些安全事项？
5. 横穿马路时应注意哪些安全事项？
6. 骑车应注意哪些安全事项？
7. 骑摩托车应注意哪些安全事项？
8. 乘车时应注意哪些安全事项？
9. 乘船时应注意哪些安全事项？
10. 造成车祸的原因有哪些？
11. 如何进行车祸现场的处理？
12. 在交通事故现场应采取什么措施进行急救？

第六章

消防安全

第一节　火灾概述

一、火灾的危害

火如果失去控制，就会造成火灾。全世界平均每天发生火灾一万多起，平均每天有数百人在火灾中丧生，火灾已成为人类的顽敌。

地震、火山爆发、雷击、物体自燃等原因造成的火灾，称为自然火灾。在日常生产和生活中，人们因为用火、用电、使用液化石油气不慎，违反安全操作规定，以及玩火、吸烟、纵火等原因造成的火灾，称为人为火灾。现实生活中人们所说的火灾，绝大多数是指人为火灾。

我国有句谚语，叫做"贼偷两次不穷，火烧一把精光"，形象、生动地说明了火灾的残酷无情。火灾是除了战争、瘟疫、地震和水涝等自然灾害外危害比较严重的灾害，它造成的生命财产损失难以估计且无法挽回，破坏力非常大。

【案例 6-1】乱扔烟头引起森林火灾

某日，因有人吸烟随意乱扔烟头造成我国大兴安岭森林发生火灾，烧毁大片森林，殃及4 个储木厂、85.3 万立方米的木材以及铁路、邮电、工商等几个系统的大量物资和设备等。此次火灾共烧死 193 人、伤 171 人，造成 5 万余人无家可归，大量珍稀动物被烧死，使我国宝贵的林业资源遭受严重损失，对生态环境造成重大的、无法估量的影响。

【案例 6-2】危险品爆炸损失 68.66 亿元

2015 年 8 月 12 日 23 时 30 分左右，位于天津市滨海新区天津港的瑞海公司危险品仓库发生火灾爆炸事故。本次事故中爆炸总能量约为 450 吨 TNT 当量，造成 165 人遇难（其中参与救援处置的公安现役消防人员 24 人、天津港消防人员 75 人、公安民警 11 人，事故企业、周边企业员工和居民 55 人）、8 人失踪（其中天津消防人员 5 人，周边企业员工、天津港消防人员家属 3 人），798 人受伤（伤情重及较重的伤员 58 人、轻伤员 740 人），304 幢建筑物、12 428 辆商品汽车、7 533 个集装箱受损。依据《企业职工伤亡事故经济损失统计标准》等标准和规定统计，事故已核定的直接经济损失 68.66 亿元。

【案例 6-3】大门被锁逃生无门

某年除夕之夜，新疆伊犁地区建设兵团 9 团电影院发生火灾，观众们纷纷向大门涌去。拥挤逃生的人群一层层把门堵住，外边营救的人使劲把门向里推，但毫无结果，800 个鲜活的生命被火魔夺去。

某日，河南某音像俱乐部发生火灾，因为大门被锁，使 74 人魂归西天。

　　某日，河南洛阳东都商厦地下室失火，浓烟冲上了四楼的歌厅，这时突然断电，电梯停开，而上下楼梯的门都被锁了起来，309人逃生无门，含冤而死。

　　2017年9月14日早上5时30分左右，马来西亚吉隆坡一寄宿学校发生火灾，22名男学生和2名老师因逃生门被大火阻挡及铁制窗口锁死而逃生无门，被活活烧死。

　　为了保障大家的人身安全，每一个同学都必须从思想上绷紧一根防火安全的弦，加强对火灾的预防控制意识，认清火灾的危害，掌握火灾的规律和特点，有针对性地采取相应的措施，有效地预防火灾，达到消除火灾危害的目的。

二、火灾与燃烧

　　1）火灾的概念。火灾是指可燃物质在时间或空间上失去控制的燃烧所造成的灾害。发生火灾的主要原因有三个：一是人为的不安全行为（含故意放火或过失引起火灾）；二是物质的不安全状态；三是施工和实验中工艺技术上的缺陷。其中人的不安全行为是引起火灾的最主要的因素。

　　2）燃烧的定义。燃烧是火灾形成的前提，没有燃烧就不会发生火灾，所以必须了解和掌握燃烧的基本知识。燃烧，俗称着火，是一种放热发光的化学反应。燃烧必须有放热、发光、化学反应三个特征。

　　3）燃烧的条件。发生燃烧必须具备以下三个条件：第一要有可燃物；第二要有助燃物质；第三要有火源。只有这三个条件同时具备，才可能发生燃烧现象，无论缺少哪一个条件，燃烧都不能发生。但是在某些情况下，虽然具备了燃烧的三个要素，也不一定会发生燃烧。

　　①可燃物。凡是能与空气中的氧或其他氧化剂起燃烧化学反应的物质都称为可燃物，如木材、毛竹、纸张、红磷、硫磺、橡胶、汽油、酒精（乙醇）、丙酮、黄磷、硝酸甘油、液化石油气、天然气、氨等。

　　可燃物中有一些物品，遇到明火特别容易燃烧，我们称它为易燃物品，如汽油、乙醇等；可燃物中有一些物品，受到摩擦、撞击、振动等影响后，会在瞬间发生爆炸，我们称它为易爆物品，如鞭炮等。

　　易燃易爆物品极易引起火灾，具有很大的危险性。在搬运时，千万不能抛掷、拖拉和振动，以防发生燃烧和爆炸。易燃易爆物品在保管时，应严格遵循消防安全规定，以确保安全。

　　②助燃物。凡能够帮助和支持燃烧的物质，都称为助燃物，如空气、氧、氯、溴等。

　　③着火源。凡能引起可燃物质燃烧的热源，都叫着火源，如明火、摩擦、撞击、化学能、电火花、聚焦的日光能等。

　　根据火源产生能量的来源不同，着火源一般可分为以下几种：火焰、高温物体、电火花、静电火花、绝热压缩、撞击、摩擦、化学反应热、光线照射与聚焦等。

　　着火源可以引起易燃易爆物品燃烧或爆炸，在生产生活实践中，必须对其严加控制，以免发生火灾或爆炸事故。

三、消防相关知识

消防工作的"消",是指消灭火灾;消防工作的"防",是指防止火灾。消防工作就是扑灭火灾和预防火灾。

1. 消防法

2019 年 4 月 23 日,第十三届全国人民代表大会常务委员会第十次会议审议通过了《中华人民共和国消防法》,并于 2020 年 11 月 1 日正式实施。

2. 消防组织

我国的消防力量由国家综合性消防救援队、专职消防队和志愿消防队三支力量组成,实行以国家综合性消防救援队为主力,国家综合性消防救援队、专职消防队、志愿消防队三种消防力量相结合的灭火战斗体系。

3. 消防装备

消防装备主要有消防车、消防船、消防直升机。

消防车——红色的战车。消防车主要有消防指挥车、水罐车、泡沫车、救险车、曲臂车、照明车等。

四、报警注意事项

火灾直接威胁着人们的生命和财产安全。一旦发生火灾,火势会蔓延扩大,迅速发展,稍有迟疑,就会造成重大损失。为尽快扑灭大火,减少损失,避免人员伤亡,必须迅速报警,在有电话的地方要迅速拨打"119"向消防队报警。报警时要注意以下几点:

1)保持冷静,拨火警电话"119"。

2)清楚地说出事发类别。例如发生火灾或泄漏煤气等。

3)清楚地说出事发地址。例如区、街道名称、门牌号码、单位名称、楼层数等。

4)简单地说出现场情况。例如什么东西起火、火势如何、有无人被困、多少伤者等;如事故现场不易寻找,需说出附近明确而容易寻找的地方。

5)提供联络电话。留下报警者的联系电话和姓名。

6)报警后要到路口等候消防车,指引消防车迅速赶至事发现场。

如果身边没有电话,应当迅速向周围的人呼喊报警,可以用力敲锅、盆,挥舞红色或其他鲜艳颜色物品等,引起别人的注意,让大家尽早知道失火情况。

 【案例 6-4】报警说不清地址死亡惨重

某日凌晨 2 时 10 分左右,河南省某学校家属楼 2 号楼 1 单元牛某家由于液化气罐爆炸,致使祖孙三代四人死亡。爆炸发生后,该楼居民拨打"119"直喊:"消防队,快来吧,我们楼着火啦!"消防队值班员问她:"喂,不要恐惧,慢慢说,着火的位置在哪里?是什么

物质着火啦?"该报警者就不回答问话,只说:"消防队,你快来吧,我们这个楼就要烧完了!"

【案例 6-5】不及时报警造成多人遇难

　　某日 16 时 45 分,吉林省某中心医院发生特别重大的火灾事故,造成 40 人死亡、94 人受伤。后查明医院火灾的原因为电缆短路引燃可燃物。这起火灾的 11 名相关责任人被刑事拘留。

　　中心医院发生火灾后,有关人员曾把火灾情况向该院一位领导汇报,该领导竟称:"先不要报警,不然消防(指消防官兵)来了,把医院弄一地水明天没法营业了。"正是由于这一句话,使医院错过了及时报警扑救的时间。后来,该领导发现火势越来越大,才自己拨打"119"报了警,此时大火已燃烧了近 30 分钟。消防官兵闻讯后 5 分多钟就相继赶到了现场,冒着严寒经过 5 个多小时的奋力扑救,终于扑灭了大火,救出 179 人,避免了更大的伤亡和财产损失。

　　根据国际及国内评估标准,建筑结构在大火状态下,25 分钟左右就可以被烧落散架。中心医院把宝贵的时间留给了"火魔",因为没能及时报警而造成了此次火灾的严重后果。

第二节　家庭防火安全知识

一、家用电器使用的安全知识

　　随着社会的不断发展,各种电器进入寻常百姓家,给千家万户带来不少方便。但如果不能规范地使用这些电器,或者电器出现意外,都可能引起火灾。所以,掌握常用电器的防火安全常识是非常必要的。

1. 电视机的防火安全措施

　　现在,拥有电视机的家庭越来越多,多彩的荧屏为大家的生活增添了无限的欢乐。然而遗憾的是,电视机有时也会给人留下痛苦的回忆。

　　电视机防火和防爆的安全措施如下:电视机要放在通风良好的地方,看完电视要切断电源;收看时间不能过长,节日期间电压可能升高,收看时间更不宜过长;雷雨天尽量不使用外接天线,如果使用,一定要装接地线,最好装避雷器;电视机不要放在有易燃易爆液体和气体的地方收看,以免因电视机放电而引起火灾;使用中发现电视机故障和异常现象,要立即送机检查;万一电视机起火,千万不能用水浇,可以在切断电源后,用棉被盖熄,灭火时,从侧面靠近电视机,以防显像管爆炸伤人;严防纸或金属等异物进入电视机内部;给电视机除垢时,方法要得当,显像管表面有污垢可用细柔绸擦净,若机壳内灰尘过多,需送修理部除尘;在通电情况下,不可随便拆下后盖,更不能摆弄内部零件。

2. 计算机的防火安全措施

计算机的电源线要连在专用的插线板上，计算机应放置在通风干燥处，不用时要及时关机，不要让其长期处于待机状态。若发现计算机开始冒烟或起火时，马上拔掉插头或关掉总开关，因这时机内的元件仍然很热，仍会迸出烈焰并产生毒气，显示器也可能爆炸，所以应立即从侧面或后面用湿棉被等盖住计算机，这样既能阻止烟火蔓延，也可挡住荧光屏的玻璃碎片伤人。需要注意的是，切勿向失火的计算机泼水。

 【案例6-6】家破人亡的酒店业主获刑4年

某日，义乌市人民法院以重大劳动安全事故罪判处被告人成某有期徒刑4年。当得知自己被法院判刑的消息时，成某显得比较平静，他说自己对这样的判决结果早有预料，想想这场让自己家破人亡的惨剧，他说："我对不起死去的女儿，放不下被烧成重伤的妻子，我妻子太可怜了"。

据了解，身为业主的成某未经消防部门批准，私自将酒店三楼和四楼的应急通道改成棋牌室和客房，遮蔽了应急通道口的应急照明灯。另外，该酒店各个楼层都没有安装指示标志灯，消防设施严重不符合国家规定。

成某在酒店总台放置了一台计算机，该计算机长时间处于待机状态，疏于维护。计算机主机起火引发火灾，导致酒店三楼、四楼房间内的11名客人死亡，4人受伤。法院认为，被告人成某身为酒店业主，疏于管理，其酒店的安全设施不符合国家规定，因而发生重大伤亡事故，后果特别严重，其行为已构成重大劳动安全事故罪。

3. 电熨斗的防火安全措施

首先要防止超负荷用电。电熨斗不用时要切断电源；遇到停电或其他情况，必须及时关掉电源，确保安全，以防发生意外。其次，放置电熨斗的基座必须耐火耐热。基座可以制成三只脚或四只脚的熨斗架，这样电熨斗下面的空气可以流通，电熨斗的热量容易散发，不会使接触熨斗架的物体达到着火温度，从而可以杜绝火灾事故的发生。

4. 白炽灯的防火安全措施

白炽灯是一种发光效率高的灯具，灯亮后并不怎么烫，可是白炽灯开久了也会"开花"——起火。白炽灯的防火安全措施如下：白炽灯应设置在安全的地点，在线路上要安装熔断装置，以保护线路；白炽灯与可燃物之间应保持一定的防火距离，不准将灯泡挂靠在木质家具、门框或硬纸板上，也不得将灯泡嵌在天花板或顶棚里；严禁用纸、布或其他可燃物遮挡灯具，不准用灯泡在被窝里取暖和烘烤衣物；不得用湿手或湿布擦拭正在工作的灯泡，以防灯泡爆炸；灯泡的线路不要随便拆装，以防绝缘损坏；白炽灯不用或人员外出时，一定要将其关掉。

5. 电热毯的防火安全措施

在寒冷的冬夜里，有一床温暖的电热毯，确实可以伴我们更好地进入梦乡，但在使用电热毯时，应注意安全。没有自动控温的电热毯，应当在上床前15分钟接通电源，当达到所需温度或在入睡前，应切断电源；电热毯接通电源后，如遇到临时停电，应及时拔掉插头；使用电热毯时，床垫的上、下层应各铺一层毯子或被褥，以防电热毯来回折曲和揉搓而造成电热丝断路或短路；婴儿及生活不能自理的病人或有尿床史的病人不能使用电热毯；对已使用很长时间或长期不用的电热毯，要送有关部门检验，发现异常应立即停止使用，不能凑合着用。

6. 电吹风的防火安全措施

电吹风的电源插座以及导线要符合防火安全要求，连接要紧密牢靠；勿随意敲打、跌碰和拆卸电吹风，以免损坏发热元件以及绝缘装置，造成漏电甚至短路，发生危险；使用电吹风时人员不能离开，更不能将其随意放置在桌凳、沙发、床垫等可燃物上；电吹风使用完毕一定要及时切断电源，以免引起火灾。

7. 吸尘器的防火安全措施

吸尘器连续使用时间不宜过长，以防电动机过热烧毁；其电源插座不宜与其他功率较大的家用电器同时使用；不要用水洗涤吸尘器的主体机件；不要用吸尘器吸火柴、烟头、铁钉、玻璃碎片等物品；使用完毕应切断吸尘器的电源，及时倒掉积尘。

 【案例 6-7】 出租房失火，房客现金被烧

某日晚 8 时许，某市区一出租房突然起火，烧毁了屋内全部家当，租房者侯某放在屋内的 6 000 元现金也被烧光。

房东曹某告诉记者，他住在 5 楼，昨晚 8 时许，他正在楼下聊天，突然有邻居跑来告诉他，二楼的一个窗户正在冒烟，可能着火了。他连忙上去打开房门，发现里面火势已经很大。此时，租房者侯某并不在屋内。

发现着火后，很多邻居前来帮忙扑救，有的报警、有的提水灭火。很快，在群众与消防官兵的共同努力下，火被扑灭。但屋内的木床、柜子、电视机、衣物已全部烧毁，唯一抢救出来的就是一台煤气灶。

侯某闻讯后赶回了住处，他说，下班后他回家了一趟，但很快就出门了，压根就没想到家里会起火。他还说，家里还放着 6 000 多元现金，现在也被烧掉了，这是他半年多的积蓄。

消防部门一再提醒市民，外出或休息前，务必要检查一下电器是否已切断电源，液化气钢瓶是否已经关闭，尤其是人不在家时，切勿用电器或煤气炖煮食物，以免发生意外。

 【案例 6-8】 电线短路起火，店主灰堆找钱

某日 22 时 40 分左右，金华婺城区某店铺突然起火，所幸发现及时，火被迅速扑灭，但店内部分货物被烧毁，放在抽屉里的现金也被烧成了灰，店主急得在灰堆里不断地翻来扒去。

据一墙之隔的早餐店店主说，那时她正在清扫店门口，突然发现隔壁店铺冒出浓烟，很

快就发现火光，她急忙喊来了附近的店主和居民，但由于起火店铺的卷闸门紧锁着，大家一时没办法打开。后来有人说起火店铺的店主在附近的一家网吧上网，连忙派人骑车过去通知。店主很快赶到现场，打开卷闸门后，鞋子等货物已燃起熊熊烈火。众人拿起早餐店门口的水桶、脸盆等物，七手八脚地用水灭火。

23 点 20 分左右，接到报警的市江南消防大队的消防车赶到现场，此时火已被群众扑灭。因店内停电，借着消防员的手电光亮，可以看到店铺内挂满了服装，店铺顶部等部位已被烟熏得漆黑，店门口的地上是一大堆灰烬。店主的 1 000 多元进货款本来放在抽屉里，店铺起火后这部分现金也被烧成了灰。

据了解，有人怀疑店铺起火与电线短路有关，店主用电磁炉烧菜做饭，从楼顶垂下的一根电线被熔断，只剩下了一个线头。

二、煤气使用的安全知识

当今家庭使用的气体燃料主要是煤气和液化石油气。在使用过程中，如发现煤气泄漏，应尽快开窗换气，切记不要点火；熄灭房间内的明火，如蜡烛、香烟等；不要开、关电器，以免出现电火花引燃室内煤气；检查煤气泄漏的原因，通常可用肥皂水检查，严禁用明火试漏，如果检查不出漏气的原因，应给煤气管理部门打电话紧急处理。

使用罐装煤气时，无论什么时候煤气罐都要竖放，阀门向上，并要定期检查接管是否老化、有缝隙；接管不宜修补，必须全管更换，正常使用的情况下，三年需更换一次胶管；气瓶内的气体不能用尽，应留有一定的剩余压力；煤气用完后，不得自行倾倒，严禁将残液倒入下水道、水池、抽水马桶，一定要到加气站抽残液，防止因残液的流淌和蒸发而引起火灾。另外，使用煤气时，人千万不能走开，以防事故发生。

 【案例 6-9】 点火做饭引发煤气爆燃事故

某日 19 时左右，某废旧塑料回收再生厂门口的配电房发生火灾，起火的原因是配电房内发生了液化石油气爆燃。

当记者赶到火灾现场时，大火已被消防队员扑灭。配电房外围着不少群众，他们议论纷纷：如此满是线缆的配电房怎么可以住人？怎么可以在里面使用煤气烧火做饭？

借助手电筒的光亮，记者看到这间不大的配电房既是厨房又是起居室。大火中，煤气灶已经烧毁，上面的铝锅也已熔化；床铺、电视机也在大火中毁坏，而配电箱内的线缆，不少已被烧掉了外皮，里面的铝线裸露在外；墙壁上满是烟熏的痕迹，窗玻璃已在大火的高温炙烤下爆裂。

住在该配电房里的是一对贵州夫妻。这台煤气灶在一个多月前就发生了故障，内部的电子点火装置已经失效，使用时，需要先打开钢瓶上的阀门，再用打火机引燃灶头。在户主罗某用打火机点火时，连接钢瓶的胶管起了火，由于火太大，罗某无法伸手关钢瓶的阀门。见火越烧越大，罗某拨打了 119 报警。罗某的母亲告诉记者，他们在贵州老家时没有用过液化石油气，对燃气具的操作不是很熟悉，可能是输气胶管安装不够妥当才发生了漏气，引发了爆燃。

在这间配电房的后侧，就是该废旧塑料回收再生厂堆放原料和成品的区域。幸好消防队员扑救及时，否则，一旦这些塑料制品起火，损失将十分巨大。

 【案例 6- 10】女子炖汤忘关火致高压锅爆炸，丈夫被炸伤惨不忍睹

某日，集美泉水湾小区杨先生的妻子凌晨一两点睡不着，起来煮东西。随后，她就继续去卧室睡觉，把煮东西的事给忘了。直到中午 11 时 30 分，厨房突然传来"嘭"的一声巨响，杨先生的妻子被惊醒了，她立刻爬起来。可是，丈夫已经不在床上，她赶紧跑到厨房，看到老公躺在地上全身都是血，遍地是陶瓷碎片，这时她才想起，高压锅已经煮了 10 多个小时了。

据杨先生说，他起床后刚打开厨房门，高压锅就发生爆炸，陶瓷碎片往四处弹开来。他闪躲不及，胸部被飞来的锅盖撞击，前额、胸部、膝盖、腹部、手臂等部位都被陶瓷碎片刮伤。

 【案例 6- 11】乱倒石油气残液害人身亡

某日晚 11 时兰州锅炉压力容器检验研究所院内，因该单位员工在研究所操作过程中，违章将液化石油气残液倒入下水道内，至当日晚 11 时 40 分许，大量挥发的液化石油气体遇过路行人扔下的烟头导致剧烈爆炸，当场将一年轻人面部和上、下肢烧伤。

某日，沈城一家锅炉房的工人私自将质量不好的柴油倾倒进下水道中，引燃了下水道中的沼气，造成下水井爆炸，5 名无辜的过路人被烧伤。

三、吸烟的防火安全知识

因烟蒂引发的火灾数不胜数，乱丢烟蒂、躺在床上（沙发上）吸烟、烟灰掉落在易燃物上，都是引起火灾的原因。因为烟蒂的表面温度为 200～300℃，中心温度可达 700～800℃，它超过了棉麻、毛织物、纸张、家具等可燃物的燃点。在林区、仓库等重要地方，烟蒂的危险性更大，所以一定不要在这些地方吸烟。如果正在吸烟，临时有事情需要外出，应将烟蒂熄灭后人再离开；未熄灭的火柴梗、烟蒂要放进烟灰缸或痰盂内；不能用火柴盒、烟盒当烟灰缸；不能把烟蒂、火柴梗扔在废纸篓里，不能随处乱丢乱扔烟蒂。

 【案例 6- 12】父亲床上吸烟，儿子被烧死

这本是一个幸福的家庭，奶奶退休后在家安度晚年，小孙子天真活泼，爸爸、妈妈都有自己的工作，一家人和和美美地过着温馨、宁静、平安的生活。

一个冬天的夜晚，爸爸躺在床上吸烟，吸完烟后，就睡着了。没想到，爸爸不小心落在被子上的烟灰却慢慢地烧着了被子，引起了一场大火。儿子由于来不及被救出，被大火活活烧死。家里所有的东西都被烧毁。奶奶因思念孙子，不久也离开了人世。年轻的妈妈由于经不起这样的打击，长期卧床不起。一个幸福的家庭就这样被大火给毁了。

 【案例 6-13】 一个烟头与 54 条人命

2004 年 2 月 15 日 11 时许，吉林省吉林市中百商厦发生特大火灾。中百商厦失火后，吉林市紧急出动了全市 60 辆消防车，320 名消防官兵全部投入到灭火营救工作中。大火共造成 54 人死亡、70 人受伤，过火建筑面积 2 040 平方米，直接经济损失 426 万元。此次火灾是因为中百商厦某电器行一名雇工送包装纸时，将嘴上叼着的香烟掉落在仓库中，引燃地面上的纸屑等可燃物引发的。

四、燃放鞭炮的防火安全知识

燃放鞭炮致人损伤的案例屡有发生。这些损伤轻则使人受皮毛之苦，中等损伤可以致人残疾，如炸掉手指、手臂，有时会损害到眼睛而失明，严重者有的会炸伤头部，甚至经抢救无效而死。另外，燃放鞭炮还可能引起火灾，因此在许多城市里，已经禁止燃放烟花爆竹，除非在指定地点、指定时间内燃放。为了公民自身及公共安全，买鞭炮时要买质量合格的鞭炮，不要让小孩燃放，不要用手拿着燃放，点燃鞭炮不要乱扔乱甩，更不要急于用手去拿、去看未响的鞭炮，也不要把鞭炮放在容器内燃放，放鞭炮时要远离房屋及易燃物品，要注意保护好身体。

 【案例 6-14】 乱放鞭炮造成 5 人被炸身亡

2015 年 2 月 19 日下午 15 时 42 分许，永康市象珠镇派溪村民吕某带侄儿吕某某到永康市象珠镇某经营部的烟花店内购买烟花爆竹。15 时 50 分象珠镇派溪吕村村民张某某带儿子李某某（8 岁）、女儿李某某（6 岁）也到该店内购买烟花爆竹。15 时 50 分许，为招揽顾客，店主陈某某先拿出一个"银色喷泉"的烟花，交给吕某某到店外试放，看到回到店内的吕某某不满意，陈某某又拿出一个"大地花开"的烟花，并在柜台内用打火机点燃后扔向店外。烟花落地后快速旋转并火花四溅，将店面外堆放的一个烟花引燃。向上发射的烟花内筒经钢棚阻挡反弹回来爆炸并引燃了更多的烟花。此时，已有部分烟花内筒射入店内爆炸，并引燃了店内存放的烟花。陈某某在没有检查店内是否还有其他人员的情况下（实际当时店内除陈某某夫妻外，还有张某某、李某某、李某某、吕某某 4 人），慌乱中却将两扇卷帘门拉下。由于店内已有一些烟花爆竹被引燃，并产生大量浓烟，陈某某抓住妻子胡某某通过店铺的侧门逃到了店铺外。之后，店门外一辆轿车和北侧两间副食品店也开始起火燃烧。事故共造成 5 人死亡、1 人受伤，直接经济损失 270 万元。

五、其他防火安全知识

1）驱蚊防火安全知识。夏季，尤其是夏季的夜晚，人们常常需要用蚊香驱赶蚊虫。但在使用蚊香驱蚊时，要了解蚊香的特性。蚊香具有很强的阴燃能力，点燃后没有火焰，但能长时间持续燃烧。蚊香燃烧时，中心温度高达700℃，超过了多数可燃物的燃点，如果稍有不慎，一旦点燃的蚊香接触到周围的可燃物，就会引起火灾。所以，点燃的蚊香要放在金属支架上，要远离窗帘、报纸和书本等可燃物，千万不能把点燃的蚊香直接放在木板或其他可燃物上。自制的蚊香点燃后，应放在搪瓷脸盆里，或用砖块垫底。室外采用自制蚊香驱蚊时，要有人看管，做到人走火灭。最好用"灭蚊剂"或驱蚊器驱蚊，这样比较安全。

2）烤火取暖的安全知识。在冬季，如安装火炉来烤火取暖，取暖安装的各种火炉不能与木板、木柱、桌椅、床铺、衣物等易燃可燃物靠近；不能用汽油、柴油、液化石油气残液点火生炉子；不能在炉子上烤衣物，炉灰要用水浇灭，倒在安全的地方，防止死灰复燃。

3）防老鼠咬断电线起火。老鼠会偷吃糟蹋粮食，咬坏家具，还会传染疾病。其实老鼠还会干更厉害的坏事，如咬断电线，引起电线短路起火。

4）防阳光聚焦引起火灾。不要将镜子、放大镜、金鱼缸等摆放在太阳光下，避免聚焦引起火灾，尤其是不能聚焦在窗帘、茶几、木桌、纸张等物品上。

第三节　学校防火安全知识

学校是人员高度集中之地。而中小学生更是人小体弱、自护自救能力差的弱势群体，一旦发生火灾，最容易造成群死群伤的严重后果，所以，校园防火必须引起各级领导和全社会的高度重视。某日深夜，西安某大学第四学生宿舍楼发生火灾，烧毁宿舍30间和169名学生的生活、学习用品；某日深夜，河南省某技工学校寝室楼发生火灾，烧毁建筑面积达3 000平方米，烧毁许多教学、办公用品和学生的学习、生活用品等，熊熊大火中，有7名学生盲目跳楼，造成1死6伤的惨剧；某日深夜，云南省某中心学校的一间很小的女生宿舍里，发生了一场震惊全国的特大火灾，21名如花似玉的女孩被凶猛的火魔吞没，她们中年龄最大的才17岁，最小的仅10岁。

一、教室的防火安全知识

使用教室时要保证门全部能够打开，以方便人们遇到紧急情况时能迅速疏散。教室内不能使用大功率的电器，不得违反操作规程使用电子教具；对电源线路、插座的负荷要核算检查，防止因老化发生短路；示教用完后的易燃物品应及时清理；教室内严禁吸烟、乱丢烟蒂等。

二、实验室的防火安全知识

实验室内不宜过多存放各种易燃、易爆、剧毒和腐蚀性的试剂，对有毒、易燃、易爆物品不得任意放置。一般的实验教学电子仪器都有熔丝保护设备，当熔丝失灵或者更换熔丝时，不得用大于规定值的熔丝，也不准用铜丝、铝线替代。操作人员应在仪器关闭后离开实验室，防止因仪器长时间通电过热而引发火灾；电吹风使用后要立即关闭；在使用电烙铁、电热器时要格外小心，不能在通电的情况下随意乱放，防止引燃周围的可燃物品；使用教学仪器时，其附近不准放置火柴、打火机、酒精灯和喷灯等物品；严禁在实验室里吸烟；学生做实验时必须听从老师指导。

【案例 6-15】 乱点酒精灯险酿火灾

　　某学校学生陈某是个活泼好动的孩子。有一天上自然课做实验时，他没有听清老师提出的要求，随手拿过别人已点燃的酒精灯，直接去点自己的酒精灯。结果"砰"的一声，火苗蹿得很高，把他的头发烧掉一块，脸颊上也烧起了泡。他一惊之下，赶紧扔掉酒精灯，酒精四处蔓延并迅速燃烧起来，幸亏老师和同学们扑救及时，才避免了一场火灾的发生。

三、图书馆的防火安全知识

　　图书馆是学生借阅书籍、查找资料的场所，是学校的知识宝库。一般情况下，图书馆都是防火的重点部位，所以要经常对图书馆的电源线路、插座、电器设备进行安全检查，发现火灾隐患应及时整改。图书馆内的装饰要用阻燃材料，不能在图书馆里用火柴、打火机随意点火，更不能在停电的情况下手秉点燃的蜡烛进入馆内查找书籍；不允许在图书馆里堆放其他可燃杂物，要始终保持疏散通道的畅通。

四、礼堂或报告厅的防火安全知识

　　礼堂或报告厅使用时人员聚集，尤其近年来这些场所不管是新建的，还是经过改造、装修的，都采用了大量的可燃材料，如幕布、垂帐、木围板和木质柜台等，非常容易发生火灾。所以，必须落实这些场所的消防安全责任制，经常检查电源线路、用电器具，电线应穿管铺设，不得超负荷用电和私拉乱接电线，不能将大功率照明灯靠近幕布或易燃装饰物。礼堂或报告厅内不能使用明火，不准吸烟或随地丢弃烟蒂。使用礼堂或报告厅时要开启所有的安全门，保证疏散通道畅通，疏散门应向外开启，严禁阻塞安全出口和把门上锁；应设置应急照明和疏散的指示标志，配备足够的消防器具；严禁带入或存放易燃易爆物品。

【案例 6-16】 照明灯烤燃幕布夺去多名师生的性命

　　1994 年 12 月 8 日，新疆克拉玛依市友谊馆因舞台上方的照明灯烤燃幕布造成火灾，正在这里观看和参加文艺汇报演出的 323 名师生被大火无情地夺去了生命，还有 130 人被烧伤，其中重伤 68 人。这起火灾不仅夺去了几百人的生命，还影响了正常的社会秩序、生产秩序、工作秩序、教学秩序和人们的生活秩序。

五、学生公寓的防火安全知识

　　学生公寓如果发生火灾，特别是在夜间，将对学生的生命财产安全构成严重威胁。因此学校领导和各级管理部门必须高度重视学生公寓火灾的防范，投入资金保证硬件防火设施的完好，并强化学生的消防安全意识。同学们在学生公寓要自觉做到十不准：①不准卧床吸烟和乱扔烟蒂；②不准私拉乱接电线和安装电源插座；③不准占用、堵塞疏散通道；④不准在公寓楼内焚烧杂物；⑤不准携带易燃、易爆物品进入公寓；⑥不准使用"热得快"等大功率电热设备；⑦不准使用酒精炉等明火器具；⑧不准擅自变动电源设备；⑨不准离开宿舍不关电源；⑩不准损坏灭火器和消防设施。同时，同学们应熟记公寓安全通道的位置和路线，并最好不要在宿舍里用蜡烛照明，以防引燃可燃物，造成火灾。

家庭防火的安全知识在学校中同样适用。

【案例 6-17】未熄灭的烟蒂引燃废纸导致火灾

某日夜，西安某高校发生火灾，烧毁屋内书籍、顶棚、三个柜子、两台计算机等物品，损失价值达万元。火灾的原因是某学生由于不良嗜好与粗心大意，违反学校有关防火的规定，在禁烟区域内吸烟，并将烟缸内未熄灭的烟蒂倒入门后装有废纸屑的纸篓里，烟蒂引燃废纸导致火灾事故。

【案例 6-18】两千女生，火中机智逃生

某日凌晨 5 时 4 分，东北某大学第四宿舍楼被浓烟笼罩，近两千名学生不得不在睡眼朦胧中开始火中逃生行动。当她们穿着睡衣、光着脚跑到楼前时，楼里的 219 房间已经被大火烧得一干二净。及时赶到的消防官兵用了近一个小时的时间，将楼内学生全部疏散，火灾没有造成人员伤亡。

"着火了！"住在四楼的一位女生首先被烟雾呛醒，她急忙喊醒其他人，几个人先用布条等东西堵住门缝，接着开始在走廊里寻找着火点，可此时走廊内只剩下让人伸手不见五指的烟雾……其他学生知道着火后，都弄湿了手绢，弯着腰走到楼梯口，顺利地逃了出来。

经调查，火灾原因是该楼 219 宿舍女生陈某在用"热得快"烧水时，因学校突然停电，她随手将"热得快"从暖瓶取出扔在床上而忘记将插头拔下。凌晨来电时，"热得快"通电引燃被褥，引发火灾。

【案例 6-19】使用"热得快"酿火灾

某日下午，北京某高校学生公寓 504 宿舍发生一起火灾事故，致使该宿舍架子床、桌椅等公用设施被烧毁，另有价值 10 000 余元的学生个人生活用品化为灰烬。经调查，这起火灾事故是两名女学生违反公寓管理制度，使用"热得快"插在暖壶里烧水，而人离开时又忘记了切断电源，壶水烧干后，"热得快"发生短路，迅速引燃周围的可燃物，酿成了火灾。

第四节　公共场所的防火安全知识

在火车上、汽车上、候车室、影剧院、商场、公园、游戏机房、集贸市场以及建筑工地等公共场所里，由于人员比较多，各种可燃、易燃物也较多，火灾的危险性相对增加，而且不少地方逃生通道又比较少或者狭窄，所以一旦发生火灾，后果将很惨重，损失也会特别大。因此，加强公共场所防火是保护国家财产和人民生命安全的大事。

一、乘坐交通工具的防火安全知识

乘坐火车、汽车、轮船等交通工具时，不能携带油漆、酒精、烟花爆竹等易燃易爆物品。公交车是人们生活中不可缺少的交通工具，人员众多是其最大的特点，一旦发生火灾，应采取以下几种自救的方法：当发动机着火时，驾驶员应开启车门，令乘客从车门下车；如果火焰虽小但封住了车门，乘客们可用衣物蒙住头部，从车门冲下；如果车门被火烧坏，开启不了，乘客应砸开就近的车窗翻下车。

二、经营场所的防火安全知识

商厦、旅馆、酒店、商店、批发市场、工厂或仓库等经营场所使用大量的装饰材料，如木板、油漆、香蕉水等易燃易爆物品，有的还存放许多易燃易爆品，所以千万不能在那些地方玩火或乱扔烟蒂，用火也要注意安全；进行电焊施工时，要防止熔渣飞溅，以免引起火灾。

 【案例6-20】燃放烟火引起火灾事故

某日23时许，深圳市龙岗区某俱乐部发生一起特大火灾，事故共造成43人死亡，88人受伤，其中51人需住院治疗。据深圳警方初步调查：舞王俱乐部是一家歌舞厅，事发时，俱乐部内有数百人正在喝酒看歌舞表演，火灾是由于23时许舞台上燃放烟火造成的，起火点位于3楼，现场有一条大约10米长的狭窄过道。现场人员逃生时，因过道上十分拥挤，造成了惨剧。

这场火灾起火前后时间不足30分钟，最终却吞噬了43条生命，88人受伤。为什么？警方调查结果显示，现场没有应急灯，火灾导致停电后，大厅里的800多人一下子慌乱起来，四处逃窜找出口，尖叫着往同一个方向拥挤。而出口就是一条宽不足2米、长约10米的通道，人群像叠罗汉一样翻过去。"太拥挤，担心被踩死。"伤者江永回忆，跑到门口的他又捂着鼻子绕回大厅，跟着50多个人，从另外一个楼梯口惊魂不定地跑了出来。

据调查，舞王俱乐部于2007年9月8日开业，无营业执照，无文化经营许可证，消防验收不合格，属于无牌无照擅自经营。事故发生后，该俱乐部总经理、副总经理、楼面部长等12名涉案人员被行政拘留，而第一时间逃走的法人代表王静也于9月21日自首。

要经常检查经营场所有无火灾隐患，检查电器设备使用情况，有无老化、超负荷运行、短路、绝缘失灵等；要检查电器设备内的尘污是否过多，元器件有无损坏及电器设备运行过程是否正常，有无发出异常的响声、气味、冒烟。

进入公共场所要观察消防安全标志，了解紧急出口通道，一旦遇到火灾，就能尽快安全撤离火场；要爱护公共场所的消防器材，不能随意拿来玩耍；发现有人偷盗消防器材，要及时报告；要多观察了解公共场所的消防设施，知道报警器、喷头、手动控制装置等设施的作用，掌握一定的消防知识。

 【案例 6- 21】电线短路引起火灾事故

尼加拉瓜媒体某日报道，尼最大的中国商品批发市场"东方市场"突发火灾，持续 10 多个小时的大火吞噬了 1 000 多家商户，造成约 1 亿美元的经济损失。

位于尼首都马那瓜的"东方市场"是尼加拉瓜乃至整个中美洲和加勒比海地区最大的商品批发市场，也是马那瓜 1972 年大地震中幸存下来的仅有的 3 座大型市场之一，大批华人在此经商，"东方市场"由此得名。

"东方市场"突起大火，火势持续约 11 小时，至第 2 天中午前才得到控制，火灾至少造成 30 余人受伤，无死亡报告。据统计，大约 1 500 家商户毁于大火，直接经济损失达 1 亿美元。警方判定起火原因为电线短路。

 【案例 6- 22】电焊引燃可燃物引起火灾事故

某日，洛阳市某商厦发生特大火灾，造成 309 人死亡，起火原因就是地下一层丹尼斯公司违章电焊，电焊熔渣掉到地下二层家具商场的可燃物上引起大火。据了解，当日晚 21 点左右，王某等 4 名均无证上岗的电焊工，在东都商厦地下一层焊接该层与地下二层的分隔铁板时，电焊熔渣溅落到地下二层的可燃物上引发火灾，王某等人用水扑救无效后未报警，而是逃离现场，并订立了攻守同盟。两日后，逃跑后的 4 名电焊工被公安机关全部抓获，对其违法行为供认不讳。

某日，上海静安区一栋公寓起火，事故造成 58 人死亡，71 人受伤。建筑物过火面积 12 000 平方米，直接经济损失 1. 58 亿元。经调查，该公寓在装修作业，施工脚手架搭建时，两名电焊工违规实施电焊作业引燃施工防护尼龙网和其他可燃物，在极短时间内形成大面积立体式大火，造成大量人员伤亡和财产损失，是一起因违法违规行为导致的特别重大责任事故。

 【案例 6- 23】乱扔烟蒂引发火灾事故

某日凌晨，广东省某村个体户（挂名集体）甲、乙夫妇办的某制衣厂（来料加工企业），发生特大火灾，全厂付之一炬，造成 72 人死亡，47 人受伤，直接经济损失达 300 万元。

当日，加班工人梁某吸烟后扔下烟蒂引燃易燃物。当日凌晨 4 时 20 分左右，厂一楼突然起火，存放在该楼层的大量生产原料 PVC 塑料布和成品雨衣 7 万多件着火，火势迅速蔓延并封住了这幢四层楼厂房的唯一出口。楼内既无防火栓、灭火器等起码的消防器材，亦无防火疏散通道和紧急出口，很多门、窗都被铁条焊死，造成工人灭火无力、逃避无门。浓烟烈火沿着楼梯和电梯井筒道大量窜入三、四层楼的工人宿舍。当时许多工人正在熟睡，还没等明白过来发生了什么事情，就被熏死或烧死，最终造成 64 人直接被熏昏、烧死，55 人从窗口跳楼逃生。逃生人员中，两人当场摔死，6 人摔伤，但因烧伤过重，终抢救无效死亡，共计造成 72 人死亡，840 平方米的厂房被烧毁。

三、森林的防火安全知识

根据国务院颁发的《森林防火条例》规定，县级以上地方人民政府，应当根据本地区的自然条件和火灾发生规律，规定森林防火期。在森林防火期内出现高温、干旱、大风等高火险天气时，可以划定森林防火戒严区，规定森林防火戒严期。凡在山林内或山林边缘进行野外活动的人员，都必须遵守以下规定：

1）森林防火期内，严禁在林区用火，严禁野炊、烧杂草、烧火取暖、烧山驱兽、点火把照明、玩火、烧田埂草；禁止在扫墓时烧纸钱、燃放鞭炮、点香烛；严禁在森林里吸烟；小孩、痴呆疯病人员的监护人应履行监护责任，防止他们上山玩火造成森林火灾。

 【案例 6-24】 燃放鞭炮不慎引发森林火灾

某日上午，64 岁的傅某到娘家附近的百岩洞烧香求愿，在燃放鞭炮的过程中不慎引发森林火灾。经过森林消防队员以及附近村民的奋力抢救，山火被扑灭。经现场勘察鉴定，此次森林火灾过火面积 150 余亩，其中烧毁森林面积 110 余亩，林木直接经济损失 5 万余元。

根据最新的《最高人民检察院公安部关于公安机关管理的刑事案件立案追诉标准的规定》，森林失火案立案标准是过火面积 2 公顷，也就是 30 亩。因此 64 岁的傅某被公安局林业派出所采取监视居住的强制措施。

2）森林防火期内，烧荒、烧土杂肥等农业生产性用火，必须报区森林防火指挥部办公室或护林防火领导小组批准，领取野外用火许可证，在规定时间、地点、范围用火，现场要有人监管，并在检查确认无余火后，才能离开。

3）森林防火期内，在林区进行爆破、勘察、施工、开采矿石等野外作业活动，要报森林防火指挥部（小组）批准。

4）在森林防火戒严期内，禁止携带火种进入林内，禁止一切野外用火行为。

一旦发现山林着火，应当立即向村或镇政府报告，或拨打 110、119 电话。

 【案例 6-25】 违规吸烟引发森林火灾事故

1987 年 5 月 6 日，黑龙江省大兴安岭地区的西林吉、图强、阿尔木和塔河 4 个林业局所属的几处林场同时起火，引起新中国成立以来最严重的一次特大森林火灾。据初步统计，大火持续燃烧了 21 天，投入灭火人员共约 3 万多人，过火面积达 101 万公顷，其中有林面积近 70%；烧毁房舍 61.4 万平方米，内含居民住房 40 万平方米，贮木场 4 处半，林场 9 处，存材 85.5 万立方米；烧毁各种设备 2 488 台，粮食 650 万斤，桥涵 67 座，铁路专用线 9.2 公里，通信线路 483 公里，输变电线路 284.2 公里；受灾群众 5 万多人，死亡 193 人，受伤 226 人，直接经济损失约 5 亿元人民币。

据调查，最初的火源是林业工人违反规章制度吸烟，以及违反防火期禁止使用割灌机的规定，违章作业造成的。其中直接肇事者汪某，到林场干活才 13 天，他起动割灌机引燃了地上的汽油，割灌机也着了火。当时如果他脱下大衣一捂，火就可能被扑灭，可汪某却拖着机器跑了七八米，等他叫人来时，火势已变成很难控制的火灾。

 知识链接

"9·11" 逃生记

美国东部时间 2001 年 9 月 11 日上午，纽约 110 层高的世贸中心"姊妹楼"受恐怖分子袭击。当时，正在世贸中心办公的孙玲玲，在恐怖分子劫持的飞机第一次撞击世贸大楼后，安全地逃出了大楼。下面是她的一段回忆：

"快 9 时的时候，我正在位于 33 层楼的办公室里打电话，突然听到震耳欲聋的撞击声。整个房子都在颤抖，我的第一个感觉就是发生地震了，但是又不像。紧接着，第二声巨响，我赶紧跑到楼道里，楼道里空无一人，死一般的沉寂。回到办公室，我有一种不祥的预感。不一会，整个大楼里就充满了呛人的浓烟，大家惊慌失措，都不知道究竟发生了什么事。"

"我什么也顾不得收拾，夹在人群中向楼梯跑去。然而，楼梯里已经挤满了人，大家走得很慢，但是紧张有序。到了 30 层，楼道里已经拥挤得走不动了。这时，楼上开始有担架抬下来，大家主动让出了一条通道，让这些伤痕累累、血肉模糊的伤员先走。不一会，大楼被恐怖分子袭击了的消息就在拥挤的人群中传开来。到了 20 多层时，我们碰到了往楼上冲的消防队员，他们背着沉重的消防器材，边跑边问哪层着火了。消防队员全身是汗，大家拿水给他们喝，还往他们身上洒水。抬下楼的伤员越来越多。"

"终于走到大厅，大厅里的大理石都被震落了，到处都是瓦砾。这时正好是上班的高峰，同时使用的电梯有 20 至 30 部，而且每部电梯都满载。我亲眼看到了电梯的钢索都坠落下来。我真的不敢想象，有多少人被困死在电梯里。大楼已经着火，所有的灭火装置都在灭火，我们走出门时，一个个都变成了泥人，浑身上下都是泥浆。大门口，8 年来和我们朝夕相处的警卫依然站在那里，他们对我们说：'别慌，但是行动要快。'这句话，我想，这一辈子我都会记得。"

"刚从那个唯一的疏散出口出来，我就听到身边的一声巨响，一个人跳楼了，就落在离我不远的地方！再回头，世贸中心两个楼浓烟滚滚，楼身已经着火。我刚刚走过一个街区，

世贸南楼就开始坍塌，就像是化了的巧克力，一点一点往下掉。南楼是后被撞的，但却先坍塌了，那里有 5 万名员工，多数人根本没有时间逃出来。等我们跑到布鲁克林桥上再回头看时，我工作的北楼也坍塌了，我想到了那些不顾自己生命危险跑上楼的消防队员们，他们根本不可能再活着出来了。”

“我曾经不屑看好莱坞的那些恐怖大片，觉得那都是子虚乌有的东西。可现在，我不得不承认，即使是好莱坞最恐怖的片子，也绝对比不上世贸遭袭那天的恐怖。当时我们从楼里跑出来后，地面疏散人员催促我们赶快离开，刚跑出不到 300 米，我就听见有人尖叫 ‘my God’，等我扭头一看，大楼已经着火，2 号楼正慢慢地、一点一点地往下垮，就好像蜡烛在流泪，好像巧克力一点一点地融化……”

“纽约全城的交通陷入了瘫痪，我走了 7 个小时才回到住所。到家一看，有 70 多个电话录音等着我。电话从全世界四面八方打来，问候我，告诉我需要帮忙就说话。中国纽约领事馆也打来电话问候。这时，我的眼泪终于流了出来，祖国没有忘记我!”

第五节 常用灭火器的使用方法

灭火器的种类很多，一般可按三种方式分类。第一种，按其移动方式可分为手提式灭火器和推车式灭火器；第二种，按驱动灭火剂的动力来源可分为储气瓶式、储压式、化学反应式灭火器；第三种，按所罐装的灭火剂可分为泡沫、干粉、卤代烷、二氧化碳、酸碱、清水等灭火器。

火灾在初起时燃烧范围小、火势弱，是人们用灭火器灭火的最佳时机。因此，正确合理地使用灭火器灭火显得非常重要。下面介绍一些常用的灭火器及消火栓的使用方法。

一、手提式干粉灭火器的使用方法

手提式干粉灭火器主要针对由各种易燃、可燃液体和气体引起的火灾以及带电设备引起的火灾。如火灾发生在室外，应选择在上风方向用手提式干粉灭火器喷射灭火。

使用储气瓶式的干粉灭火器时，如果储气瓶的开启方式是手轮式的，则应将手轮按逆时针方向旋到最高位置，随即提起灭火器，待干粉喷出后，迅速对准火焰的根部扫射。使用的干粉灭火器若是储压式的，操作者应先将压把上的保险销拔下，然后一手握住喷射软管前端的喷嘴部，另一只手将压把压下，打开灭火器进行灭火。使用喷射软管灭火器或储压式灭火器时，一手应始终压下压把，不能放开，否则会中断喷射。

手提式干粉灭火器的使用方法如图 6-1 所示。

手提式 1211 灭火器的使用方法与手提式干粉灭火器的使用方法基本相同，只是手提式 1211 灭火器主要针对仪器仪表、图书档案、珍贵文物等的初起灭火，但不能扑救轻金属火灾。

a) 右手握着压把，左手托着灭火器
底部，轻轻地取下灭火器

b) 右手提着灭火器到现场

c) 除掉铅封

d) 拔掉保险销

e) 左手握着喷管，右手提着压把

f) 在距火焰2米的地方，右手用力
压下压把，左手拿着喷管左右摆动，
喷射干粉覆盖整个燃烧区

图 6-1　手提式干粉灭火器的使用方法

二、推车式干粉灭火器的使用方法

推车式干粉灭火器的使用方法与手提式干粉灭火器的使用方法相同，只是推车式干粉灭火器的体积相对大，灭火使用时间长。一般情况下，在重点防火部位配备有推车式干粉灭火器。

三、二氧化碳灭火器的使用方法

这种灭火器主要针对由各种易燃、可燃液体、可燃气体引起的火灾，也可扑救仪器仪的地方，右手用力压下压把，左手拿着喷管左右摆动，喷射干粉覆盖整个燃烧区表、图书档案、工艺品和低压电器设备等的初起火灾。

使用二氧化碳灭火器灭火时，只要将灭火器提至距燃烧物 5 米左右，放下灭火器拔出保险销，一手握住喇叭筒根部的手柄，另一只手紧握启闭阀的压把即可。对没有喷射软管的二氧化碳灭火器，应把喇叭筒往上扳 70°~90°，而且使用时不能直接用手抓住喇叭筒外壁或金属连接管，防止手被冻伤。灭火时，当可燃液体呈流淌状燃烧时，使用者应将二氧化碳灭火器的喷流由近而远向火焰喷射；如果可燃液体在容器内燃烧时，使用者应将喇叭筒提起，从容器的一侧上部向燃烧的容器中喷射，但不能用二氧化碳射流直接冲击可燃液面，以防将可燃液体冲出容器而扩大火势，造成灭火困难。手提式二氧化碳灭火器的使用方法如图 6-2 所示。

a）右手握着压把　　　　　b）右手提着灭火器到现场　　　　　c）除掉铅封

d）拔掉保险销　　　　e）站在距火源5米的地方，　　　f）对着火焰根部喷射，并不断推前，
　　　　　　　　　　　左手拿着喇叭筒，右手用力压把　　　直至把火焰扑灭

图 6-2　手提式二氧化碳灭火器的使用方法

　　推车式二氧化碳灭火器一般由两人操作，使用时两人一起将灭火器推到离燃烧物 10 米左右处，一人快速取下喇叭筒并展开喷射软管后，握住喇叭筒根部的手柄，另一人快速按逆时针方向旋动手轮，并开到最大位置，具体的灭火方法与手提式灭火器相同。

　　使用二氧化碳灭火器时，在室外使用的，应选择在上风方向喷射；在室内窄小空间使用的，灭火后操作者应迅速离开，以防窒息。

四、泡沫灭火器的使用方法

　　这种灭火器主要针对各种油类、木材、纤维、橡胶等固体可燃物质引起的火灾，它不能扑救水溶性液体的火灾，如醇、酯、醚、酮等物质的火灾，也不能扑救带电设备的火灾。使用时，用右手按住上部，左手抓着下部，使用者站在离火源 8 米的地方，将灭火器喷嘴朝向燃烧区喷射，并慢慢向前走，一直到把火焰扑灭。

五、消火栓的使用方法

消火栓箱内装有消防水带和枪头，紧急情况下可击碎消火栓箱门玻璃，把枪头、水带和消防供水接口接好，将水枪拉至需要灭火的部位（水带要拉直），然后打开阀门喷水灭火。切记，不能用水扑救的火灾有：碱金属火灾、碳化碱金属和氢化碱金属火灾、轻于水的和不溶于水的油品或易燃液体火灾、熔化的铁水和钢水火灾、高压电器装置火灾、三酸（硫酸、硝酸、盐酸）火灾。

第六节　常见火灾的扑救

火灾具有不确定性，一旦发现火险、火灾，就要立即想办法进行扑救，决不能延误时机，否则，一起小火就可能变成一场大火，留给人们的是难以想象的灾难和悲剧。总结以往造成群死群伤及重大经济损失的火灾教训，提高人们扑救初起火灾的能力尤为重要，这就需要同学们了解并掌握火灾的发展阶段和灭火原理，熟知火灾扑救过程中应当遵循的原则。

一、火灾发展的三个阶段

任何一起火灾，都有一个从小到大的发展过程，通常根据其温度变化分为三个阶段，即初起阶段、发展阶段和猛烈阶段。

1）火灾初起阶段。一般固体可燃物质起火燃烧后，在开始的十几分钟内，火源面积较小，燃烧强度弱，火焰不高，辐射不强，烟和气体流动缓慢，火焰温度可能在 500℃ 左右，燃烧速度不快。此时是扑救的最佳时机，只要发现及时，立即用灭火器材或就近寻找简易的工具就能把火扑灭。

2）火灾发展阶段。由于初起火灾没有被及时发现或扑灭，随着燃烧时间的延长，温度可达 700℃ 以上，周围的可燃物质或建筑构件被迅速加热，气体对流增强，燃烧速度加快，燃烧面积迅速扩大。此时需投入相当的力量，并立即报火警，及时采取正确的措施来控制火势的发展。

3）火灾猛烈阶段。如果火灾在发展阶段没有得到控制，由于燃烧时间继续延长，燃烧速度不断加快，燃烧面积不断迅速扩大，温度急剧上升，气体对流达到最快速度，辐射热最强，建筑构件的承重能力急剧下降。此时，必须组织更多的灭火力量或由专业的消防人员，经过较长时间才能控制火势，扑灭火灾。

二、灭火的正确方法

根据燃烧的基本条件，一切扑救火灾的灭火措施，都是为了破坏已经形成的燃烧，或终止燃烧的连锁反应而使火熄灭，或者把火势控制在一定的范围内，最大限度地减少火灾损失，所以要针对不同的火情，采取正确的灭火方法。

1) 冷却法。根据可燃物质发生燃烧时必须达到一定的温度这个条件，将灭火剂直接喷洒在燃烧着的物体上，使可燃物的温度降低到燃点以下从而使燃烧停止，如用水灭火等。

2) 隔离法。根据发生燃烧必须具备可燃物这个条件，可将已着火的物质与附近的可燃物隔离或疏散开，从而使燃烧停止，如关闭阀门、拆除与火源相毗连的易燃建筑等。

【案例 6-26】 高中生火场勇敢救人

某日清晨 5 时 50 分左右，某楼 2 层熟睡的居民被一阵吵嚷声和敲门声惊醒了，住在 201 室的闫女士穿着睡衣跑了出来，就见 202 室正开着门，房间内弥漫着浓烟，同时可以闻到一股呛鼻的煤气味道，女主人付女士正浑身哆嗦着不知所措。当时几位闻讯赶来的邻居看到付女士家的厨房中还蹿着火苗，就都忙着去找水，但由于煤气的味道很重，人们却不敢靠近。"快给我拿一条湿毛巾！"这时，203 室房间冲出了一个男孩，他从邻居那儿得知是煤气泄漏而起火后，忙放下手中端着的一盆水，拿起了邻居递过来的湿毛巾后捂着嘴巴就要冲进房间。"孩子，危险！"虽然邻居们都在阻拦，但是男孩还是冲了进去，关闭了煤气阀门很快就出来了。邻居说，男孩出来后浑身湿漉漉的，被呛得两眼直流泪，回家换了衣服后，拎着书包就匆匆跑下楼上学去了。

3) 窒息法。窒息法灭火是根据燃烧需要足够的空气这个条件，采取适当措施来防止空气流入燃烧区，使燃烧物质因缺乏或断绝氧气而熄灭，如用泡沫灭火剂灭油类火灾。

4) 抑制法。这种方法是让化学灭火剂参与到燃烧连锁反应，使燃烧过程中产生的活性游离基消失，形成稳定的分子，从而使燃烧反应停止，如干粉灭火剂灭气体火灾。

三、灭火的基本原则

人们最先发现和识别的往往是初起火灾，此时若能及时有效地灭火，对防止火势蔓延、减少事故损失具有重大的作用。发现火情时，应立即向社区消防监控中心报告或拨打"119"火灾报警电话报警，并派人到关键路口引导消防队伍或消防车的到来，同时应开展扑救工作。扑救时应遵循如下几个战术原则：

1) 先控制后消灭。对于不可能立即扑灭的火灾，如油罐、可燃气管道、易燃易爆物品等着火，要首先控制火势的继续蔓延扩大，待具备了扑灭火灾的条件时，再展开全面进攻，一举消灭火灾。如油罐起火后，要冷却油罐，防止因温度升高而引起爆炸；可燃气管道起火时，要迅速关闭阀门，以断绝气源，并堵塞漏洞，防止气体扩散。控制火势的同时要保护受火势威胁的生产装置、设备等。

2) 救人重于救火。救人重于救火，是指火场上如果有人受到火势威胁，消防队员的首要任务就是把被火围困的人员抢救出来，不能因为灭火而贻误救人时机。

3) 先重点后一般。灭火时，要先照顾重点，再照顾一般。人和物相比，救人是重点；

贵重物资和一般物资相比，保护和抢救贵重物资是重点；火势蔓延猛烈的方面和其他方面相比，控制火势蔓延猛烈的方面是重点；有爆炸、毒害、倒塌危险的方面和没有这些危险的方面相比，处置这些危险的方面是重点。

4）保障消防人员自身的安全。现代建筑与传统建筑存在着差异，一旦发生事故，易造成人员的群死群伤，因此要用现代的科学技术防范大型突发事故及灾难，确保消防人员自身的安全。

 【案例 6-27】 衡阳火灾坍塌事故中消防官兵伤亡惨痛

某日凌晨 5 时许，湖南衡阳某大厦保安值班员肖某、唐某发现大厦一楼起火，打开室内消火栓却发现没有水枪水带，于是赶紧报警。衡阳市珠晖区消防中队接警后出动 3 台消防车赶到现场扑救。随后，又有其他消防中队共 180 多名消防官兵赴现场扑救。上午 8 时 30 分左右，大楼突然坍塌，共有 16 名消防官兵和 4 名现场采访记者受伤，20 名消防官兵壮烈牺牲。湖南衡阳"11·3"特大火灾是中国消防史上最惨痛的悲剧。牺牲的 20 名消防官兵中，有 7 人是干部，最高职务是消防支队政委，上校警衔，最年轻的消防战士只有 17 岁。另外，此次特大火灾使珠晖区宣灵村 94 户、412 位居民的财产毁于一旦。此次火灾起火的原因是衡州大厦一楼从北边数第二家门面里一男一女在用硫磺熏枣，加热硫磺的电炉子烤着了门面里堆放的尼龙绳和塑料包装袋引起了火灾，两个人虽用桶提水灭火，但没有等火完全熄灭就拉下卷闸门走了，导致死灰复燃引发大火。

第七节　火场逃生常识

当一场火灾突然降临时，被火围困的人员都会感到大难临头，于是互相拥挤、拼命争逃的现象就会发生，结果常造成大量不必要的人员伤亡。因此，面对火灾，需要及时组织人员有序地疏散。火灾降临时，有的人性命不保、有的人因跳楼丧生或造成终身残疾、也有人化险为夷死里逃生，当然，这与起火时间、地点、火势大小、消防设施完好程度等因素有关，但更重要的是被火围困的人员有没有火场自救逃生的本领。所以，职校生必须掌握火场自救与逃生技能。

 【案例 6-28】 火灾中智慧的小男孩

1994 年 12 月 8 日，新疆克拉玛依大火灾使 288 名中小学生和 37 名老师干部遇难。然而，有位年仅 10 岁的小男孩和他的表妹却奇迹般地"火里逃生"。这对小兄妹安然无恙地被人从厕所里救出来时，他们的脸上并没有惊恐。当人们问道："你们为什么躲到厕所里呢？"小男孩从容地回答："我记得'电视安全知识竞赛'上说过，火灾发生时厕所里最安全。"这回答，使在场的许多大人目瞪口呆，他们不得不钦佩，小小年纪的孩童，却具有这样科学的自救、自护的基本常识。

一、火灾引起死亡的原因

火灾引起死亡的直接原因归纳起来有三条：

1）烟雾中毒窒息死亡。这是火灾致死的首要原因。当火灾中产生的一氧化碳在空气中的含量超过 1.28% 时，即可导致人在 1~3 分钟内窒息死亡。因为烟雾中含有的一氧化碳被人吸入后立即与血液中的血红蛋白结合成为碳氧血红蛋白，当人体血液中含有 10% 的碳氧血红蛋白时，就会发生中毒，含 50% 时就会使人窒息死亡。

2）被火烧死。燃烧中产生的热空气被人吸入，会严重灼伤呼吸系统的软组织，严重的也可致人窒息死亡。

3）跳楼摔死。这种情况多数发生在高楼失火又缺乏自救知识时，被困人员因被火逼得走投无路而跳楼摔死。

二、火场人员自救的逃生方法

1）熟悉环境法。要了解和熟悉我们经常或临时所处建筑物的消防安全环境，事先可制订较为详细的逃生计划，或者进行必要的逃生训练和演练。当人们外出，走进商场、宾馆、酒楼、歌舞厅等公共场所时，要留心看一看太平门、安全出口、灭火器的位置，以便遇到火灾时能及时疏散和灭火。切记：只有警钟长鸣，临危不乱，才能保全生命。

【案例 6-29】熟悉逃生通道，死里逃生

1985 年 5 月 23 日，黑龙江省哈尔滨市某宾馆第 11 层楼因一美国公民酒后卧床吸烟引起火灾，受灾面积 505 平方米，造成 10 人死亡（其中外国客人 6 名，服务员 4 名），7 人受伤。住在起火楼层的一位日本客人，凭借自救逃生知识，成功脱险。这位日本客人在 18 日住进 11 层时，进房前先在门口看了看周围的环境，知道了疏散出口，并且有意识地从房间沿疏散通道走到楼下，熟悉楼梯的台阶数量和通行时间。当他在夜里发现失火后，便口捂毛巾，穿过烟雾弥漫的走廊直往疏散通道摸去，最后死里逃生。

2）迅速撤离法。逃生行动要当机立断、争分夺秒，一旦听到火灾警报或意识到自己可能被烟火包围，要立即跑出房间，设法脱险，不要贪恋财物，切不可延误逃生良机。

【案例 6-30】逃生知识缺乏，8 名小学生命丧火海

某日 9 时 45 分，第二节课上课铃声刚响过，陆老师就向教室走去。当她走到教室门口的时候，突然看见教室棚顶一下子塌落下来，教室里一下子火光四起，棚内的燃烧物不断地落下，火越烧越大。"着火啦，快来救救我的学生！"陆老师哭喊着往外拉学生。两名教职员工和村民闻讯相继赶来，一边帮忙疏散学生，一边想办法救火。可是火势十分凶猛，并迅速向外蔓延，燃烧声、塌落声、哭喊声汇集在一起，现场乱成一团。县消防大队接到报警后，立即驱车 40 多公里赶到火场。12 时 40 分，大火终于被扑灭，可是，有 8 个孩子再也不

能回到他们的父母和同学们的身边。

那天，颜某的妈妈给了颜某 10 元钱，起火后颜某已从教室里跑出来了，又想起书包里的 10 元钱，就返回教室拿书包，结果是再也没有出来。王某、白某本已跑出来，也是回去取书包遇难了。11 岁的麻某跑出了七八十米后，想起了弟弟还在教室，又返回去找弟弟，结果姐弟两人都没有出来。

就这样，仅仅为了 10 元钱或几本书，几个逃离火场的孩子又返回了火场，结果一去就再也没有回来……

悲痛之余，有人提出了几个假设：要是教室的建筑防火性能良好，能发生这么大的火灾吗？要是学校重视防火安全，悲剧会发生吗？要是几个孩子懂得一些消防安全知识，会在离开教室后又返回火海吗？

3）毛巾保护法。毛巾可以帮助灭火。当家中的液化石油气或煤气管道、厨房灶具失控泄漏起火，可以用湿毛巾盖住起火部位，然后迅速关闭阀门，这样就可以化险为夷；当起火部位已造成小面积失火时，可以迅速用数块湿毛巾盖住起火部位，这样就可以断绝氧气对火的助燃，从而起到灭火的作用。毛巾还可以帮助自救逃生。逃生时，可把毛巾浸湿，叠起来捂住口鼻。无水时，用干毛巾也可。身边如果没有毛巾，餐巾纸、口罩、衣服也可以代替。要多叠几层，使滤烟面积增大。3 层湿毛巾可以挡住 30% 的浓烟，12 层湿毛巾可以挡住 90% 的浓烟。

4）阳台逃避法。如果阳台下层的房间着了火，火焰上窜，混凝土结构的阳台就能够有效地阻止火势的升腾蔓延，使你赢得时间，脱离险境；如果是阳台上层的房间着火，下面的人又可以站在阳台上接应上面的人逃离火场，或帮助疏散贵重物品；如果自己的住宅起了火，阳台是向外呼救报警的最好场所之一；倘若大火中楼梯通道被堵塞，健康的成年人就可以到阳台上，借助于绳子、长竹竿等简便的工具，爬向没有着火的楼房或房间；小朋友们也可以在阳台上暂避一时，等待救援；消防队员不仅可以借助阳台救人搬物，还可以从这里进入火区。

【案例 6-31】利用阳台机智逃生

这是一个 13 岁男孩的家。深夜，楼下发生火灾，在人们的惊慌失措中，他们全家被惊醒了。父亲首先推开窗户，看见楼下的窗口中喷出熊熊燃烧的大火，并听到大火引燃可燃物的噼啪声以及邻居们希望通过楼梯逃生但在楼道遇到大火而发出的惊叫声。在这紧急关头，父亲有些束手无策，而母亲却催促道："快逃。"说着，一手拉着儿子，就要从门口逃出去。

这位 13 岁的小男孩当时非常冷静，他挣脱了母亲的手，并且大叫："不能开门。"母亲大声喝道："不开门，难道我们在这里等死？"

儿子没来得及解释，只是说："消防队已经来了，我们在窗口呼救，只要他们发现了，就会上来救我们的。"说着，他便领头跑到窗口大声呼救。

母亲本来想开门冲出去，见心爱的儿子留在危险之中，不得不跑回来。她到窗口一看，只见穿着消防战斗服、头戴钢盔的消防队员正在架云梯，于是放弃了从门口逃生的念头。不一会儿，全家人都被救了出去。

　　事后，得知一些邻居被火烧死或烧伤的消息，父母亲吓得出了一身冷汗，是他们勇敢的儿子用学到的逃生知识救了全家。

　　5）通道疏散法。楼房着火时，应根据火势情况，优先选用最便捷、最安全的通道和疏散设施，如疏散楼梯、消防电梯、室外疏散楼梯等。从浓烟弥漫的建筑物通道向外逃生，可向头部、身上浇些凉水，用湿衣服、湿床单、湿毛毯等将身体裹好，要弯腰行进或匍匐爬行，穿过险区。如无其他救生器材时，可考虑利用建筑的窗户、阳台、屋顶、避雷线、落水管等脱险。

【案例 6-32】大楼火灾沿楼梯机智逃生

　　某日，河北省唐山市某百货大楼因无证焊工作业时，电焊熔渣落在家具厅可燃物上引起火灾。由于营业员不会使用灭火器，附近电话被锁未能及时报警，大楼违章采用大量可燃材料装修，起火后很快形成立体燃烧，造成 81 人死亡，54 人受伤，直接经济损失 400 余万元。而有位刘女士却死里逃生，着火时她正在三楼购物，混乱中她趴在地板上，顺着楼梯爬到二楼，从窗户逃出，得以幸存。

【案例 6-33】商厦火灾利用窗户机智脱险

　　某日，吉林市中百商厦发生了震惊全国的重大火灾事故，死亡人数高达 54 人。当时，一位母亲临危不乱，带着女儿顺利脱险。

　　那天是个星期天，孙某和女儿刘某一起去中百商厦三楼的大众浴池洗澡。洗完澡，母女俩还没来得及穿上棉衣，就突然停了电。只听见有人边跑边喊："着火了！着火了！"母女俩来到三楼楼梯口，马上惊得目瞪口呆：二楼至三楼的楼道里浓烟滚滚，什么也看不见。见一、二楼的烟大，许多人都往最高层的四楼跑。刘某也下意识地向楼上冲，孙某却拼命扯住女儿的衣服，大喊："宝贝，快往浴室跑。"女儿不解地看着母亲。

　　在这混乱的时刻，一向胆小的孙某表现出了从未有过的镇定与坚强，她以最快的速度思考着：哪里最安全？哪里才能保住女儿的命？浴室最安全。第一，浴室里有充足的水，可以灭火；第二，她记得浴室里有个供打工者做饭用的小厨房。后来事实证明，孙某的选择是正确的。跑到四楼的逃生者，部分被烟熏死，另一部分从窗户跳楼的人也死伤惨重。

　　孙某拉着女儿跑进小厨房，浓烟紧随而至，此时厨房里有十几个人，仍不断有人往里挤，门根本没办法关上。情急之下，孙某伸手胡乱一摸，摸到了灶台上的一把菜刀。她操起菜刀，冲着侧面的玻璃一通猛砍，玻璃碎了，但进来的一点新鲜空气很快被浓烟淹没，厨房里的情况并没有好转。空气烫得人难受，烟熏得人睁不开眼，屋里哭声一片，接二连三地有人跳楼。刘某把头伸出窗外，往楼下望去，只见刚跳下去的一个男人仰面躺在地上一动不动，很可能死了。忽然，孙某发现窗外侧有一个不足两寸宽的窗台，于是她示意女儿爬到窗外，等女儿完全站稳后，孙某自己也爬到窗外。她们站在窗户外侧不足两寸宽的窗台上，一手撑住窗户上沿的墙壁，另一只手死死抓住身子一侧的铝合金窗框。

一个多小时后，消防队员乘着云梯将她们救下。人们纷纷赞叹："整座大楼有那么多玻璃窗，可只有你们娘俩想出这个逃生的好办法，真不简单!"。

6）绳索滑行法。当各通道全部被浓烟烈火封锁时，可自制逃生工具，利用结实的绳子，或将窗帘、床单、被褥等撕成条，拧成绳，用水沾湿，然后将其拴在牢固的暖气管道、窗框或床架上，被困人员可逐个顺绳索沿墙缓慢滑到地面或下到未着火的楼层脱离险境。

 【案例 6-34】 利用床单火里逃生

洛阳"12·25"大火时，东都商厦职工蒋某带着 6 岁的孩子住在四楼办公室内。大概 21 时多的时候，室内一片漆黑，热辣辣的烟气越来越浓。慌乱中她摸到了床单，把床单一分为四，结成一个长布条，一头系在室内办公用的文件铁柜上，另一头先拴住自己的腰部，又用布条绑好孩子。然后，她抱起孩子爬上了窗台，顺窗台滑下去悬挂在了窗外，最后被消防队员救了下来。

7）低层跳离法。如果被火困在二层或三层楼内，又无条件采取其他自救方法也得不到外界救助，在烟火威胁迫于无奈的情况下，也可以选择跳楼逃生。但在跳楼之前，应先向地面扔些棉被、枕头、床垫、大衣等柔软物品，以便跳楼时使人体"软着陆"。跳楼时应用手扒住窗台，身体下垂，头上脚下，自然下滑，以缩小跳落的高度，并尽量使双脚首先落在柔软物上。如果被烟火围困在三层以上的楼内，千万不要急于跳楼，因为此时距地面太高，往下跳时容易造成重伤或死亡，所以只要有一线生机，就不要冒险跳楼。

8）暂时避难法。如果被烟火困在综合性功能的大型建筑物内，可选择有水的房间如卫生间，暂时躲避烟火的危害。躲避时，应关紧房间迎火的门窗，打开背火的门窗，但不要打碎玻璃。当开窗有烟进来时，要赶紧把窗关上。如果门窗缝或其他孔洞有烟进来时，要用毛巾、床单等物品堵住，或挂上湿棉被、湿毛毯、湿床单等难燃物品，并不断向迎火门窗及遮挡物上洒水，然后淋湿房间内的一切可燃物，一直坚持到火被熄灭。

另外，在被困时，要主动与外界联系，以便及早获救。如房间有电话、对讲机、手机，要及时报警。如果没有这些通信设备，白天可用带颜色的旗子或衣物摇晃，也可向外投掷物品，夜间可摇晃点着的打火机、划火柴、打开电灯或手电向外报警求援，直到消防队来救助或在能疏散的情况下择机逃生。在逃生过程中，如果有可能应及时关闭防火门、防火卷门等防火分隔物，启动通风和排烟系统，以便赢得逃生的时间。

9）利人利己法。当众多被困人员一起逃生时，极易出现拥挤甚至踩踏的现象，造成通道堵塞和不必要的人员伤亡。所以，发生火灾时，应该保持镇静，有序逃生。在逃生过程中，如果看见前面的人倒下去了，应立即扶起，对拥挤的人群应给予疏导或选择其他疏散方法予以分流，减轻单一疏散通道的压力，竭尽全力保持疏散通道畅通，以最大限度地减少人员伤亡。

【案例 6-35】 舞厅通道狭窄伤亡惨重

　　1994 年"11·27"辽宁省阜新艺苑歌舞厅发生了震惊全国的特大火灾，大火造成 233 人丧生，惨剧的发生与被困人员互相拥挤、踩压有关。艺苑歌舞厅仅有一个 0.83 米宽的小门，且有 5 个台阶。发生火灾时，所有舞池中的人立即拥向小门逃生。其中一人跌倒未及爬起，后面接踵而至的人便被绊倒，呼啦一下子，逃生者就人叠人地堵住了小门。从火灾后的现场看，死者呈扇形拥在门口处，尸体叠了 9 层，约有 1.5 米高，仅出口处的尸体就有 158 具，其景象惨不忍睹。

　　10）标志引导法。遇火灾不可乘坐电梯，要向安全出口方向逃生。公共场所的墙面上、门顶处、转弯处，一般都设置"安全门""紧急出口""安全通道""火警电话"以及逃生方向的箭头、事故照明灯等消防标志和事故照明标志，被困人员看到这些标志时，马上就可以确定自己的逃生路线，按照标志指示的方向有秩序地撤离。

三、烧伤的急救措施

　　1）如果身上的衣服着火，应尽快脱去着火的衣服，特别是化纤衣服，以免创面加大加深，或者用水将火浇灭，或跳入附近的水池、河沟内，也可迅速卧倒后，慢慢地在地上滚动，压灭火焰。禁止伤员在衣服着火时站立或奔跑呼叫，以防增加头面部烧伤及吸入性损伤。

　　2）用身边不易燃的材料，如毯子、雨衣、大衣、棉被等，最好是阻燃材料，覆盖着火处，并迅速离开密闭和通风不良的现场，以免发生吸入性损伤和窒息。

　　3）冷疗。烧伤后及时冷疗可防止创面加深，并可减轻疼痛、减少渗出物和水肿。如有条件，烧伤后宜尽早进行冷疗，因为冷疗越早效果越好。冷疗的方法是将烧伤创面在自来水笼头下淋洗或浸入水中（水温以伤员能忍受为准，一般为 15～20℃，热天可在水中加冰块），然后用冷水浸湿的毛巾、纱布等敷于创面。冷疗的时间无明确限制，一般掌握到冷疗之后不再剧痛为止。冷疗一般适用于中小面积烧伤，特别是四肢的烧伤。对于大面积烧伤，冷疗并非完全无禁忌，因为大面积烧伤采用冷水浸泡，伤员多不能忍受，特别是寒冷季节，此时为了减轻寒冷的刺激，可适当应用镇静剂，如吗啡、哌替啶等。

思考与练习题

1. 什么叫做火灾？
2. 燃烧必须具备什么条件？
3. 报警时应注意哪些事项？
4. 电脑的防火安全措施有哪些？
5. 如何安全地使用煤气？
6. 如何防止吸烟酿成火灾？

7. 实验室如何防止火灾的发生？

8. 学生公寓如何防止火灾的发生？

9. 经营场所如何防止火灾的发生？

10. 森林如何防止火灾的发生？

11. 试述干粉灭火器的使用操作步骤。

12. 试述二氧化碳灭火器的使用操作步骤。

13. 试述火灾扑救的方法。

14. 火灾引起死亡的原因有哪些？

15. 发生火灾时可采用哪些方法进行逃生？

第七章

自然灾害来临时的自救

第一节　地震来临时的自救

一、地震的危害

地震是地球内部运动引起地表震动的一种自然现象。地球上板块与板块之间相互挤压碰撞，造成板块内部产生错动和破裂，是引起地面震动（地震）的主要原因。地震源于地下某一点，该点称为震源。震动从震源传出，在地球中传播。地面上离震源最近的一点称为震中，它是接受震动最早的部位。大地震动是地震最直观、最普遍的表现。在海底或滨海地区发生的强烈地震，能引起巨大的波浪，称为海啸。地震的发生是极其频繁的，全球每年发生地震约 500 万次。我国是世界上陆地地震灾害最为严重的国家，发生地震次数约占全球的33%。近几年来我国发生的较大地震有：2008 年四川地震、2003 年 12 月新疆地震、2003 年10 月甘肃地震、2003 年 9 月新疆地震、2003 年 8 月内蒙古地震、2003 年 4 月新疆地震、2002 年 6 月吉林地震、2001 年 10 月云南地震、2001 年 2 月四川地震。地震给人类带来的灾害是触目惊心的。

【案例 7-1】唐山大地震

1976 年 7 月 28 日，北京时间 3 时 42 分，东经 118.2°、北纬 39.6°，在距地面 16 公里深处的地球外壳，比日本广岛爆炸的原子弹强烈 400 倍的大地震发生了。当时人们正在酣睡，万籁俱寂。突然，地光闪射，房倒屋塌，地裂山崩。数秒之内，百年城市建设夷为墟土，24 万城乡居民殁于瓦砾，16 万多人顿成伤残，7 000 多家庭断门绝烟。

【案例 7-2】汶川大地震

2008 年 5 月 12 日 14 时 28 分，四川汶川发生 8.0 级大地震。截至 2009 年 5 月 25 日 10时，已确认因灾遇难 69 227 人，受伤 374 640 人，失踪 17 942 人，失踪人员中相当数量可能已经遇难。估计这次遇难总人数将超过 8 万人。

此次灾情主要包含以下几个方面：

——强度烈度高。此次地震震级达到里氏 8 级，最大烈度达 11 度，都超过了唐山大地震。

——影响范围广。四川、甘肃、陕西、重庆等省（区、市）的 417 个县、4 656 个乡（镇）、47 789 个村庄受灾，灾区总面积 44 万平方公里，其中重灾区面积达 12.5 万平方公里，受灾人口 4 624 万。四川省灾区面积达 28 万平方公里，受灾人口 2 983 万。

——房屋大面积倒塌。汶川大地震中共倒塌房屋 778.91 万间，损坏房屋 2 459 万间。北川县城、汶川映秀等一些城镇几乎被夷为平地（见图 7-1）。

——基础设施严重损毁。汶川地震震中地区周围的 16 条国道、省道、干线公路和宝成线等 6 条铁路受损中断，电力、通信、供水等系统大面积瘫痪。

　　——次生灾害多发。地震发生后，山体崩塌、滑坡、泥石流频发，阻塞江河形成较大的堰塞湖 35 处，2 473 座水库一度出现不同程度的险情。

　　——正常生产生活秩序受到严重影响。汶川地震使 6 443 家工业企业一度停工停产，其中四川 5 610 家。机关、学校、医院等严重受损，部分农田和农业设施被毁，因灾损失畜禽达 4 462 万头（只）。

图 7-1　汶川大地震灾后的情景

二、地震的预兆

　　人的感官能直接觉察到的地震异常现象称为地震的宏观异常，也称地震预兆。

　　1）地下水异常。包括井水、泉水等发浑、冒泡、翻花、升温、变色、变味、突升、突降、井孔变形、泉源突然枯竭或涌出等。

　　2）生物异常。其中动物异常有大牲畜、家禽、穴居动物、冬眠动物、鱼类等。"牛羊骡马不进厩，猪不吃食狗乱咬；鸭不下水岸上闹，鸡飞上树高声叫；冰天雪地蛇出洞，大鼠叼着小鼠跑；兔子竖耳蹦又撞，鱼跃水面惶惶跳；蜜蜂群迁闹哄哄，鸽子惊飞不回巢。"这些都是动物异常的表现。此外，有些植物在震前也有异常反应，如不适季节的发芽、开花、结果或大面积枯萎与异常繁茂等。

　　3）气象异常。气象异常主要有震前闷热，人焦灼烦躁，久旱不雨或阴雨绵绵，黄雾四塞，日光晦暗，怪风狂起，六月冰雹，天上出现地震云（见图 7-2）等。

　　4）地声异常。地声指地震前来自地下的声音，它们有的如炮响雷鸣，也有的如重车行驶、大风鼓荡等多种多样，有相当大部分地声是临震征兆。

　　5）地光异常。地光是震前来自地下的光亮，其颜色为罕见的混合色，如银蓝色、白紫色等，但以红色与白色为主；其形态也各异，有带状、球状、柱状、弥漫状等。

　　6）地气异常。地气指地震前来自地下的雾气，它具有白、黑、黄等多种颜色，有时无色，常在震前几天至几分钟内出现，并伴随怪味，有时伴有声响或高温。

　　7）地动异常。地动指地震前地面出现的晃动，这种晃动与地震时不同，摆动得十分缓慢，地震仪常记录不到，但很多人可以感觉得到。

8）地鼓异常。地鼓指地震前地面上出现鼓包，鼓起几天后消失，反复多次，直到发生地震。与地鼓类似的异常还有地裂缝、地陷等。

9）电磁异常。电磁异常指地震前家用电器如收音机、电视机、日光灯等出现的异常。

a)　　　　　　　　　　　b)　　　　　　　　　　　c)

图 7-2　地震云

【案例 7-3】　四川汶川特大地震前的一些现象

《华西都市报》2008 年 5 月 10 日报道，四川绵竹市西南镇檀木村出现大规模的蟾蜍迁徙，数十万蟾蜍走上马路，如图 7-3 所示。绵竹离汶川只有几十公里，也在此次地震的中心范围之内。村民曾表示担忧："这种现象是不是啥子天灾的预兆哟？"

5 月 4 日，江苏江都市武坚镇新楼村约数百万只蟾蜍在该村刘垛闸附近汇集。5 月 9 日，江苏泰州市市区的东风大桥上突然出现数万只小蟾蜍迁徙。5 月 11 日，江苏常熟古里镇珠泾苑数万只小蟾蜍迁徙。

4 月 26 日早上 7 时，湖北恩施市白果乡下村坝村直径约百米、水深数十米、常年不

图 7-3　数十万蟾蜍走上马路

干的观音塘约 8 万立方米的蓄水 5 小时内全部消失，水面突然出现漩涡，并伴有轰鸣声。

动物反常、地下水异常这些高度吻合古老地震预测经验的大自然奇异现象，是大自然再

三地提醒与警告：这是地震预兆，大家要提高警惕。

三、避震的知识

地震前出现地光、地声、地面初期震动等现象，这是地震向人们发出的最后警报。地震时，一般从地下初动到房屋开始倒塌会有一个短暂的求生时间差。据对唐山地震中的 974 位幸存者的调查，有 258 人在求生时间差中采取了紧急避险措施，其中 188 人得以安全脱险，成功者约占采取避震行动者的 72%。因此，只要事先掌握一定的避震知识，地震来临时冷静判断，正确选择避震方式和避震空间，就有可能求得劫后余生。

1. 家庭避震

1）如果地震时正在室内，且住的是平房，那么你可以迅速跑到室外空旷处；若住的是高楼，则千万不要跳楼，应立即切断电闸，关掉煤气，暂避到洗手间、厨房等跨度小的地方。建筑物的天花板倒塌时，会将桌子、床等家具压毁，人如果躲在其中，后果不堪设想，但如果以低姿势躲在家具旁，家具可以承受倒塌物品的力量，使一旁的人取得生存空间。当没有可利用的防护设备时，也可紧靠室内墙壁，远离易倒的大型家具，直到地震结束时为止。

2）避震时身体应采取的姿势是：蹲下或坐下，蜷曲身体，以降低重心，抓住桌腿等牢固的物体，且用枕头、坐垫、毛衣等遮住自己的头颈、面部，掩住口鼻，防止吸入灰尘。

3）钢筋水泥结构的房屋，因地震的晃动会造成门窗错位，打不开门。曾经发生地震时有人被关在屋子里的事例。所以，地震发生时，请将门打开，确保出口畅通。平时要事先想好万一被关在屋子里该如何逃脱的方法，最好准备好梯子、绳索等。

2. 学校避震

1）在平房教室遭遇地震时，坐在离门窗较近处的学生可迅速从门窗逃出室外，离门窗较远的学生可就地躲在桌椅旁或靠墙根趴下避险。

2）教室在楼房里的学生，遇震时不可跳楼，可迅速躲进跨度小的房间，大多数学生应就近躲在桌子旁边。

3）在操场或室外的学生，不要乱挤乱拥，可原地不动蹲下，双手保护头部。而且，要注意避开高大建筑物或危险物，不要回教室。

 【案例 7-4】 安全知识救了全班同学

据《山西晚报》报道，甘某是漩口中学初一的学生，汶川大地震发生当天，她和同学们正在一楼的教室里上地理课，突然感到一阵晃动。就在大家六神无主时，甘某大叫："不要慌，躲到桌子底下！"等摇晃稍微平静后，她又一次发出指令："大家赶紧离开！"在她的组织下，班上同学迅速从教室的两道门离开。刚刚冲到操场上，4 层楼的教学楼便整体垮塌了。她带领的 43 名同学成功逃生，无一人受伤。漩口中学在震中，全班同学集体安全逃生实属奇迹。

大难来临，13 岁的小姑娘却镇定自如，果断地将平时掌握的防震常识灵活地发挥施展，及时地为 43 位同学"搭建"了宽敞、稳定的安全逃生通道。与其说是幸运、侥幸挽救了这44 位孩子，不如说是安全知识和安全理念挽救了他们。

3. 实习工厂避震

1）地震时，如距离车间门较近，应迅速撤至车间外的空旷地避震；如距车间门较远，应迅速关闭机器的电源开关，同时躲在墙角下、坚固的机器或桌椅旁。

2）对于生产易燃易爆品或强酸强碱以及有毒气体的工厂，在地震发生的瞬间，应迅速关闭易燃易爆有毒有害物品的阀门和运转设备，防止起火、爆炸、毒品外泄等灾害发生。

3）对从事高温作业的工人，要避开炉门或铁水流淌的钢槽，防止地震时被烧伤。

4. 公共场所避震

地震时，最可怕的是发生混乱，所以在公共场所的人，要听从现场工作人员的指挥，不要慌乱，不要拥向出口，要避开人流，避免被挤到墙壁或栅栏处。根据所处的公共场所不同，进行有效避震。

1）在影剧院、体育馆等人员较多的地方，离门口近的人员应迅速逃到空旷的安全地带；如果离门口较远，则要避开吊灯、电扇等悬挂物，迅速蹲或趴在排椅下，同时用手或包等保护头部，并听从现场工作人员的指挥，进行有效避震。

2）在商场、书店、展览馆、汽车站、火车站避震时，若人员靠近门，应迅速撤离到室外安全的地方；若在室内，应避开玻璃门窗、玻璃橱窗、柜台、易碎品的货架，选择结实的柜台、桌椅或柱子边以及内墙角等处就地蹲下，用手或其他东西保护头部。在展览馆内，要避开广告牌、吊灯等高耸的物件或悬挂物。万一在搭乘电梯时遇到地震，应将操作盘上各楼层的按钮全部按下，一旦电梯停下，迅速离开，确认安全后避震；如果被关在电梯中，应通过电梯中的专用电话与管理室联系、求助。

3）在行驶的公共汽车内遇震时，要抓牢扶手，以免摔倒或碰伤，并躲在座位附近，地震结束后再下车。

4）当大地剧烈摇晃、站立不稳的时候，务必不要靠近水泥预制板墙、门柱等躲避地震。在 1987 年日本宫城县海底地震时，由于水泥预制板墙和门柱的倒塌，造成了多人死伤。地震时，在繁华街道和楼区内，最危险的是玻璃窗、广告牌等物掉落下来砸伤人，所以要注意用手或手提包等物保护好头部。此外，还应该注意自动售货机翻倒伤人。在楼区避震时，根据情况进入建筑物中躲避会比较安全。

5）地震时如正在户外行走，应避开楼房、高大的烟囱、水塔、立交桥等高大的建筑物和结构复杂的建筑物，并平躺在地面上，不要奔跑，以免摔倒或被地震裂缝所吞没。地震时，在山边、陡峭的倾斜地段，有发生山崩、断崖落石的危险；在海岸边，有遭遇海啸的危险，均应迅速躲到安全的场所避难。

6）地震时如果开着汽车，必须充分注意，应避开十字路口将车子靠路边停下。为了不妨碍避难疏散的人和紧急车辆的通行，要让出道路的中间部分。有必要避难时，为不致卷入火灾，请把车窗关好，车钥匙插在车上，不要锁车门。

5. 避震不能忘记灭火

地震带来的火灾，会致死亡人数剧增，所以比起地震本身，地震后的火灾更可怕。因此，一旦发现稍有震动，首先要关掉液化气开关，消除火源。而且，只要有可能的话，避难之际要设法关掉煤气总开关。在工厂作业时，如遇上地震，危险性很大，在冲出工作场所避难前，首先要切断电源、消除火源、停止机器运转。否则，还在运转的机器连同工作人员都会成为火灾的牺牲品。

 【案例 7-5】关东大地震

1923 年 9 月 1 日 11 时 50 多分，时近正午，日本关东地区的大多数人家都在准备午饭。突然，地下传来一阵可怕的轰鸣声，紧接着大地剧烈地抖动起来，刹那间房倒屋塌，许多人还来不及反应就被砸死在了屋子里。

关东大地震的震级为 7.9 级，共造成 99 331 人死亡，43 476 人下落不明，103 733 人受伤；毁坏房屋 128 266 间，严重受损房屋 126 233 间，烧毁房屋 447 128 间，其中木造房屋损坏率很高。地震后还引发了大火，东京起火面积约 38.3 平方公里，85% 的房屋毁于一旦；横滨起火面积约 9.5 平方公里，96% 的房屋被夷为平地。地震又引发了海啸，最大浪高超过了 12 米。海啸卷走、冲毁的房屋也达到了 868 所。此次地震的财产损失达 300 亿美元。

四、震后自救的方法

大地震中被倒塌的建筑物压埋的人，只要神志清醒，身体没有重大创伤，都应该坚定获救的信心，妥善保护好自己，积极实施自救。

1）要尽量用湿毛巾、衣物或其他布料捂住口、鼻，防止灰尘呛闷发生窒息，同时保护好头部，避免建筑物进一步倒塌造成的伤害；尽量活动手、脚，清除脸上的灰土和压在身上的物件，保持呼吸畅通；用周围可以挪动的物品支撑身体上方的重物，避免进一步塌落；扩大活动空间，保证有足够的空气。

2）当几人同时被压埋时，要互相鼓励，共同计划，团结配合，必要时采取脱险行动；要寻找和开辟逃生通道，设法逃离险境，朝着有光亮、更安全宽敞的地方移动。

3）无法脱险时，要尽量节省气力。如能找到食品和水，要计划着节约使用，尽量延长生存的时间，等待获救，必要时自己的尿液也能起到解渴的作用。

4）保存体力，不要盲目地大声呼救。在周围十分安静，或听到上面（外面）有人活动时，用砖、铁管等物敲打墙壁，向外界传递消息，当确定不远处有人时再呼救。如果受伤，要想办法包扎，避免流血过多。

五、震后互救的方法

互救是指已经脱险的人和专门的抢险营救人员对压埋在废墟中的人进行营救。为了最大限度地营救遇险者，应遵循以下原则：先救压埋人员多的地方，也就是"先多后少"；先救近处被压埋的人员，也就是"先近后远"；先救容易救出的人员，也就是"先易后难"；先救轻伤和强壮人员，扩大营救队伍，也就是"先轻后重"；如果有医务人员被压埋，应优先营救，以增强抢险力量，及时救护被压埋的人。

1）根据"先易后难"的原则，先抢救附近的压埋者，先抢救建筑物边沿瓦砾中的幸存者，先抢救医院、学校、旅馆等人员密集容易获救的幸存者。

2）救助时，注意搜听被困人员的呼喊、呻吟或敲击声，再根据房屋的结构，确定被埋人员的位置。抢救时不要破坏了压埋人员所处空间周围的支撑条件，引起新的垮塌，使压埋人员再次遇险。

3）抢救被埋人员时，如果使用挖掘机械则要十分谨慎，越是接近压埋者，越应多采用手工操作。应先确定压埋者头部的位置，用最快的速度使其头部充分暴露，并清除口、鼻腔内的灰土，让其保持呼吸通畅。挖扒中如尘土太大，应喷水降尘，以免压埋者窒息。

4）对于埋在废墟中时间较长的幸存者，应送饮料和食品，然后边挖边立支撑架。压埋者不能自行出来时，要仔细询问和观察，确定伤情，不要生拉硬拽，以防造成新的损伤。

5）救出压埋过久者应遮挡其眼部，以防突然见光伤害其眼睛；对于脊椎损伤者，挖掘时要避免加重其损伤；在转送搬运时，不能扶着走，不能用软担架，更不能用一人抱胸、一人抬腿的方式，最好是三四个人扶托伤员的头、背、臀、腿，平放在硬担架或门板上，用布带固定后再搬运；不要过急让其进食，应先进些流食，再慢慢恢复正常饮食。

6）遇到四肢骨折、关节损伤的压埋者，应就地取材，用木棍、树枝、硬纸板等实施夹板固定，固定时应显露伤肢末端以便观察血液循环情况。搬运呼吸困难的伤员时，应采用俯卧位，并将其头部转向一侧，以免引起窒息。

7）对抢救出的危重伤员，应迅速送往医疗点或医院，不要安置在破损的建筑物或废墟中，以防余震发生，使其再次受伤。抢救出来的轻伤幸存者，可迅速充实到互救队伍中，以更快地展开救助活动。

 知识链接

因为我是老师

他们只是一群平凡的老师，可在四川汶川大地震发生时，在最危难、最紧急、最关键的时刻，他们挺身站了出来。他们张开双臂护住学生；他们用身体挡住坍塌的预制板；他们紧紧抱住学生；他们不顾自己的安全，返回最危险的地带救助学生。任何的语言在这样的行动面前都是极其苍白和无力的，任何华丽的词汇都不能描绘出他们彼时彼刻的情操。

谭千秋：张开双臂护住4个学生

这是让无数人都感动流泪的一个画面。四川省德阳市东汽中学教学楼坍塌，而就在地震发生的一瞬间，学校教导主任谭千秋双臂张开趴在课桌上，身下死死地护着4个学生。4个学生都获救了，而谭老师的后脑被楼板砸得深凹下去，不幸遇难。

瞿万容：用身体挡住水泥板

地震发生后，四川绵竹市遵道镇欢欢幼儿园发生整体垮塌，而此时 80 多名孩子正在午睡，除园长在外出差，5 名老师都在园内。幼儿园园长李娟回忆起瞿万容老师被救援队发现时的情形，泣不成声："当时瞿老师扑在地上，用后背牢牢地挡住了垮塌的水泥板，怀里还紧紧抱着一名小孩。小孩获救了，但瞿老师永远地离开了我们。"

张米亚：最有力的翅膀

在四川汶川县映秀镇小学，当地群众自发地组织自救队展开救援。当他们徒手搬开垮塌的教学楼一角时，救援群众被眼前的一幕惊呆了：一名男子跪在一片废墟上，两只胳膊展开紧紧地将两个孩子搂在腋下，样子像一只展翅欲飞的雄鹰；在男子背上，压着几层楼的混凝土残渣。在他的"羽翼"保护下，两个孩子都还活着，他就是 29 岁的数学老师张米亚。

严蓉：疏散了 13 名学生

在映秀镇小学，语文老师严蓉疏散了 13 名学生，可当她一边夹一个学生准备跑出来时，被砸倒在废墟里。当人们在废墟中发现严蓉老师的尸体时，她两手还各抱着一个孩子，其中一个已经死亡，而另一个还活着。

……

第二节　海啸来临时的自救

海啸是一种具有强大破坏力的海浪。这种波浪运动引发的狂涛骇浪，汹涌澎湃。它卷起的海浪，波高可达数十米。这种"水墙"内含有极大的能量，冲上陆地后所向披靡，往往对人们的生命和财产安全造成严重的威胁。

一、海啸的危害

海啸给人类带来的灾难是十分巨大的。智利大海啸形成的波涛，移动了上万公里仍不减雄风，足见它的巨大威力。剧烈的地壳震动之后不久，巨浪呼啸而来，以摧枯拉朽之势，越过海岸线，越过田野，迅猛地袭击着岸边的城市和村庄，瞬时人们都消失在巨浪中。港口的所有设施、被震塌的建筑物，在狂涛的洗劫下，被席卷一空。之后，海滩上一片狼藉，到处是残木破板和人畜尸体。

【案例 7-6】印度洋海啸

2004 年 12 月 26 日 8 时 58 分，印度尼西亚苏门答腊岛西北近海发生了 8.9 级地震，震中距海岸 30 公里。12 时 21 分，印度尼科巴群岛西南海域又发生了 7.5 级地震。地震引发了巨大的海啸，造成了印度洋历史上最为严重的海啸灾难。这次海啸共有 12 个国家受到直接影响，有 39 个国家的公民在海啸中丧生。此次海啸的主要受灾国是印尼、斯里兰卡、印度和泰国，其中印尼遭受损失最为严重。据新华社 2005 年 1 月 5 日报道：印度洋地震和海啸造成的死亡人数超过 15 万人，还有至少 9 000 名外国游客在这次海啸中遇难或失踪。泰国南部地区特别是普吉岛等旅游胜地的直接经济损失超 5 亿美元，灾区重建费用将高达 7.5 亿美元；印尼北苏门答腊地区的大量村镇被夷为平地，10 多万间房舍被毁，灾区重建需近 1.6 亿美元的援助；斯里兰卡全国沿海岸线三分之二的地区悉遭损毁，经济损失约 10 亿美元，灾民达 70 余万人；马尔代夫全国受灾，整个国家陷入停滞，经济损失估计将达 10 多亿美元；印度南部 4 个邦和 2 个中央直辖区受灾害影响，经济损失估计达 2 630 万美元。据统计，到 2005 年 2 月 4 日止，印度洋海啸遇难者总人数已经超过 29.2 万人。图 7-4 所示为一名印度灾民抱着自己的孩子，坐在毁于海啸的房屋前。

图 7-4　一名印度灾民抱着自己的孩子，
坐在毁于海啸的房屋前

目前，人类对地震、火山、海啸等突如其来的灾害，只能通过预测、观察来预防或减少它们所造成的损失，还不能控制它们的发生。

二、海啸的特点

海啸发生在外海时，因为水深，波浪起伏较小，一般不被注意。当它到达岸边浅水区时，巨大的能量使波浪骤然增高，形成十多米甚至更高的一堵堵水墙，排山倒海般冲向陆地。其力量之大，能彻底摧毁岸边的建筑，所到之处满目疮痍、一片狼藉，对人类的生活构成重大威胁。

海啸到达海岸时，一般有两种表现形式：

第一种是滨海、岛屿或海湾的海水出现反常退潮或河流没水的现象，然后海水又突然席卷而来，冲向陆地。

第二种是海水陡涨，突然形成几十米高的水墙，并伴随隆隆巨响向滨海陆地涌来，然后海水又骤然退去。

三、海啸的预兆

2004 年 12 月 26 日印尼发生的 8.9 级地震，是近 40 年间全球发生的最大震级的地震，也是 21 世纪初继伊朗巴姆地震后地球上发生的最惨重的地震灾难事件。地震造成的海啸所到之处，生灵涂炭，惨不忍睹。目前，海啸造成了将近 30 万人死亡、数百万人家园被毁的惨剧。回顾震前的种种现象，有大量的事实表明，地震及海啸是有预兆的。如果抓住震前动物的宏观前兆异常，及时把人员疏散到高处，死亡的人数肯定会大大降低。

【案例 7-7】斯里兰卡海啸前预兆

现象一：海啸前动物迁移到高处

地震使斯里兰卡失去了 3 万多人的生命，但就在离海岸 3 公里远的国家公园，即其最大的野生动物保护区内，几百头野生大象、狮子和一些美洲豹狂躁不安。海啸到来前 15 分钟，这些动物冲出了园区，向周围的高处迁徙。海啸引发的滔天洪水使国家公园变成了一片泽国，动物却安然无恙。同样在斯里兰卡，海啸到来前，500 多只鹿快速地冲出聚居的地方，拼命逃向旷野，结果海啸丝毫没有伤害到鹿的生命。

海啸过后到处是人的尸体，但是没有一具动物的尸体，不能不说是奇迹。每当火山爆发或地震发生前，动物的行为就会发生许多异常，野生动物似乎更能够感知某些特殊现象。比如，鸟类会迁徙、狗会狂叫、牛羊逃离圈棚、蚂蚁搬家等。

现象二：海啸前深海鱼类浮上海滩

地震之前，海水忽然迅速退落，露出了从来没有见过天日的海底，鱼虾蟹贝等海洋动物纷纷在海滩上挣扎，还可以看到很多奇怪的深海鱼，它们大多生活在 2 000 米以下的深海中。由于深海环境和水面有巨大的差异，深海鱼绝不会自己游到海面，很可能是被海啸等异常的海洋活动的巨大暗流卷上浅滩。一旦突然到了浅海或海滩，深海鱼会出现血管破裂等特征，很快死亡。因此，深海鱼出现在海面，是海洋地震及海啸等异常海洋活动的预警，也是发生大海啸的前兆。

现象三：打鱼量是平时的数十倍

在印尼地震发生的前几天，在海上打鱼的渔民每天打的鱼数量剧增，卖的价钱是平日的数十倍，而他们自己浑然不觉这是海洋地震、也是发生大海啸的前兆。

现象四：鱼跳出海面，海面翻滚

海啸发生的当天，大大小小颜色各异的鱼纷纷跳出海面落到海滩上，海面也奇怪地翻滚着，可以看到鱼在海床上跳跃。

现象五：海水后退 400 多米

海啸前海水的情况也很奇怪，涨潮的时候比平时涨得高，退潮的时候也比平时退得远。一位名叫米斯万的目击者告诉印尼电台，在海啸来袭前半小时，他看到海水从海滩后退了457.2 米。这是海啸来袭前的一个典型现象。

四、海啸来临的自救知识

1. 海啸前

1）地震海啸发生的最早信号是地面强烈震动，地震波与海啸的到达有一个时间差，正好用于人们预防。地震是海啸的"排头兵"，如果感觉到较强的震动，就不要再靠近海边、江河的入海口。如果听到有关附近地震的报告，要做好防海啸的准备，要知道，海啸有时会在地震发生几小时后到达离震源上千公里远的地方。

2）如果发现潮水突然反常涨落，海平面显著下降或者有巨浪袭来，并且有大量的水泡冒出，应以最快的速度撤离岸边。

3）海啸前海水异常退去时往往会把鱼虾等许多海洋动物留在浅滩，场面蔚为壮观。此时千万不要前去捡鱼或看热闹，应当迅速离开海岸，向内陆高处转移。

4）海啸前，通过氢气球可以听到次声波的"隆隆"声。

2. 发生海啸时

1）发生海啸时，航行在海上的船只不可以回港或靠岸，应该马上驶向深海区，因为深海区相对于海岸更为安全。

2）因为海啸在海港中造成的落差和湍流非常危险，船主应该在海啸到来前把船开到开阔海面。如果没有时间把船开出海港，所有人都要撤离停泊在海港里的船只。

3）海啸登陆时，海面往往明显升高或降低，如果看到海面后退的速度异常快，立刻撤离到内陆地势较高的地方。

【案例 7-8】海滩天使蒂莉

2004 年 12 月 26 日早晨，正在普吉岛度假的史密斯一家决定去马里奥特饭店附近的海滩散步。突然间，"我看见海水开始冒泡，泡沫发出咝咝声，就像煎锅一样，"蒂莉回忆道，"海水在涌来，但却不再退去。它不断涌上来，再上来，再上来，向着饭店的方向。"这正好和地理老师安德鲁·卡尼曾经讲过的关于地震及地震如何引发海啸的知识符合：地理老师曾经告诉她，在海啸发生前 10 分钟左右，海水会出现退潮现象。她一下就认出，这是海啸很快就要来临的迹象。蒂莉于是对妈妈彭妮说："妈妈，我知道这里有些不对劲。我知道要发生什么——海啸。"但妈妈起初并不相信，她认为这只是正常现象。

"蒂莉变得歇斯底里。"她父亲科林说，这促使他决定带着 8 岁的小女儿霍莉返回饭店。

就在科林把蒂莉的警告传达给马里奥特饭店的工作人员时，蒂莉却跑向了海滩，当时那里大约有 100 人。

她告诉正在海滩上的一名出生于日本的饭店厨师将要发生海啸，"他听懂了'海啸'这个词，因为它来源于日语，但他从未见过海啸"。

这名厨师和附近的一名饭店保安一起向周围的人群发出警告，海滩上的人很快就全部疏散到了安全地区。仅仅几分钟后，滔天的巨浪就涌上岸来。

马里奥特饭店附近的海滩因此成为普吉岛在这场印度洋海啸中少数几个没有人员死亡或受重伤的地区之一。

第三节　雷电来临时的自救

一、雷电的危害

雷电是一种大气中的放电现象。雷、雨、云在形成的过程中，它的某些部分积聚起正电荷，另一部分积聚起负电荷，当这些电荷积聚到一定程度时，就产生放电现象。打雷是大气放电的声现象，闪电是大气放电的光现象。这种放电有的是在云层与云层之间进行的，有的是在云层与大地之间进行的。云层与大地之间的放电也就是落地雷，它会破坏建筑物和电气设备，伤害人畜。雷电放电时间短促，一般为 50~100 微秒，但电流却异常强大，能达到数万安培到数十万安培。

　　雷电是不可避免的自然灾害，地球上任何时候都有雷电在活动。据统计，自然界每秒钟就会产生 1 800 阵雷声，伴随 600 次闪电，其中会有 100 个炸雷击落地面，造成建筑物、发电、通信和影视设备的破坏，引起火灾，毙伤人、畜，每年造成经济损失约 10 亿美元，死亡 3 000 人以上。其中美国每年有将近 400 人被雷击死，财产损失达 2.6 亿美元。1996 年 7 月 20 日，印度东北地区雷雨不断，雷电击中了比哈尔邦的一座校舍，造成 15 名小学生死亡，多人受伤。雷电还将树下的 5 个人全部烧死，将另外 4 名在田间劳作的农民击毙。

　　我国也是一个雷电灾害频发的国家。根据浙江省防雷中心作出的统计，2006 年，仅浙江省因雷电而导致的灾害就有 2 601 起，其中人身事故 41 起，造成 38 人死亡，38 人受伤；2007 年浙江省共发生雷电灾害人员伤亡事故 50 起，总计受伤 35 人，死亡 48 人。又如，山东临沂地区平均每年约有 39 人因雷击伤亡；又如，湖南省溆浦县戈竹坪乡山背村是个罕见的雷区，近 10 多年来曾先后被雷电击毙 8 人，击伤 115 人（其中重伤 24 人），还击伤耕牛 5 头，击毙击伤猪 50 余头，击毙鸡、鸭、鹅等家禽 450 多只，村里的变压器也先后 5 次被雷电击毁，房屋、树木、庄稼和田地被毁数十次。下面是一些雷击造成危害的实例。

 【案例 7-9】 雷击造成危害事故

　　某日，广州白云机场导航雷达遭雷击，直接经济损失 1.2 万美元，更严重的后果是雷击使机场关闭，12 个小时内 120 架航班无法起落。

　　某日，湖北省随州市某体育场内正在踢足球的 12 名青年集体遭到雷电袭击，当场死亡两人，6 名重伤者全身乌紫，昏迷不醒，被送往医院抢救，意识障碍达 10 多个小时。

　　某日，高埗镇低涌中学附近的河边发生雷击事故，由于河边护栏未作防雷接地，而河边水陆交界处土壤的电阻率差异大，易于遭受雷击，使站在护栏旁边观看划龙舟的一群学生中，1 人当场被击毙，两人受伤。

　　某日，美国和加拿大发生了因雷击造成的大规模停电事故，引起了普遍的恐慌和巨大的麻烦。一些重要的活动被迫停止，各地空中和陆地的交通中断，居民们慌忙地贮存食品和饮水，金融业的损失更是"巨大的，难以计算的"，有人甚至说："感觉比'9·11'还可怕"。

　　某日，广东省仁化县某煤矿的供电系统遭雷击后，井下 4 名矿工因通风系统停止运转而窒息死亡。

　　某日下午 2 时左右，天上下起了雷阵雨。杜前村一处约 100 平方米的闲置宅基地上长着 5 棵枝叶茂盛的大水杉，29 位农民在这几棵树下避雨和玩耍。突然一声雷响，这些村民还没来得及反应过来，就全部被击倒在地，当场死亡 11 人，死者被强大的气流推出 3 米多远。

受伤者立即被送往附近的医院抢救，其中 3 人因伤势太重，抢救无效于当天死亡。然而死神并没有就此"善罢甘休"，截至 28 日下午，死亡人数上升至 17 人。除此之外，雷击点附近民宅内的家用电器也遭到不同程度的破坏。这是浙江省有历史记录以来人员伤亡最严重的一次雷击事故。

某日上午 7 时左右，广州增城市突然雷电交加，下起了暴雨。一小时后，突然响起一声惊雷，雷电击中该市一农舍，引发大火。农舍内的财物损失惨重，家具电器全烧光，6 000 元现金化成灰烬，一声响雷竟让以种菜为生的徐某一家近乎倾家荡产。

某日 7 时 55 分，上海奉贤区某村的一对老夫妻同骑摩托车从虾塘回家，在经过一处空旷的桥面时不幸遭遇雷击，61 岁的妻子俞某当场死亡，62 岁的丈夫谢某受伤，头发被雷电打成焦色，耳孔打穿有出血现象。

某日晚 21 点左右，麒麟区越州镇薛旗村委会黑宝滩村小组村民王来发，天下大雨时打着伞去看田水，被雷电击中不幸身亡。

某日晚间在咸州双湖举行首场露天"乡村雷声音乐节"。20 日零时 30 分左右，当节目接近尾声时，一场突如其来的暴风雨，让观众措手不及。就在众人急忙找地方避雨的同时，边打电话边走路的普某某被闪电击中，她头部侧边出现一个洞，靴子都被震到从脚上脱落，手机被烧焦。

……

闪电的受害者有三分之二以上是在户外受到袭击的。他们每 3 个人中有两人幸存。在闪电击死的人中，85% 是男性，年龄大都在 10 岁至 35 岁之间，死者以在树下避雷雨的为最多。

因此，了解雷电的规律，掌握正确的预防雷击的措施和自救的方法十分必要。

二、雷电的预防

1. 雷电的类型

根据雷电的产生和危害特点的不同，雷电可分为以下三种：

1）直击雷。直击雷是云层与地面凸出物之间放电形成的。直击雷就是直接打击到物体上的雷电，它直接击在建筑物上，产生电效应、热效应和机械力。直击雷可在瞬间击伤击毙人畜。如 1970 年 7 月 27 日中午 1 时，北京天安门广场上一个直击雷击倒 10 名游客，其中 2 人因电流通过身体，经抢救无效而身亡。直击雷产生的数十万甚至数百万伏的冲击电压会毁坏发电机、电力变压器等电气设备的绝缘，烧断电线或劈裂电杆造成大规模的停电，绝缘损坏还可能引起短路，导致火灾或爆炸事故。

另外，直击雷巨大的雷电流通过被雷击物，在极短的时间内转换成大量的热能，会造成易燃物品的燃烧或造成金属熔化飞溅而引起火灾。例如，1989 年 8 月 12 日，青岛市黄岛油库 5 号油罐遭雷击爆炸，大火烧了 60 小时，火焰高 300 米，烧掉 4 万吨原油，烧毁 10 辆消防车，使 19 人丧生，74 人受伤，还使 630 吨原油流入大海。

2）感应雷。感应雷即通过雷击目标旁边的金属物等导电体感应，间接打击到物体上。感应雷击是由于雷雨云的静电感应或放电时的电磁感应作用，使建筑物的金属管线（如钢筋、管道、电线等）感应出与雷雨云相反的电荷，因其悄悄产生，故不易被察觉，危害巨大。例如，1992 年 6 月 22 日，一个落地雷砸在国家气象中心大楼的顶上，虽然该大楼安装了避雷针，但是巨大的感应雷却把楼内的 6 条国内同步线路和一条国际同步线路击断，使计算机系统中断 46 小时，直接经济损失达数十万元。

3）球形雷。球形雷是一种发红光或极亮白光的火球，球形雷能从门、窗、烟囱等通道飘入室内，极其危险。例如，1978 年 8 月 17 日晚上，原苏联登山队在高加索山坡上宿营，5 名队员钻在睡袋里熟睡。突然，一个网球大的黄色火球闯进帐篷，在离地 1 米高处漂浮，刷的一声钻进睡袋，顿时传来"咝咝"烤肉的焦臭味。此球在 5 个睡袋中轮番跳进跳出，最后消失，致使 1 人被活活烧死，4 人严重烧伤。

 【案例 7-10】 3 小时 456 声惊雷

2007 年 7 月 15 日晚 10 时 41 分到 16 日凌晨 1 时 52 分，成都市区和新津、龙泉等地发生了雷电，3 小时共监测到 456 次云地闪雷电，是 2007 年最集中、最强的一次雷击过程，造成双流吴家坝 9 户村民家中的电视机及电器被雷击，土龙公路两河森林公园环境监测站被雷击，周家场一户村民家里的电器被雷击。

2. 雷电的预防措施

1）避雷针预防直击雷。高层大厦一般要安装避雷针、避雷带和避雷网，这主要是为了预防直击雷和感应雷，所采用的材料一定要精密。

2）线路接地预防感应雷。传统的避雷设施（避雷带、避雷针、避雷网、避雷线）只能防直击雷，不能防感应雷。要使电信网络、计算机网络和有线电视网络及家电等设备免遭感应雷击，只要做好以下工作即可：一是楼面要有防直击雷的设施，天线高度不能高于避雷针的高度，电话线、天线等进入室内的金属导线不要搭在避雷针（带）上；二是电源线路要有避感应雷的措施；三是在天线、信号线、电线等进入设备的线路上要加装避雷器；四是计算机房要做好接地、屏蔽等电位处理工作；五是接地线要采取共地方式。

 【案例 7-11】 未装防雷设施在家遭雷击

某日下午，浙江金华浦江境内出现雷阵雨天气。下午 1 时 15 分左右，仙华街道某村一村民家因未装防雷设施遭遇雷击事故。事故发生时，2 男 4 女 6 名儿童正在 3 楼玩耍，雷击造成 1 名 9 岁的女孩死亡、1 名 14 岁的女孩重伤、一人轻伤、其余 3 人不同程度受电击和摩擦伤。

3）遇球形雷千万不能跑。预防球形雷的主要方法是关闭门窗，防备球形雷飘进室内。如果球形雷意外飘进室内，人千万不要跑动，因为球形雷一般跟随气流飘动。球形雷入屋是非常危险的事情，一般来说，它碰到任何物品都会爆炸。室内的电源、信号、网络设备如果不采取防御雷电的措施，就容易受到雷击损坏。球形雷会随着自身内部的电荷变化，在几十秒到几分钟，最长不超过十几分钟时间内，自然消耗掉。在野外遇到球形雷，也不要跑动，可拾起身边的石块使劲向外扔去，将球形雷引开，以免误伤人群。

三、避雷的措施

雷电作为一种自然现象，其发生是不可避免的，但通过采取有效的措施，可以避免或减轻其所造成的灾害损失。在按规范安装防雷设施并定期进行检测的基础上，普及防雷知识，提高全社会的防雷减灾意识，是避免或减轻雷电灾害的重要措施，具有十分重要的意义。

1. 室内避雷措施

1）在雷雨天，人应尽量留在室内，不要外出，并关闭门窗，防止球形雷穿堂入室。

2）家庭使用电脑、彩电、音响、影碟机等弱电设备不要靠近外墙，雷电发生时最好不使用这些设备，也不要打电话，更不要在室内使用手机。因为雷电干扰，可使手机无线电频率跳跃增强，诱发烧机及雷击事故。

 【案例 7-12】雷电天气上网电脑被烧

小勇在家里用宽带上网时，窗外正下着倾盆大雨，不时还伴有电闪雷鸣，然而这一切都未能打扰小勇玩网络游戏的兴致。突然间，随着一声"轰隆隆"的雷声，他的笔记本电脑冒出了一股黑烟，电脑出现黑屏。原来，由于在雷电天气上网，电脑的 CPU 被烧了。

3）切断电器设备的电源（如电风扇、电视机、录音机、电吹风、电熨斗等），拔出未装避雷器的室外天线。

4）不要接触煤气管道、暖气管道、自来水管道、水池和电线等装置。尽量不要靠近门窗、炉子、暖气炉等金属物体，也不要赤脚站在泥地或水泥地上，最好脚下垫有不导电的物品坐在木椅子上。

5）在打雷闪电时不要使用太阳能热水器，同时在热水器上安装一套安全的防直击雷装置，包括避雷针、引下线，接地装置等。

 【案例 7-13】雷雨天冲凉差点被电击

某月中旬，山西省城某高层小区一位居民正在享受太阳能热水器沐浴带来的舒适，天空中一阵雷声滚滚而来，该居民突感身体发麻，好像是被电击的感觉，吓得他赶紧关掉开关，在庆幸逃过一劫的同时，知道以后再也不敢在雷雨天冲凉了。

2. 室外避雷措施

1）在雷雨天，如果在室外，要尽快躲到有遮蔽的安全地方，应远离高大的电线杆、高塔、独立的大树、烟囱等物体，不要靠近火车轨道、墙根及避雷针的接地装置，至少和它们保持两米的距离，而且在雨中不要用手机打电话。

【案例 7-14】 雷雨天地里干活被雷击

2013 年广西某地农民正在田间收花生，突然雷雨交加，几个男同志跑到附近岩洞中躲雨安然无恙，而 7 个妇女利用塑料薄膜搭起帐篷避雨。结果全被雷击中，其中 6 人当场死亡。

2）在车内避雨要关好汽车门；不要骑自行车、摩托车或开拖拉机在雷雨中行驶。

3）打雷下雨时，不要在山顶和高地停留，不要站在空旷的田野里，要避开孤立高耸凹凸的场所；在空旷场地上不宜打伞，不宜把金属工具、羽毛球拍、高尔夫球杆等扛在肩上；女士最好取下金属饰物；在田地间劳动的农民，不要扛着铁锹、锄头在雨中行走，尽量扔掉铁器工具。

4）不要在雨中狂奔，因为步子越大，通过身体的跨步电压就越大。人在遭受雷击前，会突然有头发竖起或皮肤颤动的感觉，这时应立刻躺倒在地，或选择低洼处蹲下，双脚并拢，双臂抱膝，头部下俯，尽量缩小暴露面，千万不要几个人拥挤在一起。

5）如在江河湖泊游泳时遇到雷雨，要立即上岸，不要待在开阔的水域或小船上。

四、雷击后急救的方法

当人体被雷击中后，其他人往往会觉得遭雷击的人身上还有电，不敢抢救而延误了救援时间。其实这种观念是错误的，因为这时被雷击者身上已无电。大量的雷击抢救事实证明，在雷击致人死亡这一现象中，有一部分呈现死亡状态的人其实还未真正死亡。即使心脏停止跳动、呼吸停止也往往是一种短暂现象，通常称为"雷击假死"。辨别是否为雷击假死的方法是，看受害者的身体是否出现紫蓝色斑纹，若未出现，说明还没有真正死亡。

对雷击受害者的紧急救护措施如下：

1）如果伤者遭受雷击后引起衣服着火，此时应马上让伤者躺下，以使火焰不致烧伤面部，并往伤者身上泼水，或者用厚外衣、毯子等把伤者裹住，隔绝空气，以扑灭火焰。

2）立即抢救危重伤员，进行人工呼吸和胸外心脏按压。被雷击中后，电流会使人的心脏停止跳动、呼吸停止，此时应首先进行口对口人工呼吸。雷击后进行人工呼吸的时间越早，伤者的身体恢复得越快，因为人脑缺氧时间超过 3~5 分钟就会有生命危险。如果能在 8 分钟内以心肺复苏法对伤者进行抢救，让心脏恢复跳动，可能还来得及救活。

3）要迅速对伤者进行心脏按压，并及时呼叫 120，通知医院进行抢救处理。如果遇到一群人被击中，那些能发出呻吟声的人可暂缓救助，应先抢救那些已无法发出声息的人。一般情况下，持续抢救的时间应不少于 40 分钟。

知识链接

双脚并拢不易遭雷击

据统计，2007 年浙江省共发生雷电灾害人员伤亡事故 50 起，总计受伤 35 人，死亡 48 人。雷电比较集中发生在杭州与绍兴的交界处、台州与宁波还有丽水，其中杭州与绍兴的交

界处发生密度最高。从区县来看，诸暨是全省雷电发生最密集的地方。

最易遭到雷击的地方是农田和简易房，2006 年浙江省的雷电伤亡事故几乎都发生在农村。这是因为农田比较广阔，在雷电天气里找不到躲避的地方，所以较容易遭受雷击。

在农田，躲避雷击最好的办法，就是不要在雷电多发时段出现在农田里。如果已经在农田或空旷地点，遭遇了雷电天气，最简单易行的办法就是把自己的身体尽量降低，比如迅速蹲下，以免成为空旷地点的活动"避雷针"。

"蹲下的时候，双脚并拢比留有间距更能避雷，以减少两脚之间的电压。"专家建议。

第四节　大风来临时的自救

一、大风的危害

我国气象部门规定：风力达到 8 级或以上（风速≥17 米/秒）时称为大风。达到这一风力时，造成的灾害明显增多。如毁坏建筑物，造成人员伤亡；对渔业生产等海上作业有影响，有时还会掀翻渔船，造成船毁人亡；影响水上航行，甚至发生严重的翻船事故；妨碍公路和铁路交通，在公路上，强风可造成汽车失控，而且车速越快，汽车失控的事故越多。风速过大、风力强劲的风能给人们的生活造成破坏，给人们的生命财产安全造成威胁。采取正确的措施进行防备，可以有效地防止和减轻大风可能造成的损失。

1）大风季节，要随时了解 24~36 小时内当地的天气预报。若发出大风警报时，可准备好手电筒、蜡烛、雨衣、方便食品和水，以应对紧急情况。

2）大风袭来时，在户外的人员应停止行走、劳动或其他活动，并进入比较坚固的建筑物内躲避。如果附近没有建筑物或是建筑物不够坚固（如草棚、破旧的土房），应选择在低洼处匍匐或蹲下，而且要远离大树、土墙，以免被砸、被压。

3）起风时，要关紧门窗，并把贵重物品和容易被风吹走的花盆、晒衣竹竿、衣物等物品放到安全的地方，固定可能被风刮走或刮坏的不能搬进屋内的较大物件，必要时，还要用桌椅、木板等顶住迎风的门窗。人不要待在门窗旁边。

4）暴风雨和雷电交加的时候，要将电视、冰箱、电脑及灯具的电源插头拔下，电视天线的插头也要拔掉。

5）用竹木、镀锌铁皮等材料搭建的房屋，一旦被大风掀了顶就可能整间塌毁，因此，这些房屋内的人员在狂风暴雨来临前应及时撤离，躲避到安全处。

【案例 7-15】大风掀翻广告牌，致断水、断电、断气

2019 年 3 月 20 日 13 时左右，马鞍山含山县林头镇遭遇 12~14 级大风、雷暴和冰雹等强对流天气，狂风携带暴雨倾斜而下，造成 110 千伏含东 557 线 2 号、3 号杆塔倒塌，线路跳闸；35 千伏东铜 362 线 1 号杆 B 相断线，13 条 10 千伏线路故障停电，涉及停电台区 395

个，停电户数 21 743 户，其中全停电台区数 263 个，共 21 438 户。强烈大风刮到马鞍山南高速口处广告牌，砸到多辆轿车，导致郑蒲港新区大范围断水、断电、断气。

二、应对大风的措施

1）在狂风中，不要在大型广告牌和大树下停留；在工地附近行走时，应尽量远离工地并快速通过，要防止随风乱飞的杂物的伤害。在家中，屋顶的瓦片被大风掀起时，暂时不要到室外查看，以免被坠落的瓦片砸伤；如果被雨淋湿衣服、手脚，则不要碰触电器开关。

2）大风时，驾驶机动车和非机动车应减速慢行，并密切注意路况。风太强烈时，行驶在公路上的车辆，可迅速转移至桥梁下或涵洞中，人不要留置在车内。骑车遇到强风时，应暂时停下躲避。停车时应远离围墙、广告牌、枯树等。

 【案例 7-16】 龙卷风卷起防盗门

"百余斤重的防盗门在空中飞舞，钢管路灯被整排刮断，砸向路人！"某日下午 5 时许，在永康市溪心路上发生了可怕的一幕，该路段受龙卷风袭击损失惨重。

下午 5 时许，武义某托运站的颜某来到永康市某防盗门厂运了 100 余樘防盗门，途经溪心路准备开往武义。谁知突然刮起龙卷风，路边的钢管路灯被整排刮倒。颜某被这一场面吓得心惊肉跳。

他立即将车开进边上的加油站避风。进入加油站后，他感到运有万斤防盗门的车左右摇晃，整个车头被风刮起又落下，他紧紧抓住转向盘不知如何是好。10 多分钟后风停了，颜某下车一看，用于固定防盗门的绳索已被风刮断，一车防盗门被风刮得所剩无几。据颜某讲，用于固定防盗门的绳索起码能承重 1 吨以上，没想到用这么粗的绳索固定这么重的防盗门，龙卷风竟然还是将它们刮到了数十米远处。他开了 20 余年车，从未见过这么可怕的场景。

3）路上遇到大风步行不稳时，可把衣服用带子扎紧，弯腰紧缩身体，慢慢前行；如在河边行走，应尽快离开靠近水面处，也可原地卧倒，以免被风吹到河中。

4）大风天气应立即停止露天集体活动，并疏散人员，遇到危险时，应立即拨打当地的防灾电话求救。

5）当发现有人被压在倒塌物下时，应及时报警并拨打 120 急救电话。

三、龙卷风袭来的自救措施

龙卷风对人类的威胁极大。当龙卷风袭来的时候，能否求得生存，在很大程度上要靠个人的积极躲避。

 【案例 7-17】 辽宁龙卷风造成 6 死 120 伤

2019 年 7 月 3 日下午 5 时 15 分左右，辽宁省开原市遭受突发龙卷风袭击，附近风速达 23 米/秒（9 级），当时冰雹和龙卷风同时出现，冰雹如蛋黄大小，102 线沿线多棵大树被连根拔起倒在路上造成交通瘫痪。龙卷风由金沟子镇形成，经兴开街道、开原经济开发区，向南持续 15 分钟后，减弱成低压。龙卷风造成人员伤亡，房屋损坏，电力通讯不同程度受损。灾害发生后，开原市立即启动 2 级应急响应预案，应急、消防、武警、公安、交管、医疗等救援队伍参与救援，解救被困人员 210 余人。事后，初步统计龙卷风已造成 6 人死亡，120 余人受伤。

 【案例 7-18】 伤亡人数最多的龙卷风

2019 年 3 月 28 日，孟加拉国遭遇龙卷风。这个恐怖的龙卷风居然有 1.6 公里宽，其扫过的路径长达 80 公里，破坏的速度却极为迅速，穿过道拉普镇，往东北方向扫去，最终进入沙拖瑞镇，造成孟加拉国最终死亡 1 300 人，受伤的人更是高达 12 000 人之多，有 8 万人因此无家可归，造成的钱财损失更是不计其数！

这场恐怖的龙卷风简直是孟加拉国历史上遭受损失最重和死亡人数最多的一次龙卷风，也是全世界有记录以来伤亡人数最多的龙卷风。

由上述事例可见，龙卷风给人类带来的灾害是不能低估的，那么，一旦遇上龙卷风该如何处置？

1）必须对龙卷风的生成特性有所了解。龙卷风多出现在盛夏季节。在龙卷风到来之前，必须依靠坚固的建筑物或天然屏障来保护自己。居住在室内的人，当龙卷风袭来之前，一定要把窗子打开，使室内外气压相等，以此减少房屋倒塌的危险。

2）龙卷风袭来时，在公共场所的人应服从指挥，向规定地点疏散。理想的掩蔽所是建筑物的底层、底层走廊、地下室、防空洞和山洞。暴露在地上的一切活动必须停止，千万不可骑自行车、摩托车或利用高速交通工具躲闪龙卷风；应立即躲开活动房屋和活动物体，远离树木、电线杆、门、窗、外墙等一切易于移动的物体，并利用钢盔、棉帽等东西保护好自己的头部。

3）在无固定结实屏障的情况下，应立即平伏于地上，最好用手抓紧小而坚固、不会被卷走的物体或打入地下深埋的木桩等物体。在田野空旷处遇上龙卷风，应躲避在低洼处，但要注意防止被水淹或被空中坠物击中。

第五节　台风来临时的自救

一、台风的危害

我们平时常说的台风，是一种热带气旋。所谓热带气旋，是指发生在热带或副热带海面上急速旋转的低压涡旋，常伴有狂风、暴雨和风暴潮。

热带气旋风力等级划分的原则是以底层中心附近最大平均风速为标准，划分为热带低压（中心最大风力 6~7 级）、热带风暴（中心最大风力 8~9 级）、强热带风暴（中心最大风力

10~11 级）、台风（中心最大风力 12~13 级）、强台风（中心最大风力 14~15 级）、超强台风（中心最大风力 16 级及以上）6 个等级。

每年 7~9 月是沿海地区的台风高发期，特别是广东、福建、浙江、江苏、上海等地经常出现台风灾难。台风的发生有明显的季节性，平均每年登陆我国的台风多达 9.2 个。台风来临时不但有强大的风暴，还夹带暴雨，范围可达 1 000 多平方公里。台风突袭往往造成灾害，威胁人们的生命财产安全。每年的台风都会造成一些突发事故和沉痛教训，只有认真总结过去防台抗台的经验和教训，在台风来临之际才能避免伤害和损失。

据以往对台风现场的调查发现，很多情况下人员的伤亡和财产的损失，往往不仅仅是因为台风本身的危害造成的，而是由于人们在面临台风的时候不懂防范知识所致，如对台风的危害性估计不足，建房不考虑台风因素，危急时刻不会转移、不愿意转移等。

【案例 7-19】台风"利奇马"造成 43 人死亡，直接经济损失 537.2 亿余元

2019 年 8 月 10 日 1 时 45 分前后，台风"利奇马"的中心在浙江省温岭市沿海登陆，登陆时中心附近最大风力 16 级（52 米/秒，超强台风级），中心最低气压 930 百帕；9 时，台风"利奇马"减弱为强热带风暴级，地点在浙江省金华市磐安县境内；20 时，在浙江省湖州市南浔境内减弱为热带风暴级。

8 月 11 日 12 时许，台风"利奇马"中心进入山东省日照市近海，风力为 9 级，强度将略有增强。20 时 50 分前后，台风"利奇马"的中心在山东省青岛市黄岛区沿海登陆，登陆时中心附近最大风力 9 级（23 米/秒，热带风暴级），中心最低气压 980 百帕。

截至 8 月 14 日 10 时统计，"利奇马"已造成河北、辽宁、吉林、上海、江苏、浙江、安徽、福建、山东 9 省（直辖市）1402.4 万人受灾，已致死亡 43 人，失踪 17 人，209.8 万人紧急转移安置，3.7 万人需紧急生活救助；1.6 万间房屋倒塌，13.4 万间不同程度损坏；农作物受灾面积 1139.7 千公顷，其中绝收 93.4 千公顷；直接经济损失 537.2 亿元。

【案例 7-20】台风"山竹"造成 6 人死亡，直接经济损失 142.3 亿元

2018 年第 22 号台风"山竹"（强台风级）于 9 月 16 日 17 时前后在广东省江门市台山沿海登陆。台风"山竹"是 2018 年以来第 10 个登陆我国的台风，也是 2018 年最强登陆台风。受其影响，16 日至 18 日早晨，广东中西部和南部、广西中部、海南岛北部、贵州东南部及江苏东南部、安徽东南部、浙江北部和东部、福建东北部等地累计降雨量有 100~280 毫米，广东茂名、阳江、云浮、江门、深圳、惠州等地 300~478 毫米；广东中西部、广西东南部最大小时降雨量 30~60 毫米、局地 70~95 毫米。据统计，灾害造成湖南、广东、广西、海南、贵州、云南 6 省（自治区）48 市（自治州）186 个县（市、区）471.3 万人受灾，6 人死亡，152.9 万人紧急转移安置，9.8 万人需紧急生活救助；3 400 余间房屋倒塌，1.1 万间不同程度损坏；农作物受灾面积 341.4 千公顷，其中绝收 16.2 千公顷；直接经济损失 142.3 亿元。

【案例7-21】台风"温比亚"给八省带来了重创

2018年第18号台风"温比亚"(强热带风暴级)于8月17日凌晨4时5分前后在上海市浦东新区南部沿海登陆,登陆时中心附近最大风力9级(23米/秒)。受其影响,8月16日至20日,浙江、上海、江苏、安徽、河南、山东、辽宁、吉林等地出现暴雨或大暴雨,河南东部、苏皖北部、山东等地部分地区出现特大暴雨;其中,河南商丘和周口市、安徽宿州和淮北市、江苏徐州市、辽宁大连、山东济宁、泰安、临沂、淄博、潍坊、东营等地累计降雨量有200~450毫米,河南商丘睢县最大降雨量达543毫米、江苏徐州沛县528毫米、山东泰安市510毫米。据统计,灾害造成河北、辽宁、上海、江苏、浙江、安徽、山东、河南8省(直辖市)46市228个县(市、区)1800.4万人受灾,52人死亡,1人失踪,45.4万人紧急转移安置,6.1万人需紧急生活救助;1.5万间房屋倒塌,12.2万间不同程度损坏;农作物受灾面积2014.9千公顷,其中绝收249.3千公顷;直接经济损失369.1亿元。其中,安徽、山东灾情较重。

 【案例7-22】台风"玛莉亚"142.3万人受灾,卷走41.6亿元

2018年第8号台风"玛莉亚"(强台风级)于7月11日9时10分前后在福建省连江县黄岐半岛沿海登陆,11日20时移入江西境内并减弱为热带低压。受其影响,福建东北部和浙江东南部出现大到暴雨、局地大暴雨,福建中部、浙江东南部、江西中部等地累计降雨量有50~120毫米,福建福州、三明和浙江温州局地150~200毫米,其中,三明建宁县局地260~285毫米。据统计,灾害造成浙江、福建、江西、湖南4省20市107个县(市、区)142.3万人受灾,1人死亡,54.2万人紧急转移安置,近1000人需紧急生活救助;500余间房屋倒塌,3.6万间不同程度损坏;农作物受灾面积82.3千公顷,其中绝收5.0千公顷;直接经济损失41.6亿元。

 【案例7-23】台风"天鸽"造成24人死亡,直接经济损失68.2亿美元

2017年8月20日第13号台风"天鸽"在西北太平洋洋面上生成。之后强度不断加强,22日8时加强为强热带风暴,15时加强为台风。23日晚上进入广西境内(强热带风暴级或台风级,11~12级,30~35米/秒)。8月24日14时减弱为热带低压,17时中央气象台对其停止编号。台风"天鸽"导致中央气象台发出2017年首个台风红色预警信号,港澳气象部门发出十号飓风信号,且登陆时恰逢天文大潮,给珠海、香港、澳门等地区带来重大破坏,造成了24人死亡和68.2亿美元经济损失,其中43.8亿美元来自中国大陆,10.2亿美元来自香港,14.2亿美元来自澳门。

二、台风预警及防御指南

台风预警信号分四级,分别以蓝色、黄色、橙色、红色表示。

1. 台风蓝色预警及防御指南

1）蓝色预警的标准：24 小时内受热带低压影响，平均风力可达 6 级以上，或阵风 7 级以上；或者已经受热带低压影响，平均风力为 6~7 级，或阵风 7~8 级并可能持续。

2）蓝色预警的防御指南：①做好防风准备，有关部门启动防御工作预案；②注意媒体关于热带低压的最新消息和防风通知的报道；③把门窗、围板、棚架、户外广告牌、临时搭建物等易被风吹动的物体固紧，妥善安置易受热带低压影响的室外物品。

2. 台风黄色预警及防御指南

1）黄色预警的标准：24 小时内受热带风暴影响，平均风力可达 8 级以上，或阵风 9 级以上；或者已经受热带风暴影响，平均风力为 8~9 级，或阵风 9~10 级并可能持续。

2）黄色预警的防御指南：①进入防风状态，建议幼儿园、托儿所停课；②关紧门窗，处于危险地带和危房中的居民以及船舶应到避风场所避风，通知高空、水上等户外作业人员停止作业，危险地带的工作人员撤离；③切断霓虹灯招牌及危险的室外电源；④停止露天集体活动，立即疏散人员。

3. 台风橙色预警及防御指南

1）橙色预警的标准：24 小时内受热带风暴、强热带风暴或台风影响，平均风力可达 8 级以上，或阵风 9 级以上；或者已经受热带风暴影响，平均风力为 8~9 级，或阵风 9~10 级并可能持续。

2）橙色预警的防御指南：①进入防风状态，有关部门启动防御工作预案；②关紧门窗，处于危险地带和危房中的居民以及船舶应到避风场所避风，通知高空、水上等户外作业人员停止作业，危险地带的工作人员应及时撤离，露天集体活动应及时停止，并做好人员疏散工作；③切断霓虹灯招牌及危险的室外电源；④其他同台风蓝色预警的防御方法。

4. 台风红色预警及防御指南

1）红色预警的标准：6 小时内受台风影响，平均风力可达 12 级以上；或者已经受台风影响，平均风力已达 12 级以上，并可能持续。

2）红色预警的防御指南：①进入特别紧急的防风状态，有关部门启动防御工作预案，相关应急处置部门与抢险单位随时准备启动抢险应急方案；②关紧门窗，处于危险地带和危房中的居民以及船舶应到避风场所避风，通知高空、水上等户外作业人员停止作业，危险地带的工作人员应及时撤离，露天集体活动应及时停止，并做好人员疏散工作；③其他同台风橙色预警信号。

三、应对台风的措施

1）应密切关注媒体有关台风的报道，及时采取预防措施。在台风来临前，最好不要出门。不要去台风经过的地区旅游，更不要在台风影响期间到海滩游泳或驾船出海，已出港的人员要及时回港、固锚，船上的人员必须上岸避风。

2）台风来临前，应准备好手电筒、收音机、食物、饮用水及常用药品等，以备急需；

检查电路，注意炉火、煤气，防范火灾；在做好以上防风工作的同时，要做好防暴雨工作。

3）强风有可能吹倒建筑物和高空设施，要及时搬移屋顶、窗口、阳台处的花盆、悬吊物等，检查门窗、室外空调、太阳能热水器的安全，并及时进行加固，以防因被砸、被压、触电等造成人员伤亡。

4）将养在室外的动植物及其他物品移至室内，特别是要将楼顶的杂物搬进来；室外易被风吹动的东西要加固；住在低洼地区和危房中的人员要及时转移到安全住所，及时清理排水管道，保持排水畅通。

5）有关部门要做好户外广告牌的加固；建筑工地要做好临时用房的加固，并整理、堆放好建筑器材和工具；园林部门要加固城区的行道树；居住在各类危旧住房、厂房、工棚的群众，在台风来临前，要及时转移到安全地带，不要在临时建筑、广告牌、铁塔等附近避风避雨；车辆尽量避免在强风影响区域行驶。

6）遇到危险时，拨打当地的防灾电话求救。

四、台风期间的自救措施

1）台风期间，尽量不要外出行走，如果必须外出，行人不要在广告牌和老树、腐朽树木下长期逗留，以免被吹落物砸伤；在建筑物密集的街道行走时，要特别注意落下物或飞来物，以免被砸伤；顺风行走时绝对不能跑，要尽可能扶着墙角、栅栏、柱子或其他稳固的固定物行走。

2）强风中，要尽量少骑自行车，顺风虽不会对骑车人造成太大危险，但是一旦侧风向骑行，很有可能被大风刮倒，造成摔伤。

3）野外旅游时，听到气象台发出台风预报后，能离开台风经过地区的要尽早离开，否则应贮足罐头、饼干等食物和饮用水，并购足蜡烛、手电筒等照明用品。

4）船舶在航行中遭遇台风袭击，应及时与岸上的有关部门联系，弄清船只与台风的相对位置，将船只驶入避风港，封住船舱；如是帆船，要尽早放下船帆。

5）如果你是开车旅游，则应将车开到地下停车场或隐蔽处；如果你住在帐篷里，则应收起帐篷，到坚固结实的房屋中避风；如果你已经在结实的房屋里，则应小心关好窗户，在窗玻璃上用胶布贴成米字图形，以防窗玻璃破碎。

6）强台风过后不久，一定要在房子里或原先的藏身处待着不动，不能以为风暴已经结束；如果你是在户外躲避，那么此时就要转移到原来避风地的对侧。

五、台风过后家庭消毒措施

1）狂风暴雨把家里弄得乱七八糟，是不是要用消毒水全部擦一遍，有这个必要吗？

台风过后，很多家庭受淹，到处都是污水污泥。首先要解决水退出去，然后清理杂物和淤泥，再冲洗环境卫生。不需要到处乱撒漂白粉或喷洒消毒液，重要的是尽可能保持环境清洁和干燥。

2）受淹或进水的家庭，哪些地方需要消毒？

底层房间受淹，首先是等水退后及时清理；如果周围有公厕等污染源，水中也有明确污染物，建议在清理、冲洗后用消毒液进行喷洒消毒；如果家里卫生间受淹，卫生间及周围房间也建议按上述方法处理。受淹的厨房、餐具、烹饪设施，先清洁再消毒。

3）家庭消毒可以选择哪些消毒方法？

家庭环境物体表面消毒，推荐去超市买瓶 84 消毒液，1 份原液（如 1 瓶盖）加上 100 份水就可以进行卫生间、厨房地面、墙面的喷洒和擦拭消毒。如果擦拭家具表面，建议擦拭后 30 分钟再用清水擦拭一遍，避免损伤油漆表面。也可以去超市买一些有杀菌作用的清洗剂，用来擦拭家具、餐桌等。

4）台风过后，蚊子苍蝇多起来了，怎么办？

水灾过后，清除一切形式的积水是灭蚊最经济有效的措施。苍蝇的生长需要有粪便、垃圾、腐败植物和腐败动物等孳生地，及时清理垃圾是最有效的办法。

第六节　暴雨洪涝灾害来临时的自救

一、暴雨洪涝的危害

有些短时的或连续的强降水过程，在地势低洼、地形闭塞的地区，容易造成农田积水和土壤水分过度饱和，给农业带来灾害，甚至会引起山洪暴发、江河泛滥、堤坝决口，给人民和国家造成重大经济损失。

【案例 7-24】暴雨致吉林洪涝灾害

2017 年 7 月 13 日以来，吉林省出现罕见暴雨天气，吉林市永吉县等地遭受严重洪涝灾害。截至 7 月 15 日 10 时统计，此次暴雨洪涝灾害共造成吉林、四平、延边等 6 市（自治州）25 个县（市、区）63.7 万人受灾，因灾死亡 7 人，失踪 1 人，紧急转移安置 10.6 万人，倒塌房屋 739 户 1 847 间，严重损坏 2 396 户 6 044 间，一般损坏房屋 2 173 户 5 673 间；农作物受灾面积 138.3 千公顷，其中绝收 10.5 千公顷；直接经济损失 9.6 亿元。

【案例 7-25】新疆受暴雨重创

2018 年 7 月 31 日凌晨 6 时至 9 时 30 分，新疆维吾尔自治区哈密市伊州区沁城乡突降暴雨，其中，沁城乡小堡区域发生局部短时特大暴雨洪水，1 小时最大降水量达 110 毫米，最大洪峰流量达 731 立方米/秒，为有水文记录资料以来最高记录。伊吾县境内同时出现大范围降雨，伊吾河最大洪峰流量达 170 立方米/秒，伊吾河流域下马崖区域瞬时流量创有水文记录以来最大记录。由于涌入射月沟水库（小型水库、库容 678 万立方米）的洪峰流量合计达 1 848 立方米/秒，远远超过该水库 300 年一遇校核洪水标准（537 立方米/秒），造成水库迅速漫顶并局部溃坝，引发洪涝灾害。据统计，灾害造成新疆维吾尔自治区哈密市伊州区伊吾县和新疆生产建设兵团十三师 8 个团（场）共 2.5 万人受灾，32 人死亡，6 000 余人紧急转移安置；1 400 余间房屋倒塌，7 600 余间不同程度损坏；农作物受灾面积 7.9 千公顷，其中绝收 1.8 千公顷；直接经济损失 11.1 亿元。

 【案例 7-26】西北部分地区遭受暴雨灾害

2018 年 7 月 18 日至 23 日，西北部分地区出现分散性大雨或暴雨。18 日晚 18 时至 24 时，甘肃省临夏回族自治州遭受强降雨袭击，东乡族自治县 6 小时最大点降雨量 114 毫米，达板镇、果园乡、风山乡 6 小时最大降雨量 30~60 毫米，引发山洪灾害。据统计，灾害造成陕西、甘肃、青海、宁夏 4 省（自治区）18 市（自治州）53 个县（市、区）51 万人受灾，25 人死亡，4 人失踪，2.9 万人紧急转移安置，3 700 余人需紧急生活救助；4 000 余间房屋倒塌，2.9 万间不同程度损坏；农作物受灾面积 34.4 千公顷，其中绝收 6.2 千公顷；直接经济损失 28.1 亿元。其中，甘肃灾情较重。

 【案例 7-27】四川、甘肃等地遭受强降雨袭击

2018 年 7 月 6 日至 12 日，四川盆地及西北部分地区连续遭受强降雨袭击，局地还伴有雷暴大风、冰雹等强对流天气，引发洪涝、泥石流、风雹等灾害。四川盆地局地累计降水量超 600 毫米，甘肃东南部、陕西西南部和北部 100~200 毫米。其中，8 日至 11 日，四川盆地西部累计降水量有 100~350 毫米，绵阳、德阳和成都局地 400~500 毫米，绵阳江油局地达 619 毫米。据统计，灾害造成重庆、四川、陕西、甘肃 4 省（直辖市）35 市（自治州）205 个县（市、区）611.3 万人受灾，25 人死亡，2 人失踪，50.8 万人紧急转移安置，5.3 万人需紧急生活救助；1.2 万间房屋倒塌，19.5 万间不同程度损坏；农作物受灾面积 385 千公顷，其中绝收 80.2 千公顷；直接经济损失 334.2 亿元。其中，四川、甘肃灾情较重。

二、暴雨预警及防御指南

暴雨预警信号分四级，分别以蓝色、黄色、橙色、红色表示。

1. 暴雨蓝色预警及防御指南

1）蓝色预警的标准：12 小时内降雨量将达 50 毫米以上，或者已达 50 毫米以上且降雨可能持续。

2）蓝色预警的防御指南：①政府及相关部门按照职责做好防暴雨准备工作；②学校、幼儿园采取适当措施，保证学生和幼儿的安全；③驾驶人员应当注意道路积水和交通阻塞，确保安全；④检查城市、农田、鱼塘排水系统，做好排涝准备。

2. 暴雨黄色预警及防御指南

1）黄色预警的标准：6 小时内降雨量将达 50 毫米以上，或者已达 50 毫米以上且降雨可能持续。

2）黄色预警的防御指南：①政府及相关部门按照职责做好防暴雨工作；②交通管理部门应当根据路况在强降雨路段采取交通管制措施，在积水路段进行交通引导；③切断低洼地带有危险的室外电源，暂停在空旷地方的户外作业，转移危险地带的人员和危房居民到安全的场所避雨；④检查城市、农田、鱼塘排水系统，采取必要的排涝措施。

3. 暴雨橙色预警及防御指南

1）橙色预警的标准：3 小时内降雨量将达 50 毫米以上，或者已达 50 毫米以上且降雨可能持续。

2）橙色预警的防御指南：①政府及相关部门按照职责做好防暴雨应急工作；②切断有危险的室外电源，暂停户外作业；③处于危险地带的单位应当停课、停业，采取专门措施保护已到校的学生、幼儿和其他上班人员的安全；④做好城市、农田的排涝，注意防范可能引发的山洪、滑坡、泥石流等灾害。

4. 暴雨红色预警及防御指南

1）红色预警的标准：3 小时内降雨量将达 100 毫米以上，或者已达 100 毫米以上且降雨可能持续。

2）红色预警的防御指南：①政府及相关部门按照职责做好防暴雨应急和抢险工作；②停止集会、停课、停业（除特殊行业外）；③做好山洪、滑坡、泥石流等灾害的防御和抢险工作。

三、应对暴雨的措施

1）暴雨期间尽量不要外出。为了防止沿街楼房低层住户发生小内涝，可因地制宜及时巡查周围的下水道水泥盖是否被垃圾、杂物等堵塞，如阻碍了畅通排涝，应采取必要的措施清理一下；在家门口放置挡水板或堆砌沙包等物防水；积水漫入室内时，应立即切断电源；注意街上的电力设施，如有电线滑落，即刻远离并马上报告电力部门。

2）在户外的积水中行走时，要特别小心，注意观察，贴近建筑物行走，防止跌入水沟、地坑等。连日暴雨时，行人要避免停留在洼地或山体附近，以防泥土松脱、山体滑坡、山泥倾泻。如居所可能出现严重被淹的情况，应撤离居所，到安全的地方暂避。

3）驾驶机动车遇到路面积水过深时，应尽量绕行，避免强行通过。驾驶人员应留意交通状况的变化，注意预防山洪，避开积水和塌方路段。遇到洪水时，如水已经浸到车门，建议先弃车，人员立即转移到高地处。

四、水灾自救逃生的方法

严重的水灾通常发生在江河湖溪的沿岸及低洼地区。当遇到突如其来的水灾时，该如何自救逃生呢？

1）为防止洪水涌入屋内，首先要堵住大门下面的所有空隙，最好在门槛外侧放上沙袋。沙袋可用麻袋、草袋或布袋、塑料袋，里面装满沙子、泥土、碎石等。如果预料洪水还会上涨，那么底层窗槛外也要堆上沙袋。如果洪水不断上涨，应在楼上储备一些食物、饮用水、保暖衣物以及烧开水的用具。

2）如果水灾严重，水位不断上涨，就必须自制木筏逃生。任何入水能浮的东西，如床板、箱子及柜子、门板等，都可用来制作木筏。如果一时找不到绳子，可用床单、被单等撕开来代替。如果来不及转移，也不必惊慌，可向高处（如结实的楼房顶、大树上）转移，等候救援人员营救。

3）在爬上木筏之前，一定要试试木筏能否漂浮。收集食品、发信号用具（如哨子、手电筒、旗帜、鲜艳的床单）、划桨等是必不可少的。在离开房屋漂浮之前，要吃些含热量较多的食物，如巧克力、糖、甜糕点等，并喝些热饮料，以增强体力。在离开家门之前，还要把煤气阀、电源总开关等关掉，时间允许的话，将贵重物品用毛毯卷好，收藏在楼上的柜子里。出门时最好把房门关好，以免家产随水漂流掉。

五、泥石流自救逃生的方法

泥石流是介于流水与滑坡之间的一种地质作用，是一种灾害性的地质现象。它经常突然爆发，来势凶猛，可携带巨大的石块，并以高速前进，具有强大的能量，因而破坏性极大。泥石流所到之处，一切尽被摧毁。

1）沿山谷徒步行走时，一旦遭遇大雨，要迅速转移到安全的高地，不要在谷底过多停留。同时，要注意观察周围的环境，特别留意是否听到远处山谷传来打雷般的声响，如听到，则要高度警惕，这很可能是泥石流将至的征兆。

2）要选择平整的高地作为营地，尽可能避开有滚石和大量堆积物的山坡下面，尤其不要在山谷和河沟底部扎营。发现泥石流后，要马上与泥石流成垂直方向并向两边的山坡上面爬，爬得越高越好，跑得越快越好，绝对不能往泥石流的下游走。暴雨停止后，不要急于返回沟内住地，应等待一段时间。

3）泥石流非常危险，一旦陷入其中很难摆脱。万一不幸陷入其中，不要慌张，要大声呼救，然后将身体后倾轻轻躺在沼泽地里，同时张开双臂，十指张大，平贴在地面上慢慢将陷入泥潭的双脚抽出来。切忌用力过猛过大，避免陷得更深。然后采取仰泳般的姿势向安全地带"游"过去，尽量以轻柔的动作进行，千万不要惊慌挣扎。

【案例 7-28】泥石流造成损失严重

1970 年，南美秘鲁的安第斯山发生冰川泥石流，将 3 000 多万立方米的冰雪泥石流注入容加依城，顷刻间全城被彻底摧毁，3 万居民全部遇难。

2007 年 7 月 4 日，中铁 21 局一公司 113 项目部在新疆吐鲁番胜金河乡进行铁路河道施工时，突发山洪夹杂泥石流，造成 10 人死亡。

2007 年 7 月 6 日，中国石油天然气集团公司玉门油田青西、鸭儿峡作业区突降暴雨，引发泥石流，造成 5 人死亡，4 人失踪。

2007 年 7 月 28 日晚到 8 月 1 日，四川北川县白什乡乡场背后的山体连续发生大规模崩塌，上百万立方米的山体倾泻到山谷谷底，使山下白水河淤塞，大量泥石流切断了 3 个山村、1 700 多人涌向白什乡的两条公路。从 2006 年 12 月 28 日开始到 2007 年 8 月，前后 3 次泥石流，导致山脚白什老街的 700 多名居民全部搬迁，整个老街成了一座空城，如图 7-5 所示。

图 7-5　四川北川县白什老街成了一座空城

2007 年 8 月 10 日 22 时至次日凌晨，雅安市石棉县局部突降暴雨，当地一座在建水电站遭泥石流袭击，造成 10 名施工人员死亡、2 人失踪、3 人轻伤。经有关部门现场调查，这次灾害已初步认定为地质灾害事故，其主要原因是施工人员在避险撤离途中遇到突发泥石流所致。

六、山体滑坡自救逃生的方法

山体倾泻是山区暴雨过后常见的泥土滑坡现象。发生大滑坡时，泥土夹杂石块和树木，宛如火山岩浆喷泻一般，一泻千里。山体滑坡时，人、牲畜、建筑物、道路等等，一切皆会被埋没。山体滑坡是一种破坏性很大的自然灾害，由它造成的灾难也比比皆是。例如：1986 年 2 月初，秘鲁一场大暴雨过后引起河水泛滥，山坡倾泻，淹没了利马以东 90 公里处的马兰基村，有 17 名村民被活埋于泥土和乱石之中；2007 年 7 月 8 日，山西省太原钢铁公司尖山选矿区土坡发生滑坡，造成 11 人死亡；2007 年 8 月 5 日，河南省突降暴雨，洪水从采空区地表塌陷处涌入河南安阳许家沟泉东第一铁矿矿井，造成 11 人死亡。

山体滑坡的出现不像地震或龙卷风那样来得突然，它大多发生于大暴雨尤其是持续暴雨后，所以可以防患于未然。预防这类自然灾害发生的唯一途径是保护山区的生态平衡，做到有计划地砍伐树木、开采矿藏。那么，一旦遇到山体滑坡时，该如何躲避和逃生呢？

1）发现有山体滑坡现象时，切勿惊慌失措，应从容观察山泥可能的前进方向，然后想方设法地避开。因为在滑坡灾害中，财产损失是不可避免的，所以在逃离住宅时只能携带一些贵重的东西，如存折、现金、金银首饰、保险证明、证件及简单的衣物等，比较笨重的东西不必携带。

2）逃生时，不可顺着山泥可能倾泻的方向奔跑，而应向山泥可能倾泻方向的两侧高处躲身。冬天应尽量多穿些衣服，多带些食品。因为滑坡多发生于山区，由于交通不便，会给救险工作带来不便，而山泥倾泻后接踵而来的往往是阴雨寒凉的天气，所以需做好防饥饿和被冻伤的工作。

3）依山傍水的村庄或建筑物，以及建在山上的村舍，在暴风雨过后应格外警惕山体滑坡现象的发生，并应做好防范措施。在转移疏散的过程中，应让老弱妇孺先走，青壮年在后跟随。当形势稳定后，应设法主动同外界联系，并在高处作出明显的标记，如白天燃浓烟、晚上点青火，以便让营救者及时发现，迅速前来营救。

4）坐火车或汽车时如遇山体滑坡，应弃车而逃。因为趴在车顶上或躲在车厢里是无法躲过灾难的，其后果不是被淹没便是被埋在车厢里窒息而死。总而言之，由于山体滑坡发生的速度稍慢，可以从容考虑采取相应的处理方法和措施，只要躲避得当，是完全可以绝处逢生的。

【案例 7- 29】山体滑坡造成损失严重

2019 年 7 月 23 日 21 时 20 分许，贵州六盘水市水城县鸡场镇坪地村岔沟组发生一起特大山体滑坡灾害，造成 21 栋房屋被埋。截至目前，已造成 13 人遇难，仍有 32 人失联。

2019 年 8 月 10 日凌晨，台风利奇马登陆浙江，导致浙江省温州市永嘉县岩坦镇山早村发生山体滑坡，山洪爆发，水位陡涨，造成特大自然灾害。截至 2019 年 8 月 12 日 15 时 30 分，共有 27 人死亡，有 5 人失联。

2017 年 8 月 28 日 10 时 40 分，纳雍县张家湾镇普洒社区大树脚组发生山体崩塌地质灾害。截至 8 月 31 日 15 时，灾害造成 26 人遇难、9 人失联、8 人受伤。

2018 年 10 月 11 日 7 时许，西藏自治区昌都市江达县与四川省甘孜藏族自治州白玉县交界处发生山体滑坡，导致金沙江断流并形成堰塞湖。据统计，灾害造成西藏、四川、云南 3 省（自治区）16 个县（市、区）4.6 万人受灾，4.1 万人紧急转移安置。

第七节　雪灾来临时的自救

一、雪灾的危害

雪灾主要影响交通、通信、输电线路等生命线工程；大量积雪可压塌大棚，对蔬菜生产有较大影响。大雪常伴随低温，造成道路冻雪或形成积冰，所以，人们在出行时应注意防止滑倒，车辆应加防滑链，必要时关闭结冰道路，以免造成人员伤亡。

【案例 7-30】 冰冻雪灾已造成 1 111 亿元的直接经济损失

新华网北京 2008 年 2 月 13 日电：截至 2008 年 2 月 12 日，低温雨雪冰冻灾害已造成 21 个省（区、市、兵团）不同程度受灾，因灾死亡 107 人，失踪 8 人，紧急转移安置 151.2 万人，累计救助铁路公路滞留人员 192.7 万人；农作物受灾面积 1.77 亿亩，绝收 2 530 亩；森林受损面积近 2.6 亿亩；倒塌房屋 35.4 万间。湖南、贵州、江西、安徽、湖北、广西、四川等省区共投入救灾人员 775 万人次，各级共投入救灾资金 13.98 亿元，发放大量的方便食品、口粮、食用油、饮用水、取暖燃料、棉衣被等救灾物资，累计救助铁路公路滞留人员和受灾群众 655.5 万人，直接经济损失达人民币 1 111 亿元。

情况一：我国南方雪灾灾情

贵州省 500 千伏 "日" 字形环网被完全破坏，全省最多时有 18 个县完全停电。贵州省 24 日宣布全省进入大面积二级停电事件应急状态。12 日以来，贵州省滞留在各条公路上的司乘人员一度多达 10 余万人。

安徽省已有 16 个市发生雪灾，受灾人口 340 多万人，倒塌房屋 5 144 间。沿淮淮北积雪厚度 10 厘米以上，大别山区积雪 25 厘米以上，岳西、霍山部分乡镇积雪最深达 50 厘米。

2008 年 1 月 27 日晨，极端天气导致渝（重庆）宜（宜昌）高速公路全线封闭。重庆梁平县大量车辆拥堵在城区，交通陷入瘫痪状态，全县停发客运线路 35 条、客运班次 430 班，境内 500 余辆客货运车辆、10 000 余人受阻。

情况二：因雪灾造成经济损失

截至 2008 年 1 月 29 日，中国平安人寿重庆、湖南等 13 家分公司接报案件 18 752 件，已结案件 14 416 件，已给付理赔金达 52 767 848.09 元。对此，保险业内人士指出，未来一段时间内，雪灾报损案件的数量将进一步增加，报损金额也会继续累积。

截至 2008 年 1 月 28 日，太平洋保险公司共接到车险报案 9765 起，报损金额 2 386 万元，非车险报案 1 220 起，报损金额 6 609 万元。其中，湖北省车险报案已超过 2 000 起，报损金额达到 580 万元。

民政部救灾司透露，截至 2008 年 1 月 31 日 18 时，因雪灾造成的直接经济损失已经达到了 537.9 亿元，这比 1 月 29 日统计的 326.7 亿元，又增加了 211.2 亿元。

二、雪灾预警及防御指南

雪灾预警信号分三级，分别以黄色、橙色、红色表示。

1. 雪灾黄色预警及防御指南

1）黄色预警的标准：12 小时内可能出现对交通或牧业有影响的降雪。

2）黄色预警的防御指南：相关部门要做好防雪准备；交通部门要做好道路融雪准备；农牧区要备好粮草。

2. 雪灾橙色预警及防御指南

1）橙色预警的标准：6 小时内可能出现对交通或牧业有较大影响的降雪，或者已经出现对交通或牧业有较大影响的降雪，并可能持续。

2）橙色预警的防御指南：相关部门做好道路清扫和积雪融化工作；驾驶人员要小心驾驶，保证安全；将野外牲畜赶到圈里喂养；其他同雪灾黄色预警的防御指南。

3. 雪灾红色预警及防御指南

1）红色预警的标准：2 小时内可能出现对交通或牧业有很大影响的降雪，或者已经出现对交通或牧业有很大影响的降雪，并可能持续。

2）红色预警的防御指南：必要时关闭道路交通；相关应急处置部门随时准备启动应急方案；做好对牧区的救灾救济工作；其他同雪灾橙色预警的防御指南。

三、应对雪灾的措施

1）注意收听天气预报和交通信息，避免因机场、高速公路、轮渡码头等停航或封闭而耽误出行。

2）遇有雪灾时，要尽量待在室内，不要外出。如果在室外，要远离广告牌、临时搭建物和老树，避免被砸伤。路过桥下、屋檐等处时，要小心观察或绕道通过，以免因冰凌融化脱落而伤人。

3）要听从交通民警的指挥，服从交通疏导安排。驾驶汽车时要慢速行驶并与前车保持安全的距离；车辆拐弯前要提前减速，避免紧急制动；车辆安装防滑链，司机佩戴色镜；出现交通事故后，应在现场后方设置明显的标志，以防连环撞车事故的发生；非机动车应给轮胎少量放气，以增加轮胎与路面的摩擦力。

四、雪地遇阻的逃生方法

在茫茫冰天雪地里行走时，会遇到进退两难、饥寒交迫的情况。一旦于雪地中受阻，应注意如下事项：

1）在雪地上受阻时，应该及时用枯枝败叶烧起篝火，发出求救信号，争取及早得到营救。要防止冻伤，因为四肢是距离心脏较远的部位，所以最容易受冻，因此要保持四肢的干燥，如能涂上一些油脂，保护的效果更为理想。切忌用雪团、冰块来揉擦冰冻的肢体，用手摩擦取暖也利少弊多，所以不提倡。可采集一些枯枝干叶生火取暖，帮助御寒。

2）建造雪屋。即以树枝做支架，再盖上一层帆布，然后往上面铺雪压实盖严。即使建造一所很简易的雪屋，也有挡风防寒的作用。

3）要觅食充饥。如果食物缺乏，只能捕捉雪地上的动物充饥。捕捉雪地上的动物并不难，因为动物出没时必定在雪地上留下踪迹，加上动物在寒冷时肌体仍处于冬眠状态，所以比较容易捕捉。将捕捉得来的动物经火烤后，也称得上是一顿"美味佳肴"。口渴时不宜吃雪解渴，因为雪中缺乏矿物质，喝了雪水，会引起腹胀、腹泻，即使将雪烧开了也是如此，会越饮越渴的，所以最好是挖洞取地下水来饮。

第八节　高温天气来临时的自救

一、高温天气的危害

所谓高温天气，是指日最高气温超过 35℃ 的一种灾害性天气。当气温过高（超过 35℃）时，外界温度与人体温度接近，甚至超过人体的正常温度，会造成人体体温调节障碍。高温天气容易使人疲劳、烦躁和发怒。高温天气还会给交通、用水、用电等方面带来严重影响。所以，应将高温提到自然灾害的程度，将高温看作和雷电、地震、海啸等破坏性灾害一样可怕、一样应引起重视。

 【案例 7-31】高温少雨致湖北 6 市 20 县受灾，直接经济损失 7.02 亿元

湖北省防汛抗旱指挥部办公室 2019 年 8 月 3 日通报，截至当日 8 时，由于降水偏少、蓄水不足及出梅后持续晴热高温天气引发的干旱灾害，已造成湖北省十堰、襄阳、孝感、黄冈、咸宁、随州等 6 个市 20 个县（市、区）105.78 万人受灾，因旱需生活救助 6.42 万人，其中饮水困难需救助 5.44 万人；农作物受灾面积 181.63 千公顷（272.45 万亩），其中绝收面积 16.59 千公顷（24.89 万亩）；直接经济损失 7.02 亿元。

 【案例 7-32】持续高温两天两万人中暑

2006 年 7 月初以后，重庆市出现了连续的高温干旱天气，8 月份里，日最高气温超过 40℃ 的就有 10 天。夏旱连伏旱造成重庆全部区县受灾，大部分地区总旱日数超过 50 天。全市有三分之二的溪河断流，265 座水库水位降至死水位；全市 80% 的土壤表层已出现严重干旱状况，35% 的土壤 20 厘米以下的土层失水，水田龟裂。截至 8 月 28 日，全市 40 个区县的农作物受旱面积达 1 314.95 千公顷；有 792.47 万人、734.28 万头牲畜出现临时饮水困难。全市因干旱造成直接经济总损失 62.4 亿元，其中农业经济损失 50.7 亿元。

另外，持续高温还导致中暑人数急剧上升，其中 8 月 14 日，重庆有 6 000 多人中暑；8 月 15 日，这一数字马上翻倍，中暑人数暴升至 14 000 多人。所幸无因中暑直接引发死亡的案例出现。

二、高温预警及防御指南

高温预警信号分三级，分别以黄色、橙色、红色表示。

1. 高温黄色预警及防御指南

1）黄色预警的标准：连续 3 天日最高气温在 35℃ 以上。

2）黄色预警的防御指南：有关部门和单位按照职责做好防暑降温准备工作；午后尽量

减少户外活动；对老、弱、病、幼人群提供防暑降温指导；高温条件下作业和白天需要长时间进行户外露天作业的人员，应当采取必要的防护措施。

2. 高温橙色预警及防御指南

1）橙色预警的标准：24 小时内最高气温升至 37℃以上。

2）橙色预警的防御指南：有关部门和单位按照职责落实防暑降温保障措施；尽量避免在高温时段进行户外活动，高温条件下作业的人员应当缩短连续工作的时间；对老、弱、病、幼人群提供防暑降温指导，并采取必要的防护措施；有关部门和单位应当注意防范因用电量过高以及电线、变压器等电力负载过大而引发的火灾。

3. 高温红色预警及防御指南

1）红色预警的标准：24 小时内最高气温升至 40℃以上。

2）红色预警的防御指南：有关部门和单位按照职责采取防暑降温应急措施；停止户外露天作业（除特殊行业外）；对老、弱、病、幼人群采取保护措施；有关部门和单位要特别注意防火。

三、应对高温天气的措施

1）高温时间外出时，应备好太阳镜、遮阳帽、清凉饮料、清凉油、风油精、藿香正气水等防暑用品。衣衫被汗液浸湿后要及时更换。出汗后，应用温水冲洗。晒伤的皮肤出现肿胀、疼痛时，可用冷毛巾敷在患处，直至痛感消失。

2）乘车长途旅行时要适当地站起来活动，不要长时间靠、坐睡觉。

3）发现他人中暑，应尽快将其移到阴凉通风处，将其衣服用冷水浸湿，裹住身体，并保持潮湿，或者不停地给其扇风散热并用冷毛巾擦拭其身体，也可以用冷毛巾敷于其头部进行物理降温，同时让其喝冷盐开水，口服克痢痧、藿香正气水或藿香正气丸。如果是重症中暑者，可在其额头上、两腋下和腹股沟等处放置冰袋（冰块也可），同时用 75%的酒精（白酒也可）擦其全身。如果病情严重，应及时将其送往附近的医院。

四、中暑的预防方法

夏季中暑是一件很平常的事，许多人都不会引起重视，但每年因中暑而死亡的人却并不少见。重症中暑死亡率高，而且幸存者可能造成多脏器功能损害，从而危及生命或遗留严重的后遗症。

1. 中暑

中暑是指由高温气象条件直接引起的人员出现轻症中暑或重症中暑的临床症状。轻症中暑，临床表现为头昏、头痛、面色潮红、口渴、大量出汗、全身疲乏、心悸、脉搏快速、注意力不集中、动作不协调等症状，体温常升高至 38.5℃。重症中暑分为热射病、热痉挛和热衰竭三种类型，也可出现混合型病例。热射病（日射病）亦称中暑性高热，其特点是在高温环境中突然发病，体温高达 40℃以上，疾病早期大量出汗，继之"无汗"，可伴有皮肤干热及不同程度的意识障碍等。热痉挛主要表现为明显的肌痉挛，伴有收缩痛，好发于活动较多的四肢肌肉及腹肌等，尤以腓肠肌为主，常呈对称性，时而发作，时而缓解，患者意识清醒，体温一般正常。热衰竭起病迅速，主要表现为头昏、头痛、多汗、口渴、恶心、呕吐，继而皮肤湿冷、血压下降、心律失常、轻度脱水，体温稍高或正常。

2. 中暑的预防方法

1) 出行躲避烈日。夏日出门记得要备好防晒用具，在烈日下行走，一定要做好防护工作，如打遮阳伞、戴遮阳帽、戴太阳镜，有条件的最好涂抹防晒霜；准备充足的水和饮料以及藿香正气水、十滴水、人丹、风油精等防暑降温药品；外出时的衣服尽量选用棉、麻、丝类的织物，应少穿化纤品类服装，以免大量出汗时不能及时散热而引起中暑；要多洗澡或多用湿毛巾擦拭皮肤。老年人、孕妇、有慢性疾病的人，特别是患有心血管疾病的人，在高温季节要尽可能减少外出活动。

2) 别等口渴了才喝水。因为当人自觉口渴时，身体已处于缺水状态了。最理想的是根据气温的高低，每天喝 1.5~2 公斤的水。当出汗较多时，可适当补充一些淡盐水，以弥补人体因出汗而失去的盐分。夏天的时令蔬菜如生菜、黄瓜、西红柿等含水量较高，新鲜水果如桃子、西瓜等水分含量为 80%~90%，都可以用来补充水分。饮食要注意营养，以清淡、易于消化的食物为主，不能多食冷饮，也不能用啤酒和饮料解暑，应多吃新鲜的水果和蔬菜，不要饮烈性酒。

3) 保持充足的睡眠。因为夏天日长夜短，气温高，人体新陈代谢旺盛，消耗也大，容易感到疲劳，保持充足的睡眠，可使大脑和身体的各个系统都得到放松，既利于工作和学习，也是预防中暑的有效措施。夏季的最佳就寝时间是 22 时至 23 时，最佳起床时间是 5 时 30 分至 6 时 30 分。睡眠时注意不要躺在空调的出风口和电风扇下，以免患上空调病和热伤风。

 知识链接

防灾抗灾八字诀

★学：学习各种灾害及其避险知识。

★备：物资十备：清洁水、食品、常用药物、雨伞、手电筒、御寒用品和生活必需品、收音机、手机、绳索、适量现金。婴幼儿三备：奶粉、奶瓶、尿布。老人两备：拐杖、特殊药品。心理准备：面对灾害，不过于紧张、惊慌、恐惧，尽量放松自己，对外来救助充满信心。灾前准备：选好避灾的安全场所。

★听：通过正规渠道（电视、广播、报纸、121 电话、车上天气警报显示、手机短信等）收听（看）各级气象部门发布的灾情信息，不可听信谣传。

★察：密切注意观察周围环境的变化情况，一旦发现某种异常的现象，要尽快向有关部门报告，请专业部门判断，提供对策措施。

★断：在救灾行动中，首先要切断可能导致次生灾害的电、煤气、水等灾源。

★抗：灾害一旦发生，要有大无畏的精神，召唤大家，进行避险抗灾。

★救：利用学过的救助知识，进行自救和互救（比如在大水、大火中逃生的自救和互救；利用准备的药品对受伤生病者进行及时抢救；还要注意做好卫生防疫工作）。

★保：利用社会防灾保险，减少经济损失。

思考与练习题

1. 地震前有哪些预兆？

2. 在家中应采取哪些措施进行避震？

3. 在学校中应采取哪些措施进行避震？

4. 海啸来临前如何采取措施进行自救？

5. 海啸发生时如何采取措施进行自救？

6. 在室内如何采取措施避免被雷电袭击？

7. 如何采取防范措施避开大风的危害？

8. 台风来临时如何采取措施自救？

9. 台风预警信号分为哪几级？各应如何采取防御措施？

10. 台风期间应如何采取自救措施？

11. 发生水灾时如何采取自救逃生方法？

12. 发生泥石流时如何采取自救逃生方法？

13. 雪灾时应采取哪些措施应对？

14. 在雪地遇阻时应采取哪些逃生方法？

15. 高温天气如何预防中暑？

16. 发现他人中暑可采取什么措施急救？

附　　录

附录 A　常见的道路交通标志图

一、警告标志

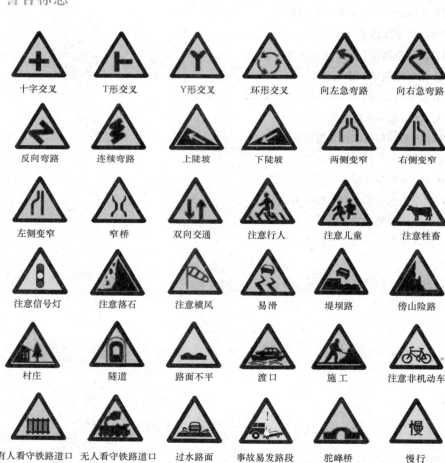

十字交叉	T形交叉	Y形交叉	环形交叉	向左急弯路	向右急弯路
反向弯路	连续弯路	上陡坡	下陡坡	两侧变窄	右侧变窄
左侧变窄	窄桥	双向交通	注意行人	注意儿童	注意牲畜
注意信号灯	注意落石	注意横风	易滑	堤坝路	傍山险路
村庄	隧道	路面不平	渡口	施工	注意非机动车
有人看守铁路道口	无人看守铁路道口	过水路面	事故易发路段	驼峰桥	慢行
叉形符号		注意危险	左右绕行	左侧绕行	右侧绕行

二、禁令标志

禁止通行

禁止驶入

禁止
机动车通行

禁止
载货汽车通行

禁止
三轮车通行

禁止
大型客车通行

禁止
小型客车通行

禁止
拖、挂车通行

禁止
拖拉机通行

禁止
农用运输车通行

禁止
二轮摩托车通行

禁止
某两种车通行

禁止
非机动车通行

禁止
畜力车通行

禁止人力
货运三轮车通行

禁止人力
客运三轮车通行

禁止
人力车通行

禁止
骑自行车下坡

禁止
骑自行车上坡

禁止
行人通行

禁止
向左转弯

禁止
向右转弯

禁止直行

禁止
向左向右转弯

禁止直行
和向左转弯

禁止
直行和向右转弯

禁止掉头

禁止超车

解除
禁止超车

禁止车辆
临时或长时间停放

禁止车辆
长时间停放

禁止鸣喇叭

限制宽度

限制高度

限制质量

限制轴重

限制速度

解除限制速度

停车检查

停车让行

减速让行

会车让行

停车熄火

禁打手机

三、指示标志

直行

向左转弯

向右转弯

直行和向左转弯

直行和向右转弯

向左和向右转弯

靠右侧道路行驶

靠左侧道路行驶

立交直行和左转弯行驶

立交直行和右转弯行驶

环岛行驶

步行

机动车行驶

机动车车道

非机动车行驶

非机动车车道

直行车道

直行和右转合用车道

分向行驶车道

公交线路专用车道

干路先行

会车先行

人行横道

右转车道

鸣喇叭

最低限速

单行路向左或向右

单行路直行

允许掉头

四、指路标志

人行横道预告标志

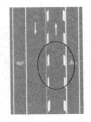
纵向减速标线

横向减速标线

无障碍通道

高速出口专用灯

住宅电梯

请选择车道行驶

车辆汇入标志

五、道路施工安全标志

道路封闭

前方施工减速慢行

向左改道

向右改道

左道封闭

中间封闭

右道封闭

车辆慢行

附录 B　常见的消防安全标志图

一、消防标志分类

消防标志可分为：禁止标志、警告标志、疏散标志、提示标志。

二、消防标志图

1. 禁止标志

禁止吸烟　　　　禁止烟火　　　　禁止用水灭火　　　　禁放易燃物

禁放鞭炮　　　　禁止阻塞　　　　禁带火种　　　　禁止锁闭

2. 警告标志

当心火灾——易燃物质　　当心火灾——氧化物　　当心爆炸

3. 疏散标志

疏散通道方向　　　紧急出口EXIT　　　击碎面板

4. 提示标志

火警电话119　　　灭火器　　　消防警铃　　　消防水带

消防梯　　　地上消防栓　　　地下消防栓　　　无障碍通道

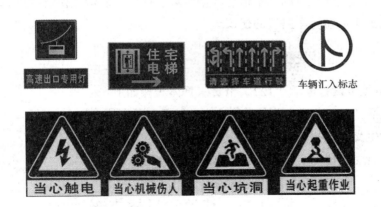

附录 C 正确拨打应急电话

记住下面这些特殊电话，在关键时刻可得到及时帮助。

一、"110"匪警

当自身生命受到暴力威胁或财物受到不法侵犯时，当他人遇到危险需要帮助时，可拨打电话"110"报警。具体步骤如下：

1）拨通电话"110"后，应询问和确认对方是"110"报警台。

2）尽量用简洁的语言说明情况。比如：出事地点的具体位置、坏人的数量、凶手的特征等。

3）待警方记录完毕后再挂断电话。

4）如报警时处境危险，应注意隐蔽，确保安全。

二、"119"火警

发现火情可立即拨打电话"119"报警。具体步骤如下：

1）拨通电话"119"后，应询问和确认对方是"119"报警台。

2）准确报出起火地点的具体位置。

3）尽可能说明起火的原因、燃烧的性质等详细情况。

4）向警方提供自己的联络方式，以便进一步联系。

5）有可能的话，应到路口迎接消防车。

三、"120"和"999"急救

遇到突发疾病、外伤大出血、骨折、昏迷等危急情况时，可拨打电话"120"或"999"寻求急救。具体步骤如下：

1）拨通电话"120"或"999"后，应询问和确认对方是急救中心。

2）准确告知病人或伤员的基本情况，如年龄、性别、病情或伤情特点。

3）提出救护车最短行车路线的建议。

四、"122" 交通事故报警

遇到交通事故可拨打电话 "122" 报警。具体步骤如下：

1）拨通电话 "122" 后，应询问和确认对方是交通事故报警台。

2）说出发生交通事故的准确地点。

3）说明人员受伤情况、肇事车辆的车牌号码和特征。

附录 D　其他常见标志图

一、常用天气符号标志

冰雹	晴	多云	阴	小雨	中雨
大雨	暴雨	雨夹雪	小雪	中雪	大雪
雷阵雨	雾	霜冻	冷空气前锋	暖空气前锋	台风及其中心
雨转晴	六级风		八级风		

二、其他常见重要标志

预防艾滋病标志

中国环保产品认证标志

中国环境保护徽图案

中国绿色环保产品十环标志

有机食品标志

中国环保产品认证标志

中国节能标志

节水标志

绿色食品标志

保健食品标志

食品质量安全标志

免检产品标志

参考文献

[1]　李峥嵘．大学生安全知识读本［M］．西安：西安交通大学出版社，2007.

[2]　季建成，邹燕红，王晓东．安全教育与防卫［M］．杭州：浙江大学出版社，2006.

[3]　张剑虹．大学生安全教育读本［M］．重庆：西南师范大学出版社，2008.

[4]　宋志伟，宫毅．学生安全教育读本［M］．北京：高等教育出版社，2007.

[5]　高开华．当代大学生安全知识读本［M］．合肥：中国科学技术大学出版社，2007.

[6]　孙柏枫，刘佳男．大学生安全教育［M］．北京：高等教育出版社，2008.

[7]　凌志杰，王志洲．安全教育读本［M］．北京：人民邮电出版社，2008.

[8]　吴超，吴宗之．公共安全知识读本［M］．北京：化学工业出版社，2006.

[9]　林才经．灾害现场求生术［M］．北京：人民卫生出版社，2006.

[10]　戚建刚，杨小敏．从灾难中学习［M］．北京：中国法制出版社，2007.

[11]　程宝山．怎样做一个职校生［M］．杭州：浙江教育出版社，2007.

[12]　浙江省职成教教研室．人生当自强——第二届浙江省"职教之星"的昨天和今天［M］．杭州：浙江大学出版社，2011.

[13]　王建林．校园安全教育读本［M］．北京：中国人民大学出版社，2019.

[14]　罗京红．安全教育读本［M］．北京：电子工业出版社，2016.

[15]　赵仕民，洪传胜，陈小强．中职学生安全教育读本［M］．北京：重庆大学出版社，2015.

[16]　胡德刚，周惠娟，谭世杰．中职生安全教育［M］．北京：清华大学出版社，2016.

[17]　刘天悦，肖泽亮．中职生安全教育读本［M］．北京：中国人民大学出版社，2020.

[18]　刘世峰，贾书堂．中职生安全教育读本［M］．北京：中国人民大学出版社，2015.

[19]　凌志杰，江彩．安全教育读本［M］．北京：人民邮电出版社，2019.